CHAOBIAO HESUAN
SHOUFEI YEWU
ZHISHI WENDA

抄表核算收费业务
知识问答

主编 彭娟娟 沈 鸿
参编 黄民发 孟 夏 刘 洋 谢竹君
邓 松 赵晶晶 邹 静 熊 敏

中国电力出版社
CHINA ELECTRIC POWER PRESS

内 容 提 要

在我国"互联网＋智慧能源"政策的推动下，能源电力行业互联网化特征日趋明显。国家电网有限公司 2016 年营销工作报告中作出营销管理实现"作业自动化、管理数字化、服务互动化"战略部署。抄核收一体化等电力营销作业自动化是智能电力营销服务模式转变的关键环节，是确保客户需求得到快速响应的重要保障。

本书以问答的形式综合、总结提炼了抄表、核算、收费与营销管理的相关知识，对智能电力营销、智能抄核收等新知识也进行了介绍，旨在帮助广大抄表核算收费人员提高专业素质与业务技能水平，解决实际工作中遇到的问题。全书共六章，主要内容包括电量抄录、电价与电量电费核算、电费回收及营销账务、电力市场与智能电力营销、用电管理和综合案例，并对现实案例进行解读分析。

本书可供从事电力营销抄表核算收费业务的管理人员、专业人员及相关人员学习和参考。

图书在版编目（CIP）数据

抄表核算收费业务知识问答 / 彭娟娟，沈鸿主编 .—北京：中国电力出版社，2022.8
ISBN 978-7-5198-6432-3

Ⅰ .①抄… Ⅱ .①彭…②沈… Ⅲ .①电能－电量测量－问题解答 Ⅳ .① TM933.4-44

中国版本图书馆 CIP 数据核字（2022）第 015697 号

出版发行：中国电力出版社
地　　址：北京市东城区北京站西街 19 号（邮政编码 100005）
网　　址：http://www.cepp.sgcc.com.cn
责任编辑：莫冰莹　杨芸杉（010-63412526）
责任校对：黄　蓓　常燕昆
装帧设计：赵丽媛
责任印制：杨晓东

印　　刷：三河市百盛印装有限公司
版　　次：2022 年 8 月第一版
印　　次：2022 年 8 月北京第一次印刷
开　　本：880 毫米 ×1230 毫米　32 开本
印　　张：13
字　　数：348 千字
定　　价：59.00 元

前言

"互联网+"和"大云物移"（大数据、云计算、物联网、移动互联网）等新一代信息技术正在强势发展，急速地影响和重塑电力营销的管理理念、服务方式和运营模式。并且，随着电力体制改革的不断深入，能源革命的加速推进，新成立的售电公司参与市场竞争，新能源接入、能效服务、电动汽车、用户储能等新技术领域的不断拓展，无时无刻不在改变着电力营销。

电力营销是电能价值链的终端环节，抄表核算收费是电力营销最基础也是最重要的业务，因此熟练掌握抄表核算收费业务技能对抄表核算收费人员来说尤为重要。为了帮助广大抄表核算收费人员提高业务技能、专业素质水平，解决实际工作中遇到的相关问题，特编写本书。

本书着重讲解工作中易混淆的概念、典型性错误操作等，明确业务概念，规范工作流程，采用问答的形式将各类知识点介绍给抄表核算收费业务人员，并结合实际工作进行案例分析。

本书第一章由邓松、谢竹君编写，第二章和第五章由彭娟娟编写，第三章由黄民发、熊敏编写，第四章由刘洋、邹静、赵晶晶编写，第六章由沈鸿、孟夏编写。

由于编者水平有限，且随着时间推移和技术发展，各类业务在不断更新，书中难免存在欠妥之处，敬请广大读者和专家不吝赐教，以便改进，在此深表感谢！

编　者

2022 年 7 月

目录

抄表核算
收费业务知识问答

第一章
电量抄录

第一节　抄表业务

1-1-1　什么是抄表?

抄表是指定期抄录贸易结算用的电能计量装置数据(电量抄录),并核对与计费有关的电能表及其附属设备的接线、封印和运行情况。

抄录的电量是考核供电部门经济指标(如线损率、供电成本)、计算用户的单位产品电耗,对各行业用电量进行统计分析和市场预测的依据。

1-1-2　什么是抄表管理?

抄表管理是指供电企业为了按时完成抄表工作而采取的手段和措施,是电费管理的一个重要环节和前提。

1-1-3　为什么说抄表工作是营销管理的基础工作?

抄核收是电价电费管理的基础工作,抄表工作是抄核收工作的第一道工序,也是基础工序,其主要作用如下。

(1)准确抄录各类用户用电量,保证电量电费的正确计算。

(2)准确抄录电量是用户正确、按期支付电费的依据,对企业合理使用电能、正确核算企业成本有益处。

(3)准确反映电网企业各个时期的供电量、售电量、线路损失等,保障供电企业的经济效益。

(4)为电网经营企业增供促销、降损节电和售电分析工作提供基础数据。

（5）通过统计分析，还能进一步真实反映国民经济的运行情况和各行业的发展情况。

1-1-4 抄表业务的主要内容有哪些？

（1）按固定日期和周期抄录客户电能计量装置数据信息。

（2）核对客户用电设备装接容量及用电性质，对客户电能计量装置、负荷管理终端等进行常规检查，及时书面报告异常情况。

（3）送达电费（催费、停电、限电）通知单，催收电费。

（4）对电量电费进行初审，对责任范围内的线路损耗（简称线损）进行管理。

（5）宣传电力法律法规、政策及安全用电常识，解答用电业务咨询。

1-1-5 抄表人员应具备哪些基本的任职条件？

（1）具有良好的职业道德和"敬业爱岗、诚实守信、服务人民、奉献社会"的工作理念，能按服务规范的要求，做好供电优质服务工作，树立良好的电力职工形象。

（2）应熟悉《中华人民共和国电力法》《中华人民共和国电力供应与使用条例》《供电营业规则》等相关法律法规和政策。

（3）应熟悉和正确掌握国家的电价、电费政策和电力营销的管理制度、办法。掌握电价、电费计量、供用电业务的相关专业知识。

（4）应熟悉本营业区的所有抄表地段，能按照规定的日期和抄表线路独立完成电能表的抄录任务。

（5）应熟悉现代化抄表技术，并能熟练应用现代化抄表技术抄表。

（6）应具有对各类计量故障、违约用电和窃电的判断能力。

（7）应对本职工作负责，并配合做好"抄核收"全面工作。

（8）应遵守安全工作制度和对用户的保卫、保密规定。

1-1-6 抄表人员在工作中抄表质量不高会带来什么影响？

（1）容易出现电费回收风险。用户对电量会有疑问，有可能拒交电费，也

有可能核查后再交，特别是长期少抄后，积压电量过多，易形成呆账、坏账或死账。

（2）会使线损报表失真。抄见电量不真实，造成线路和台区线损波动大，从而使高损线路和台区的普查失去意义，也会使真正的漏洞错失查处的时机。

（3）会造成电量流失。

（4）会影响供电企业的良好信誉。

1-1-7 什么是抄表例日？

抄表例日是制定抄表段在一个抄表周期内的抄表日。

1-1-8 抄表例日如何确定？

根据《国家电网公司营业抄核收工作管理规定》的规定，抄表例日按以下原则确定。

（1）每月25日以后的抄表电量不得少于月售电量的70%，其中，月末24时的抄表电量不得少于月售电量的35%。

（2）对同一台区的客户、同一供电线路的专变客户、同一户号有多个计量点的客户、存在转供关系的客户，每一类客户抄表例日应安排在同一天。

（3）经批准确定的抄表例日不得随意变更。确需变更的，须报经电费管理中心办理审批手续。抄表例日变更时，应事前告知相关客户。

1-1-9 抄表例日的安排除了依照《国家电网公司营业抄核收工作管理规定》的相关规定外，还需要考虑哪些其他的因素？

抄表例日的安排还需考虑如下因素。

（1）合同约定。对于在供用电合同中明确约定了抄表日期的客户，在确定抄表例日时，一定要遵循供用电合同中的约定。

（2）考虑线损统计的准确性。抄表例日应合理安排，防止因抄表例日安排不科学，使供电量、售电量统计区间和统计天数不一致造成线损率波动。

（3）考虑电费回收。抄表例日向月末后移必然增大电费回收的考核压力，同时也可能面临抄表力量不够的困难。因此在确定抄表例日时，必须考虑到电费回收的现实要求，合理确定抄表例日。

（4）其他。对多电源供电客户，各电源点应尽量安排在同一天抄表；安装了多功能表并按最大需量计算基本电费的客户，抄表时间必须与表内设定的抄表日同步。

1-1-10 什么是抄表周期？

抄表周期是连续两次抄表间隔的时间。分一月一次、一月多次、多月一次等。

1-1-11 抄表周期如何确定？

根据《国家电网公司营业抄核收工作管理规定》，抄表周期按以下原则确定。

（1）抄表周期为每月一次。确需对居民客户实行双月抄表的，应考虑单、双月电量平衡并报网省公司批准后执行。

（2）对用电量较大的客户、临时用电客户、租赁经营客户以及交纳电费信用等级较差的客户，应根据电费收缴风险程度，实行每月多次抄表，并按国家有关规定或合同约定实行预收或分次结算电费。

（3）对高压新装客户，应在接电后的当月进行抄表。对在新装接电后当月抄表确有困难的其他客户，应在下一个抄表周期内完成抄表。

（4）对实行远程抄表及（预）购电卡表客户，至少每三个抄表周期到现场对客户用电计量装置记录的数据进行核抄。对按照时段、阶梯、季节等方式计算电量电费的（预）购电卡表客户，每个抄表周期应到现场抄表。

1-1-12 什么是抄表段？

抄表段是对用电客户和考核计量点进行抄表的一个管理单元，是由地理位置上相邻或相近或同一供电线路的若干客户组成的，也称抄表区、抄表册、抄表本。

1-1-13 什么是抄表段名称？

抄表段名称是指对抄表段的自定义命名，是对抄表段所对应的地址、台区或特性的描述。

1-1-14 什么是抄表段编码?

为了方便国家电网有限公司(简称国家电网公司)营销系统管理,对抄表段按照规定的编码规则进行的自定义编号,称为抄表段编号。

1-1-15 什么是空抄表段?

不存在相应用户的抄表段称为空抄表段。

1-1-16 抄表段编制有哪些原则?

抄表段的编制原则是:均衡营业所月度工作量,抄表路径合理,方便线损考核。

1-1-17 编制抄表段时有哪些管理规定?

(1)一台公用变压器的客户应该编排在同一个或相邻的抄表段内。

(2)一个变电站同一条出线的客户应该编排在同一个或相邻的抄表段内。

(3)不同抄表方式的用户,不可混编在一个抄表段内。

(4)地级市供电公司应统一编制抄表段编号。

(5)按抄表段编制抄表路线图。

1-1-18 抄表段管理的主要业务有哪些?

建立抄表段,将客户按抄表段进行分组,确定抄表段抄表例日、抄表周期、抄表方式等抄表段属性。根据均衡工作量、抄表路径合理、分变分线、方便线损考核的原则确定和调整抄表段。编排与实际抄表线路一致的抄表顺序,并及时根据抄表执行的反馈情况调整抄表例日、抄表周期、所属抄表段等。

1-1-19 什么是抄表段维护?

抄表段维护是指建立抄表段名称、编号、管理单位等抄表段基本信息;建立和调整抄表方式、抄表周期、抄表例日等抄表段属性;对空抄表段进行注销等操作。

1-1-20 抄表段基本信息有哪些？

抄表段基本信息有抄表段名称、抄表段编号、管理单位等。

1-1-21 抄表段属性有哪些？

抄表段属性有抄表方式、抄表周期、抄表例日、配电台区等。

1-1-22 什么是抄表段维护申请？

抄表段维护申请是指对抄表段的新建、调整、注销进行申请。

1-1-23 在什么情况下需要新建抄表段？如何新建抄表段？

当现有的抄表段不能满足新装客户管理的要求时，需要增加新的抄表段。

新建抄表段应定义抄表段名称、编号、管理单位等基本信息及抄表方式、抄表例日、抄表周期、配电台区等属性，提出新建要求，待审批后确认新建抄表段基本信息和属性。

1-1-24 新建抄表段有哪些注意事项？

（1）新建抄表段应从符合实际工作要求的角度出发。

（2）需要进行台区线损考核的，同一台区下的多个抄表段的抄表例日必须相同。

（3）采用手工抄表、抄表机抄表、自动抄表不同抄表方式的客户不可混编在一个抄表段。

（4）执行两部制电价的客户抄表周期不能大于一个月。

（5）执行功率因数调整电费的客户抄表周期不能大于一个月。

1-1-25 在什么情况下需要调整抄表段？

根据工作需要对抄表方式、抄表例日、抄表周期、配电台区等提出调整要求时，需要进行抄表段调整。例如某抄表段由于计量改造，抄表方式由原来的抄表机抄表改为集中抄表，则应及时在电力营销业务应用系统中调整相应的抄表方式。

1-1-26 调整抄表段有哪些注意事项?

不能对已经生成抄表计划的抄表段信息进行调整。如果确需调整时,在电力营销业务应用系统的抄表计划管理中进行修改。

1-1-27 在什么情况下注销抄表段?

对没有抄表客户的抄表段,提出注销要求,待审批后注销抄表段。

1-1-28 请作出抄表段维护的流程图。

见图 1-1。

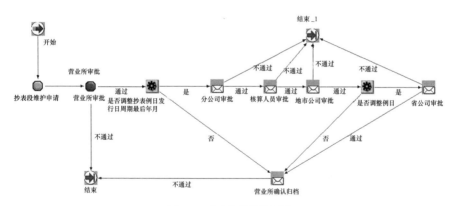

图 1-1　抄表段维护流程图

1-1-29 如何进行新户分配抄表段?

根据新装客户计量装置安装地点所在的管理单位、抄表区域、线路、配电台区以及抄表周期、抄表方式、抄表段的分布范围等资料,为新装客户分配抄表段。

(1)产生建议的抄表段。根据新装客户所在管理单位、抄表区域、线路、配电台区、抄表方式、抄表人员工作量等条件,对在新装流程中没有预定抄表段的客户产生建议的抄表段。首先考虑系统中是否有合适的抄表段,如果有,选择适当的位置插进新客户;如果没有合适的抄表段,则应新增抄表段。

（2）确定新装客户抄表段。参考建议的抄表段，经现场勘察复核无误后，对新装客户抄表段进行确认。

1-1-30 什么是调整抄表段？为何要进行抄表段调整？

调整抄表段是指经审批将用电客户从原来所属的抄表段调整到另一个抄表段。调整抄表段的目的是使客户所属抄表段更加合理。

1-1-31 在哪些情况下需要调整抄表段？

需要调整抄表段的情况有：抄表反馈的实际抄表路线不合理、抄表工作量或抄表区域进行了重新划分、抄表方式发生了变更、线路或配电台区有变更等。

1-1-32 用户调整抄表段后，历史数据是否也同步调整？

不同步调整。用户所属抄表段进行调整后，用户的历史电费、抄表收费等已发生的数据仍作为调整前原抄表段的数据，即历史数据仍保持在原来抄表段中。

1-1-33 什么是抄表顺序调整？

根据实际抄表路线，对抄表顺序进行编排和调整的过程，叫抄表顺序调整。

1-1-34 什么是抄表方式？

抄表方式是指采集计量的电量信息的方式。

1-1-35 按抄表对象划分有哪些抄表方式？

（1）特种表：包括最大需量表、分时表、主辅表、失压记录仪、IC 卡表等。

（2）普通三相三线计量装置：有功电能表、无功电能表、电压互感器、电流互感器。

（3）普通三相四线计量装置：有功电能表、无功电能表、电流互感器。

（4）普通单相计量装置：有功电能表。

1-1-36 按抄表周期划分有哪些抄表方式？

按抄表周期划分的抄表方式有一月一抄、一月多抄、多月一抄等。

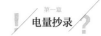

1-1-37 按抄表器具划分有哪些抄表方式？

按抄表器具划分的抄表方式有手工抄表、抄表机抄表、IC卡抄表、红外抄表、集中抄表、负控抄表等。

1-1-38 什么是手工抄表？

使用抄表清单或抄表卡手工抄表的方式。抄表人员在现场将电能表示数抄录在抄表清单或抄表卡上，返回后录入计算机。

1-1-39 什么是普通抄表机抄表？

抄表人员运用抄表机，在现场手工将电能表示数输入抄表机，返回后通过计算机接口将数据输入计算机。

1-1-40 什么是IC卡抄表？

使用IC卡作为抄表媒介，自动载入预付费电能表的电量、电费等用电信息，并用IC卡将信息输入计算机。

1-1-41 什么是红外抄表机抄表？

抄表人员使用抄表机的红外功能（安装有红外发射和接收装置），在有效距离内，非接触地读取电能表数据，并且一次可以接受一块电能表或一个集中器中的若干数据。

1-1-42 什么是远程抄表系统（集抄）抄表方式？

将抄表机与集中抄表系统的一个集中器连接，一次可将几百只电能表的数据抄录完成。

1-1-43 什么是远程（负控）抄表方式？

在负荷管理控制中心，通过微波或通信线路实现远程抄表的方式。

1-1-44 什么是抄表计划？

抄表计划是为了如期完成抄表工作制订的各抄表段的抄表例日、抄表周期、抄表方式，以及抄表人员等信息的计划。

1-1-45 如何制订抄表计划?

在每月抄表工作开始前,应由抄表班负责人使用电力营销业务应用系统抄表计划管理功能,根据抄表段的抄表例日、抄表周期及抄表人员等信息生成抄表计划,经过个别维护后,做好该月的抄表计划。

1-1-46 如何调整抄表计划?

当无法按抄表计划进行抄表时,经过审批在系统中对抄表计划中的抄表方式、抄表日期、抄表人员等抄表计划属性进行调整,或终止已经生成的计划。

1-1-47 制订和调整抄表计划有哪些注意事项?

(1)客户抄表日期已经确定不得擅自变更,如需调整抄表日期的,必须上报审批。

(2)抄表日期变更时,应考虑到客户对阶梯电价的敏感性,抄表责任人员必须事先告知客户。

(3)新装客户的第一次抄表,必须在送电后的一个抄表周期内完成,严禁超周期抄表。

(4)对每月多次抄表的客户,严格按供用电合同条款约定的日期进行抄表。

(5)抄表计划的调整只影响本次的抄表计划,下次此抄表段生成抄表计划时,仍然是按照区段的原始数据形成计划。如果想彻底修改,需要到抄表段管理中进行调整。

1-1-48 什么是抄表数据准备?

抄表数据准备是指根据抄表计划和抄表计划的调整内容,获取抄表所需的客户档案数据、未结算处理的客户变更信息及生产所需的抄表数据,为本次抄表采集新的抄表数据及下次抄表做准备。

1-1-49 抄表数据准备应在什么时间完成?

抄表数据准备应在抄表计划当日及之前完成,一般不早于抄表计划日 24h。

1-1-50 与抄表计费有关的客户档案数据内容主要有哪些?

与抄表计费有关的客户档案数据内容主要有客户基本档案信息（用电地址、用电类别、供电电压、负荷性质、合同容量等）、客户计量点信息（综合倍率、互感器电流变比、互感器电压变比等）、客户计费信息（用户电价、电价行业类别、功率因数标准、是否执行峰谷标志等）。

1-1-51 抄表数据主要包括哪些内容?

抄表数据的主要内容有资产号、客户编号、客户名称、用电地址、电价、陈欠总金额、示数类型、本次示数、上次示数、综合倍率、抄表状态、抄表异常情况、上次抄表日期、本次抄表日期、抄见电量、上月电量、前三月平均电量、电费年月、抄表段编号、抄表顺序、表位数、联系人、联系电话等。

1-1-52 抄表人员在抄表前的准备工作有哪些?

（1）了解自己负责抄表的区域和用户情况，特别是新用户的基本资料。

（2）掌握抄表日的排列顺序，做到心中有数，并严格按抄表日抄表。

（3）如采用抄表机方式抄表，应检查抄表机是否完好，机内电池是否充足，检查下载数据是否完整、正确。

（4）检查抄表工作包内必备的抄表工器具是否完好、齐全。

1-1-53 抄表人员抄表时，应了解哪些异常情况?

（1）抄表时，如发现有表无卡，应先抄录电能表信息，再查明原因并及时处理。

（2）非客户原因造成的电能计量装置异常，应进行检查分析，做好记录，请客户签字认可后，与客户协商当月暂计电量。

（3）发现客户违约用电或有窃电嫌疑时，应做好记录，请客户签字认可，必要时通知用电检查人员进行现场处理。

（4）发现客户用电性质、用电结构、受电容量等发生变化时，应做详细记录，请客户签字认可后，通知其办理有关手续。

1-1-54 抄表时要对电能计量装置的运行情况进行哪些常规检查？

（1）电能表有无丢失，表号是否与抄表卡、抄表机上记录的表号一致。

（2）电能表有无停止或时停时走现象。

（3）对于机械式电能表，查看其计度器有无卡字、卡盘现象；对于多功能电能表，查看液晶显示屏显示是否正常，是否出现无显示和部分显示等情况。

（4）表内有无发黄或烧坏现象。

（5）表内有无潜动或倒转现象。

（6）表内有无气蚀现象。

（7）铅封有无损坏或脱落现象。

（8）配电盘有无松动现象。

（9）表计接线是否有私拉乱接负荷现象。

1-1-55 抄表时的安全注意事项有哪些？

（1）注意人与带电体的最小安全距离，保持足够的安全距离。

（2）进入用户配电所时，首先要分清高低压线路与设备，从变压器或设备的低压侧走道通过。

（3）上变压器台架时，应检查踏钉或铁梯是否牢固，台架上的地板是否可靠，抄表时应靠近低压侧，尽可能保持与高压侧的最大距离。

（4）配电室的开关操作机构非必要不要靠近，以免触发误动。

（5）雷雨天气时不要走近配电所的避雷设备附近，以防发生人身伤害事故。

1-1-56 抄表人员现场抄表时有哪些具体要求？

（1）抄表工作人员应严格遵守国家法律法规和电网企业的规章制度，切实履行本岗位职责。同时注意营销环境和客户用电情况的变化，不断正确地调整自己的工作方法。

（2）抄表人员应统一着装，佩戴工作牌，做到态度和蔼，言行得体，树立电网企业工作人员良好形象。

（3）抄表人员应掌握抄表机的正确使用方法，了解个人抄表例日、工作量及地区收费例日与抄表例日的关系。

（4）抄表前应做好准备工作，备齐必要的抄表工具和用品，如完好的抄表机或抄表清单、抄表通知单、催费通知单等。

（5）抄表必须按例日实抄，不得估抄、漏抄。确因特殊情况不能按期抄表的，应按抄表制度的规定采取补抄措施。

（6）遵守电力企业的安全工作规程，熟悉电力企业各项反习惯性违章操作的规定，登高抄表作业应落实好相关的安全措施；对高压客户现场抄表，进入现场应分清电压等级，保证足够的安全距离。

（7）严格遵守财经纪律及客户的保密、保卫制度和出入制度。

（8）严格遵守供电服务规范，尊重客户的风俗习惯，提高服务质量。

（9）做好电力法律法规及国家有关制度规定的宣传解释工作。

1-1-57 抄表时应核对哪些信息？

（1）核对现场电能表编号、表位数、厂家、户名、地址、户号是否与客户档案一致。

（2）核对现场电压互感器、电流互感器倍率等相关数据是否与客户档案一致。

（3）核对变压器的台数、容量；核对最大需量；核对高压电动机的台数、容量。

（4）核对现场用电类别、电价标准、用电结构比例分摊是否与客户档案相符，有无高电价用电接在低电价线路上，用电性质有无变化。

1-1-58 抄表信息核对时有哪些注意事项？

（1）应注意客户是否擅自将变压器上的名牌容量进行涂改，是否将变压器上的名牌去掉或使自己看不清无法辨认。

（2）对有多台变压器的大客户，应注意客户变压器运行的启用（停用）情况，与实际结算电费的容量是否相符。

（3）对有多路电源或备用电源的客户，不论是否启用，每月都应按时抄表，以免遗漏。同时应注意客户有无私自启用冷备用电源的情况。

1-1-59 抄表人员抄表时应了解和检查的事项有哪些？

（1）了解客户生产经营状况，为电费回收和市场开发工作提供可靠信息。

（2）了解客户对电能商品的理解程度及其对供电企业的要求。

（3）检查客户是否具有违约、窃电行为，一经发现，按有关规定处理。

（4）检查客户电能表及互感器运行情况，如发现异常，按有关规定处理。

（5）检查客户计费电能表或互感器配置是否合理。

1-1-60 抄表人员对新装客户第一次抄表时，现场应核对的内容有哪些？

对新装客户第一次抄表时，应仔细核对户号、户名、电能表的厂名、表号、额定电流、指示数、倍率等，经核对相符后，方可抄表。

1-1-61 现场抄表对开箱、开封有何规定？

抄表人员现场抄表时，原则上是不允许开箱、开封的，如必须开启柜（箱）才能进行抄表的人员，只允许对电能计量柜（箱）门和电能表的读数装置进行开封，但是必须有客户和计量运行维护（简称运维）人员在现场，现场工作结束后应立即加封印，并由客户和计量运行维护人员在工作票封印完好栏上签字。运行中的计量封印未经电能计量技术机构主管同意不允许启封。

1-1-62 对于单（多）功能电子表，在抄录无功表码时应注意哪些事项？

应注意查看是否有总无功表码显示，如没有则应将表内正向无功和反向无功表码叠加形成总无功表码抄录。

1-1-63 抄表初核应该注意哪些事项？

（1）暂计不允许连续发生两次。

（2）当天抄表、当天核实、当天提交。

1-1-64 对于多功能电子表，在抄录时应注意哪些事项？

对于使用多功能电子表的用户，除抄录有功表码外，还应抄录正反向无功表码及电压记录、失压记录。对于分时用户，还应同时抄录电能表的总、峰、平、谷读数。

1-1-65 抄录高供高计专用变压器客户时对抄表人员数量有什么要求？

高供高计专用变压器客户抄表必须二人进行。

1-1-66 抄表人员现场抄表时，应注意哪些事项？

抄表人员到达现场抄表时，应仔细核对抄表册（或抄表机、抄表清单）中客户表的户名、地址、箱位、表位、表号等记载与现场是否一致，电价是否执行到位。特别对新增客户第一次抄表或老客户电能表更换后的第一次抄表，更应认真核对。

1-1-67 抄表人员在现场抄表结束后，应注意哪些事项？

抄表人员在现场抄表结束后，应对客户抄见止码进行核对，掌握客户用电量突增、突减情况，确认是否有缺抄、漏抄、错抄客户，如有缺抄、漏抄、错抄或对抄回的数据有疑问，应及时进行补抄、核对并更正。

1-1-68 现场抄表时，抄表人员如何分析判断简单的违约用电、窃电现象？

分析判断违约用电、窃电现象应检查下列事项。

（1）封印、锁具等是否正常、完好。应认真检查核对表箱锁、计量装置的封印是否完好，电压互感器熔丝是否熔断，封印和封印线是否正常，有无封印痕迹不清、松动、封印号与原存档工作单登记不符、启动封印、无铅封的现象，防伪装置有无人为动过的痕迹。

（2）有无私拉乱接现象。

（3）上月电量与本月电量的变化情况。

（4）接线盒端钮，是否有失压和分流现象。

（5）是否有绕越电能表和外接电源，用测量表计分别测电源侧电流及负荷侧电流进行比较，也可以开灯试表或拉闸试表。

（6）有无相线、中性线反接的情况。

1-1-69 登高抄表时，应做好哪些安全措施？

（1）上变压器抄表时，应从变压器低压侧攀登，戴好安全帽、穿好绝缘鞋，抄表工作应由两人共同进行，一个人操作，另一个人监护，并认真执行工作票制度。

（2）应检查登高工具（脚扣、登高板、梯子）是否齐全完好，使用移动梯子应由专人扶持，梯子上端应固定牢靠。

（3）抄表人员应使用安全带，防止脚下滑脱造成高空坠落。

（4）观察是否有马蜂窝，防止被蛰伤。

（5）抄表人员要与高低压带电部位保持安全距离，防止误触设备带电部位。

（6）雷电天气时，严禁进行登高抄表。

1-1-70 何谓电能表示数"翻转"？

电能表示数已超过最大记录数时，重新从零开始计数，称为电能表示数"翻转"。

1-1-71 为什么要校对多功能电子表的日期和时钟？

实行分时电价或按需量计算基本电费的用户，由于时钟不准，会影响峰谷平电量的准确计量，日期不准会影响需量冻结值记录的准确性。为确保计费准确，必须对电能表中的日期和时钟进行校对。

1-1-72 抄表数据复核的主要内容有哪些？

（1）峰平谷电量之和大于总电量的数据。

（2）本月示数小于上月示数的数据。

（3）零电量、电能表循环、未抄、有协议电量或修改过电能表示数的数据。

（4）抄表自动带回的异常：反转、估抄等。

（5）与同期或历史数据比较进行查看，有电量突增突减的用户。

（6）按电量范围进行查看，指定电量范围，查看客户数据是否正确。

（7）连续三个月估抄或连续三个月零电量的。

1-1-73 对抄表复核中发现的异常应如何处理？

由营销系统检测出来的客户异常电量、电量突变等异常情况，要填写打印电量异常信息清单，提交有关人员重新到现场进行抄表核实，再次抄回的示数经确认正确后，履行相关手续进行电量更正；对现场核实抄表数据后仍有疑问的

其他抄表异常，应发起相关处理流程。

对采用负控抄表和集抄方式抄表的客户，经复核后发现数据异常，应安排抄表人员到现场核对数据，如确认数据异常是计量装置或通信线路故障的，应发起相关处理流程。

1-1-74 批量客户抄表数据复核应注意哪些事项？

发现有错抄、漏抄需现场确认的，或需等待在途换表流程处理完成后再抄表计费的，应对暂时无法提交抄表数据的客户进行缺抄处理，及时将正常用户发送到电费计算流程，避免因少数用户影响大批用户的电费发行。

1-1-75 发现新装表不走，应如何处理？

发现新装表不走时，应先在现场应检查用户是否有窃电行为。如无窃电行为，应立即填写故障工作单，进行换表，其用电量按换表后实际用电量追加装表之日至换表日前的用电量计收电费；若发现用户有窃电行为则按窃电处理，即按电能表标定电流值所指的容量乘以实际窃用时间计算，确定窃电量计收电费，并收取补收电费三倍的违约使用电费。

1-1-76 用户用电量如果发生突增突减的变化，抄表人员应如何分析？

抄表工作是电费抄、核、收的第一道工序，是电能销售部门与用户取得经常联系的第一线。抄表人员每月抄表时，如发现用户的用电量与以前月份相比较，发生突增突减的变化，应及时了解情况，分析原因，找出原因，防止多计或少计电量。分析方法如下：

（1）分析用户用电情况。立即向用户了解本月用电是否因增产、减产、停产、设备检修或中断生产、停工待料、发生事故等特殊情况的原因，影响用电量发生突增、突减的变化。

（2）检查电能计量装置。现场检查电能计量装置的运行有无异常情况，如电能表时走时停、倒走、烧坏、失压或表内气蚀、使用年限过长等问题。回单位后，应及时填写工作单，转有关部门处理。

（3）检查用户有无违章接线或窃电等异常情况。

实践经验证明，电能表计量失准，一般都是通过对用户用电量的分析判断出来的，所以及时对用户用电量突增突减变化的原因进行分析是很重要的。

1-1-77 为什么说正确抄录计量电能表具有重要意义？

抄表是抄、核、收三道工序中的首道工序，正确地抄录计量电能表，是计算用户电费从而使供电企业按时将电费回收并上缴的重要依据，也是考核线路损失、供电成本指标，各行业售电量统计和分析，以及用电企业正确核算生产成本的原始资料。正确地抄录用户用电量，对维护供电企业合理收入，提高售电经济效益具有重要意义。

1-1-78 为什么要审核抄表日报？

抄表日报是抄表人员在每天抄表工作完成后，必须将逐户抄计的电量、电费，按抄表册进行分类汇总编制的报表。也是供电企业向各类用户售电，按原始记录（抄表卡片）汇总的日报。为了防止漏抄、漏计或多计用户电量或电费，使电费能准确及时地收回，对抄表日报应进行认真审核。

1-1-79 总、分表电量之间为什么会出现差额？

总表抄读的电量与总表内各个分表抄读的电量之和出现差额的原因如下。

（1）总表和分表的读数抄错，分表尾数未记，或总表、分表抄表日期不一致。

（2）总表和分表的准确等级同为二级，因正负误差的原因，即使都校验合格，所计电量也不一定相等。

（3）总表内分表前的内线漏电或分表的部分用电器具误接在总表出线上，公用照明灯接在总表上。

（4）各个分表本身电压、电流线圈（主要是电压线圈）的损耗，每块表每月平均约在 0.5 ～ 1.0kWh 之间和总表与分表之间的线路损耗都记入了总表。

（5）分表负载不合理，当电能表经常负荷低于 10% 时，会计量不准。当负荷低于电能表额定容量 1% 时，分表可能不走，但此时总表可能有其他用户在用电，分表不走的电量，记入了总表。

（6）分表未能按期检验，年久失修或出现故障，使记录的电量失实。

1-1-80 固定例日抄表与线损有什么关系？

线损电量等于供电量与售电量之差。而供电量和售电量抄表时间是不统一的。供电量表计都是月末日 24 时抄表，而售电量的用户既多又分散，要统一在月末日 24 时抄表是不太可能的。一般大用户在月末抄表，中小等用户在中、下旬抄表。抄表例日都是固定的，若不按例日抄表，必然要影响线损率的波动。如二月份供电量是 28 天，如售电量不考虑例日，则是 31 天，这会造成当月线损率虚降（相应 3 月份虚增）。因此，抄表例日要求固定，不得随意变动。

固定例日抄表，有利于分析电网的线损情况，与同期进行比较，从而找出规律，发现线损有什么变化，可立即采取措施使线损趋于稳定，如果抄表时间不固定，会使电量发生很大波动，从而影响线损的准确性。

1-1-81 什么是抄表系数？抄表系数如何确定？

抄表系数是抄表工作难度的权重系数。

抄表系数应根据客户类型、客户区域、表类型、表位置、抄表方式等确定。

1-1-82 什么是抄表日志？

抄表日志又称抄表日报，抄表日志主要记录每天抄表人员所完成抄表总户数与发行的总电量，是反映日常抄表工作情况的综合报表。一般通过营销系统功能自动生成抄表日志。

1-1-83 抄表日志的主要内容有哪些？

抄表日志的主要内容有抄表人员、区段、客户类型、抄表例日、抄表日期、零度户数、退补电量、户数及电量（照明、动力、商业、合计等）、应抄户数、实抄户数、未抄户数、实抄率、划零户数、估抄户数、异常户数、差错率等。

1-1-84 抄表日志的作用有哪些?

（1）通过抄表日志，可以推测抄、核、收工作衔接程度，既可以掌握总进度，又能从汇总电量与上期或同期对比看户数增减与电量增减，预测损失率完成情况，以及全体抄表人员的实抄率完成情况。

（2）抄表日志以抄表月报的形式供给有关方面了解工作完成情况。

1-1-85 抄表工作量与抄表系数有何联系?

每块电能表的抄表工作量是根据不同电能表的抄表系数计算的，抄表工作量就是统计范围内所抄电能表系数之和。

1-1-86 为什么要进行抄表稽查?

抄表稽查可以及时发现现场管理中存在的问题，如现场信息与档案不符、电价类别不对、表封不全、锁具管理不善等，从而检查出可能存在抄表不到位、工作不认真负责、甚至与客户勾结积压电量等违法违纪问题，并有针对性地加强抄表工作质量管理。

1-1-87 请问现场抄表稽查工作重点有哪些?

（1）检查抄表人员是否严格按照抄表例日抄表。

（2）检查抄表时是否认真核对抄表信息。

（3）检查计量装置运行状态，是否有抄表时发现计量装置及其他异常情况不做记录、不及时处理的问题。

（4）检查是否有串户和抄错电能表读数及表位数的问题。

（5）检查抄表记录与现场是否相符，本月抄见示数是否小于上月抄见示数、是否连续。

（6）核对计费清单与抄表档案客户数是否一致。

（7）检查是否存在估抄、漏抄及非正常划零。

（8）检查是否存在现场电量积压。

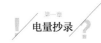

（9）检查是否发现违章用电、窃电行为未按规定进行上报处理。

（10）检查是否存在利用职务或工作上的便利，凭借供电设施、计量等器具教唆、传授窃电手段，或为他人窃电提供便利、内外勾结窃取电能的行为。

（11）检查是否有其他违反抄表规定的行为。

1-1-88 请问自动化抄表稽查工作重点有哪些？

（1）检查是否按例日照抄或回读抄表数据。

（2）检查发现抄表系统故障或对数据有疑问是否及时上报处理。

（3）检查是否定期对远抄数据与客户端电能表记录数据进行现场校核。

1-1-89 抄表稽查时如何判断估抄？

抄表稽查完成后，将现场示数录入或上传到电力营销业务应用系统，与该客户月抄表示数进行比较。

（1）当现场稽查抄表示数小于计费抄表示数时，计费抄表示数为估抄（特殊情况除外）。

（2）当稽查抄表示数大于计费抄表示数时，稽查折算抄见电量扣除计费抄见电量，与计费抄见电量比较波动率超过一定比例即可初步判断为估抄，但需管理部门确认。

1-1-90 什么是抄表稽查折算抄见电量、日均用电量？

稽查折算抄见电量＝稽查抄表抄见电量－日均用电量×（稽查抄表日期－计费抄表日期）

日均用电量＝稽查抄表抄见电量÷（稽查抄表日期－上次计费抄表日期）

1-1-91 什么叫抄表率？

实抄户数与应抄户数之比的百分数称为抄表率。

1-1-92 什么是实抄率、抄表差错率？

实抄率＝（实抄户数÷应抄户数）×100%。

抄表差错率 =（差错户数 ÷ 实抄户数）× 100%。

1-1-93 什么是月末抄表电量比重、零点抄表电量比重？

月末抄表电量比重 =（每月 25 日及以后的抄见户售电量之和 ÷ 月售电量）× 100%。

零点抄表电量比重 =（月末 24 时抄见户售电量之和 ÷ 月售电量）× 100%。

1-1-94 抄表工作应统计哪些主要内容？

抄表工作按人员、管理单位统计实抄率、抄表正确率（错误率）、抄表及时率、月末抄表电量比重、零点抄表电量比重，并根据管理单位、抄表状态、抄表方式汇总得出应抄户数、实抄户数、未抄户数、估抄户数、超期户数、提前抄表户数等。

1-1-95 什么是超期户数、提前抄表户数？

超期户数指实际抄表日期大于计划抄表日的总户数。

提前抄表户数指实际抄表日期小于计划抄表日的总户数。

1-1-96 什么是抄表计划完成率、抄表及时率？

抄表计划完成率 =（计划抄表日的抄表户数 ÷ 计划抄表户数）× 100%。

抄表及时率 =（按抄表例日完成的抄表户数 ÷ 实抄户数）× 100%。

1-1-97 影响实抄率的原因有哪些？

（1）计费表安装地点不利于抄表人员计划执行抄表任务。这种情况一般出现在计费表安装在客户家中，抄表期内到客户处抄表时，客户锁门或不在家时，抄表人员无法正常抄表，只能与客户联系择日上门抄表或暂按上月电量估抄。

（2）抄表人员抄表不到位也是影响实抄率的原因。在手工抄表方式下，抄表不到位是指抄表人员在抄表周期内未按要求到客户现场抄表。如对于长期不用电的客户，容易被抄表人员忽视，认为客户长期不用电就未按要求在每个抄表周期到位抄表。

（3）在自动抄表方式下，由于网络通信等原因，造成系统未将抄表数据传送到数据处理中心也是造成实抄率下降的原因。

1-1-98 改进实抄率的措施有哪些？

（1）加强对抄表人员责任心和职业道德的教育，坚决杜绝抄表不到位的情况发生。

（2）加强对实抄率的考核，建立行之有效的监督考核机制。

（3）加快自动化抄表方式的推广应用，采用集抄数据，缩短抄表时限，提高抄表数据的准确率。

（4）对居民集中的区域，采用将计费表集中安装在集装箱内，逐步取消计费表安装在客户室内的方式。

（5）加强抄表与核算岗位之间的相互监督制约机制。

1-1-99 什么是业务工作单，其作用是什么？

业务工作单是供电企业电费管理工作人员据以工作的凭据之一，业务工作单是日常的电费管理工作中使用频率最高、运用最广泛的工作单据，经过登记的业务工作单就是工作任务书，必须按质按量和在规定的要求下限时完成。

业务工作单的作用如下。

（1）业务工作单是电费管理各工序之间进行工作联系的工具。

（2）业务工作单是落实岗位责任，减少差错事故，堵塞漏洞的有效方法。

（3）业务工作单是传递工作信息和命令的凭证。

（4）业务工作单是把用户申请办理的事项与为之承办的事项要求，用一定格式进行联系的工作票形式。

1-1-100 填写业务工作单时有哪些注意事项？

业务工作单填写应完整、准确、清晰，具体要求如下。

（1）日期、客户编号、工作单号、户名、户号、地址应填写准确完整。

（2）电能表及互感器的相关信息应填写准确。

（3）工作要点必须填写清晰。工作事项、工作要求、工作内容必须填写清楚，以便传达工作信息。

（4）相关审批、记录、制定人等必须签字或盖章。

1-1-101 业务工作单的主要内容有哪些？

（1）日期、客户编号、工作单号、户名、户号、地址。

（2）电能表厂名、型号、级别、表号、峰平谷止码、倍率，电能表是否新装等。

（3）互感器厂名、型号、变比、级别、编号，互感器是否新装等。

（4）工作要点及客户盖章、接装人盖章。

（5）变更电价。

（6）备注说明。

（7）制定人、审核人、审批人、营业、检查、记录、出单等。

1-1-102 为什么要严格执行抄表制度？

严格执行抄表制度就是指将供电量按规定时间抄录回来，抄表正确与否是影响线损率忽高忽低的重要因素。为此，供电量固定在月末抄表，抄表例日应予固定，不得变更。月末（25日以后）抄见电量不得少于月售电量75%，提倡对特大用电客户月末24点抄表（简称零点抄表）。

1-1-103 现场抄表时应对电流（压）互感器的运行状态进行检查，主要检查内容有哪些？

（1）电流（压）互感器接线是否正确。

（2）电流（压）互感器的变比与匝数的关系是否相符。

（3）电流（压）互感器二次接线端子盒铅封有无损坏或脱落现象。

1-1-104 现场抄表时，怎么核对客户变压器容量？

现场抄表时，应核对电力客户现场运行变压器容量与供电企业内部核算变压器容量是否一致，主要是参照抄表卡、抄表机下载的变压器信息，与现场变压器的型号、变压器的额定容量、供电电压等级等一些基本参数进行核对。

1-1-105 什么是供电量？什么是售电量？什么是用电容量？

（1）供电量是指供电负荷（包括用电负荷和线路损失负荷）在一段时间内供出的电能量。供电负荷在一日内供出的电能量称为日供电量，还可对按月、季、年供出的电能量，分别称为月、季、年供电量，单位是 kWh。

（2）售电量是指用电负荷消耗的电能，通过供电企业的电能计量表测定并记录的各类用户使用电能量的总和，并据以计收电费的电量。

（3）用电容量是指用户的用电设备容量的总和。

1-1-106 简述供电量、售电量之间的关系是什么。

供电企业在售电过程中，售电量是要少于供电量的。这主要是有一部分电能在输送时，形成了线路损失电量（包括管理损失电量，如表计不准、窃电等）。因此，在供电量一定的情况下，线损电量越大，售电量就随之减少；反之，售电量就随之增加。它们的关系是：供电量等于售电量与线损电量之和。所以供电企业必须采取技术和管理措施，努力把线损电量降低到合理范围，提高经济效益。

1-1-107 在 SG186 营销应用系统中，抄表管理包括哪些内容？

抄表管理包括抄表段管理、抄表机管理、抄表计划管理、抄表数据准备、抄表机抄表、自动化抄表、手工抄表、抄表数据复核、抄表异常处理、抄表工作量管理、抄表工作质量管理等内容。

1-1-108 在 SG186 营销应用系统中，抄表示数录入有哪几种方式？

在 SG186 营销应用系统中，抄表示数录入方式有以下几种。

（1）手工录入。

（2）抄表机上传数据到营销应用系统。

（3）抄表数据自动化传送到营销应用系统。

1-1-109 在 SG186 营销应用系统中，新建户如何编入抄表段？有哪些注意事项？

新建户可以通过"新户分配抄表段"模块编入抄表段。

新建户分配抄表段时应注意:

(1)如果新建户属于两部制电价或者功率因数考核用户,则不允许将其分配到抄表周期大于一个月的抄表段。

(2)不同抄表方式的用户不允许分配在同一个抄表段内,不同抄表周期内的用户不允许分配在同一个抄表段内。

(3)转供电、合用变压器、多电源、合用无功、套表等相关的用户必须分配在同一个抄表段内。

(4)计量用途不同的计量点不能分配到同一个抄表段内。

(5)新建户所分配的目标抄表段的最后抄表时间是否符合制订抄表计划的要求,否则需进行修改。

1-1-110 请作出在 SG186 营销系统应用中抄表段维护申请的流程图。

见图 1-2。

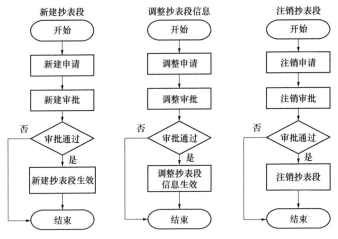

图 1-2 抄表段维护申请流程图

1-1-111 请作出在 SG186 营销系统应用中抄表机抄表的流程图。

见图 1-3。

1-1-112 请作出在 SG186 营销系统应用中抄表异常处理的流程图。

见图 1-4。

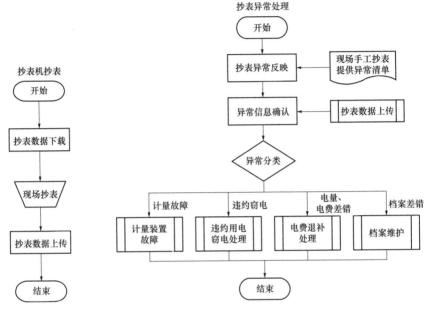

图 1-3　抄表机抄表流程图　　　图 1-4　SG186 抄表异常处理流程图

1-1-113 请作出在 SG186 营销系统应用中抄表核算的流程图。

见图 1-5。

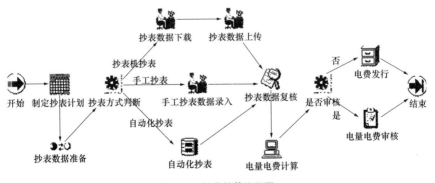

图 1-5　抄表核算流程图

1-1-114 在SG186电力营销系统应用中，漏户、黑户是怎样形成的？

（1）新装客户在建立抄表册信息时，出现未建、错建抄表信息等情况，或未及时纳入相应的抄表册。

（2）变更客户在调整抄表册信息时，出现误销户、误调整抄表信息等情况。

1-1-115 在何种情况下制订临时计划？如何制订临时计划？

某抄表段的正常抄表计划制订后，发现该抄表段某一户有换表、改类等业扩归档信息影响算费的，可在复核、计算和审核3个界面将该户拆分出来，并终止让其拆分工单为归档状态后，在位置"抄表管理"→"抄表计划管理"→"功能"→"制订临时抄表计划"，重新制订出最新的算费档案信息。

1-1-116 在SG186电力营销系统应用中，主表下存在多个同级分表（被转供户、实抄分表、定比定量等）的情况下，主表的扣减顺序是什么？

（1）首先扣减被转供户的电量；

（2）其次扣减实抄分表电量；

（3）再次扣减定比定量电量。

1-1-117 在SG186电力营销系统应用中，如何对一个新的抄表机进行发放？

（1）使用抄表机进行发放操作前，需要在位置为"抄表管理"→"抄表机管理"→"功能"→"抄表机信息维护"中，将抄表机的型号新增到营销系统内。

（2）抄表机新增成功后，至位置"抄表管理"→"抄表机管理"→"功能"→"抄表机发放"中，将先前增加的抄表机发放给抄表人员。

1-1-118 在SG186电力营销系统应用中，抄表计算时发现用户起码错误如何处理？

（1）对用户进行工单拆分。

（2）申请终止拆分出来工单。

（3）对用户起码修改。

（4）重新制订临时抄表计划录入表码。

1-1-119 请画出抄表人员调整的业务流程图。

见图1-6。

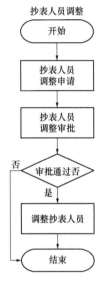

图1-6　抄表人员调整的业务流程图

第二节　智能抄表

1-2-1 智能抄表解决了什么需求？

解决了传统人工抄表方式在数据抄录过程中的误差问题，并且不受用户在家的条件制约，给抄表工作和用户都带来了极大的便利。

1-2-2 智能抄表解决了传统人工抄表方式存在的哪些不足？

智能抄表对所采集到的数据，实时远传至管理处的电量实时监测软件，增强管理工作人员对用户用电信息的实时掌控，为管理带来重要的数据支持，解决了传统人工抄表方式带来的信息滞后性问题。

1-2-3 智能抄表系统的功能一般有哪些？

（1）设置电能表的参数，读取各种计量和管理数据。

（2）抄表数据的统计、查询、备份、报表、图表生成。

（3）厂站管理。

（4）自动抄表、定时上报、实时查询等。

（5）掉电数据保存。

（6）瞬时量数据的综合处理。

（7）系统数据备份、存档和向外输出数据。

（8）历史数据事件记录功能。

（9）实时报警。

（10）根据线路上的表计关系计算线路损耗。

（11）可提供多路模拟量、开关量输入，实现开箱告警、停电告警、逆相告警、超温告警、过压告警、过流告警、过载告警、倾斜或移动报警等其他功能。

（12）远程控制断电功能。

（13）采集的参数丰富。

1-2-4 智能抄表技术有哪些？

智能抄表技术一般分为本地智能抄表技术、远程智能抄表技术、电力负荷管理技术等。

1-2-5 什么是本地智能抄表？

本地智能抄表是指计量电能表的抄表数据是在表计运行的现场或本地一定范围内通过自动方式而获得。本地智能抄表系统是远程抄表系统的本地环节，主要用于现场监察、故障排除和现场调试，而早期的系统则主要用于抄表。

1-2-6 什么是远程智能抄表技术?

远程智能抄表技术就是利用特定的通信手段和远程通信介质将抄表数据内容实时传送至远端的电力营销计算机网络系统或其他需要抄表数据的系统。远程智能抄表系统也称集中抄表系统。

1-2-7 本地智能抄表一般有哪些方式?

本地智能抄表一般有本地红外抄表、本地 RS485 通信抄表。

1-2-8 如何进行本地红外抄表?

本地红外抄表是利用红外通信技术实现的,若干电能表连接到一台红外采集器上,采集器完成对某一表箱中的电量采集,抄表人员手持红外抄表机到达现场,接收每块采集器中的抄表数据,然后返回主站,将红外抄表机中已抄收的电能表数据传送到主站计算机。

1-2-9 如何进行本地 RS485 通信抄表?

本地 RS485 通信抄表,利用 RS485 总线将小范围的电能表连接成网络,由采集器通过 RS485 网络对电能表进行电量抄读,并保存在采集器中,再通过红外抄表机或 RS485 设备现场抄读采集器内数据,抄表机与主站计算机进行通信,实现对电量的最终抄读。

1-2-10 远程智能抄表系统的构成主要有哪些?

远程智能抄表系统种类很多,基本上由电能表、采集器、信道、集中器、主站组成。

(1)电能表为具有脉冲输出或 RS485 总线通信接口的表计。

(2)集中器主要完成与采集器配合的数据通信工作,向采集器下达电量数据冻结命令,定时循环接受采集器的电量数据,或根据系统要求接受某个电能表或某组电能表的数据。同时根据系统要求完成与主站的通信,将客户用电数据等主站需要的信息传送到主站数据库中。

（3）信道即数据传输的通道。远程智能抄表系统中涉及的各段信道可以相同，也可以完全不一样，因此可以组合出各种不同的远程抄表系统。其中，集中器与主站之间的通信线路称为上行信道，可以采用电话线、无线（GPRS/CDMA/GSMA）、专线等通信介质；集中器与采集器或电能表之间的通信线路称为下行信道，主要有 RS485 总线、电力载波两种通信方式。

（4）主站即主站管理系统。由抄表主机和数据服务器等设备组成的局域网组成。其中抄表主机负责进行抄表工作，通过网 TCP/IP 协议与现场集中器进行通信，进行远程集中抄表，并存储到网络数据库，并可对抄表数据分析，检查数据有效性，以进行现场系统维护。

1-2-11　什么是载波式远程抄表方式？

电力线载波式远程抄表方式是电力系统特有的通信方式。其特点是集中器与载波电能表之间的下行信道采用低压电力线载波通信。载波电能表由电能表加载波模块组成。每个客户室内装设的载波电能表就近与交流电源线相连接，电能表发出的信号经交流电源线送出，设置在抄表中心站的主机则定时通过低压用电线路以载波通信方式收集各客户电能表测得的用电数据信息。上行通道一般采用电话网或无线网络。

1-2-12　什么是 GPRS 无线远程抄表方式？

GPRS 无线远程抄表是近年来发展较快的抄表通信方式。其特点是集中器与主站计算机之间的上行信道采用 GPRS 通信接口，将抄表数据发送到 GPRS 数据网络，通过 GPRS 数据网络将数据传送至供电公司的主站，实现抄表数据和主站系统的实时在线连接。

1-2-13　什么是总线式远程抄表方式？

总线式抄表在集中器与电能表之间的下行信道采用，主要采用 RS485 通信方式，总线式是以一条串行总线连接各分散的采集器或电能表，实行各节点的互联。集中器与主站之间的通信可选电话线、无线网、专线电缆等多种介质。

1-2-14 什么是电力负荷管理系统？如何利用电力负荷管理系统进行抄表？

电力负荷管理系统是运用通信技术、计算机技术、自动控制技术对电力负荷进行全面管理的综合系统。

负控员按照抄表例日，在负控系统中召测数据，电费抄核收人员通过局域网，登录系统将各抄表段的抄表数据读回到营销系统中，实现自动远程抄读客户的各类用电量、电能表示数等数据。

1-2-15 什么是电力用户用电信息采集系统？

电力用户用电信息采集系统是对电力用户的用电信息进行采集、处理和实时监控的系统，实现用电信息的自动采集、计量异常监测、电能质量监测、用电分析和管理、相关信息发布、分布式能源监控、智能用电设备的信息交互等功能。

1-2-16 用电信息采集系统由哪些设备组成？

用电信息采集系统由主站、通信信道、采集终端、智能监控终端、智能电能表组成。

1-2-17 电力用户用电信息采集系统的建设总体目标？

实现对经营区域内直供直管电力用户的"全覆盖，全采集，全费控"。

1-2-18 用电信息采集系统建设应符合什么要求？

用电信息采集系统建设应符合坚强智能电网"统一规划，统一标准，统一建设"的要求。

1-2-19 用电信息采集系统将用户划分为哪六种类型？可以对哪些用电异常现象进行监视？

用电信息采集系统将用户划分为以下类型。

（1）大型专变用户（A类）：用电容量在100kVA及以上的专用变压器用户。

（2）中小型专变用户（B类）：用电容量在100kVA以下的专用变压器用户。

（3）三相一般工商业用户（C类）：包括低压商业、小动力、办公等用电性质的非居民三相用电。

（4）单相一般工商业用户（D 类）：包括低压商业、小动力、办公等用电性质的非居民单相用电。

（5）居民用户（E 类）：用电性质为居民的用户。

（6）公用配电变压器考核计量点（F 类）：公用配电变压器上的用于内部考核的计量点。

对采集数据进行比对、统计分析，发现用电异常。如同一计量点不同采集方式的采集数据比对或实时数据和历史数据的比对，发现功率超差、电能量超差、负荷超容量等用电异常，记录异常信息。

对现场设备运行工况进行监测，发现用电异常。如计量柜门、TA/TV 回路、表计状态等，发现异常，记录异常信息。

用采集到的历史数据分析用电规律，与当前用电情况进行比对分析，分析异常，记录异常信息。

1-2-20 用电信息采集系统在电力营销中的作用是什么？

（1）电费电量结算。实现每日定时抄表，可完整采集客户电能量数据，把采集的数据传送到营销电量电费系统进行电费预结算。

（2）用户用电异常分析。实现对用户端电能计量装置运行状况在线监测，对电能表断相、欠电压、逆相序、失流、短路、电流反向、编程计数、时钟超差及计量柜门异动等异常工况能及时记录，并发送异常情况报警，为电能计量装置的技术管理提供依据。

（3）实施催费限电、购电控制。利用系统的信息发布功能，向用户发送相应的催费信息；利用预购电、催费控等功能，实现催费限电。

（4）线损分析。收集线路各计量点的负荷数据，为线损计算分析提供数据支持。

（5）用户端电能质量在线监测。可提供电压、功率因数、谐波等电能质量的统计分析数据。

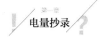

（6）配电变压器综合监测和集抄转发功能。可实现 10kV 线路上公用配电变压器的监测，对监控供电区域内的变压器，可以通过现有的用电信息采集与监控系统终端采集数据并用现有的无线通道传回主站进行统一分析、处理。而且配电变压器监测终端可直接作为附近区域集中抄表系统的集中转发器。

（7）为配电安全运行提供决策依据。负控管理中心能不断汇总各用户现阶段用电水平和各条线路的负荷分布状况，为生产管理部门的决策适时提供分析依据。

（8）为事故处理提供数据支持。监控终端装置能够准确测量出用户进线侧电压、电流，并能及时发现高压熔丝的熔断，便于抢修人员快速恢复供电，为电力企业不间断供电提供了有力的保障。

1-2-21 什么是电力用户用电信息采集终端？

用电信息采集终端是对各信息采集点用电信息采集的设备，简称采集终端，可以实现电能表数据的采集、数据管理、数据双向传输以及转发或执行控制命令。用电信息采集终端按应用场所分为专变采集终端、集中抄表终端（包括集中器、采集器）、分布式能源监控终端等类型。

1-2-22 什么是专变采集终端？

专变采集终端是对专变用户用电信息进行采集的设备，可以实现电能表数据的采集、电能计量设备工况和供电电能质量监测，以及客户用电负荷和电能量的监控，并对采集数据进行管理和双向传输。

1-2-23 什么是集中抄表终端？

集中抄表终端是对低压用户用电信息进行采集的设备，包括集中器、采集器。

1-2-24 什么是用电信息采集系统的集中器？

集中器是指收集各采集终端或电能表的数据并进行处理储存，同时能和主站或手持设备进行数据交换的设备。

1-2-25 什么是用电信息采集系统的采集器?

采集器是用于采集多个电能表电能信息,并可与集中器交换数据的设备。采集器依据功能可分为基本型采集器和简易型采集器。基本型采集器抄收和暂存电能表数据,并根据集中器的命令将储存的数据上传给集中器。简易型采集器直接转发集中器与电能表间的命令和数据。

1-2-26 用电信息采集系统采集的主要数据项有哪些?

(1)电能量数据:总电能示值、各费率电能示值、总电能量、各费率电能量、最大需量等。

(2)交流模拟量:电压、电流、有功功率、无功功率、功率因数等。

(3)工况数据:采集终端及计量设备的工况信息。

(4)电能质量越限统计数据:电压、电流、功率、功率因数、谐波等越限统计数据。

(5)事件记录数据:终端和电能表记录的事件记录数据。

(6)其他数据:费控信息等。

1-2-27 用电信息采集系统采集方式有哪些?

(1)定时自动采集。按采集任务设定的时间间隔自动采集终端数据,自动采集时间、间隔、内容、对象可设置。当定时自动数据采集失败时,主站应有自动及人工补采功能,保证数据的完整性。

(2)随机召测。根据实际需要随时人工召测数据。如出现事件告警时,随即召测与事件相关的重要数据,供事件分析使用。

(3)主动上报。在全双工通道和数据交换网络通道的数据传输中,允许终端启动数据传输过程(简称为主动上报),将重要事件立即上报主站,以及按定时发送任务设置将数据定时上报主站。主站应支持主动上报数据的采集和处理。

1-2-28 用电信息采集系统可以对哪些用电异常现象进行监视？

对采集数据进行比对、统计分析，发现用电异常。如同一计量点不同采集方式的采集数据比对或实时数据和历史数据的比对，发现功率超差、电能量超差、负荷超容量等用电异常，记录异常信息。

对现场设备运行工况进行监测，发现用电异常。如计量柜门、TA/TV 回路、表计状态等，发现异常，记录异常信息。

用采集到的历史数据分析用电规律，与当前用电情况进行比对分析，分析异常，记录异常信息。

1-2-29 用电信息采集系统实现费控有哪几种形式？

费控管理需要由主站、终端、电能表多个环节协调执行，实现费控。也有主站实施费控、终端实施费控、电能表实施费控三种形式。

1-2-30 什么是主站实施费控？

根据用户的缴费信息和定时采集的用户电能表数据，计算剩余电费，当剩余电费等于或低于报警限值时，通过用电信息采集系统主站或其他方式发催费告警通知，通知用户及时缴费。当剩余电费等于或低于跳闸限值时，通过用电信息采集系统主站下发跳闸控制命令，切断供电。用户缴费成功后，可通过主站发送允许合闸命令，允许合闸。

1-2-31 用电信息采集终端如何实施费控？

根据用户的缴费信息，主站将电能量费率和费率时段以及费控参数包括购电单号、预付电费值、报警和跳闸门限值等参数下发终端并进行存储。当需要对用户进行控制时，向终端下发费控投入命令，终端定时采集用户电能表数据，计算剩余电费，终端根据报警和跳闸门限值分别执行告警和跳闸。用户缴费成功后，可通过主站发送允许合闸命令，允许合闸。

1-2-32 什么是电能表实施费控？

根据用户的缴费信息，主站将电能量费率时段和费率以及费控参数包括购电单号、预付电费值、报警和跳闸门限值等参数下发电能表并进行存储。当需要对用户进行控制时，向电能表下发费控投入命令，电能表实时计算剩余电费，电能表根据报警和跳闸门限值分别执行告警和跳闸。用户缴费成功后，可通过主站发送允许合闸命令，允许合闸。

1-2-33 集中器一般用哪几种方式采集电能表数据？

（1）实时采集：集中器直接采集指定电能表的相应数据项，或采集采集器存储的各类电能数据、参数和事件数据。

（2）定时自动采集：集中器根据主站设置的抄表方案自动采集采集器或电能表的数据。

（3）自动补抄：集中器对在规定时间内未抄读到数据的电能表应有自动补抄功能。补抄失败时，生成事件记录，并向主站报告。

1-2-34 专用变压器采集终端可以监控电能表哪些运行状况？

可监测的电能表主要运行状况有电能表参数变更、电能表时间超差、电能表故障信息、电能表示度下降、电能量超差、电能表飞走、电能表停走等。

1-2-35 本地费控智能电能表的费控功能是如何实现的？

本地费控电能表在电能表内进行电费实时计算，当剩余金额小于或等于设定的报警金额时，电能表能以声、光等方式提醒用户；当透支金额低于设定的透支门限金额时，电能表发出断电信号，控制负荷开关中断供电；当电能表接收到有效的续交电费信息后，首先扣除透支金额，当剩余金额大于设定值（默认为零）时，方可通过远程或本地方式使电能表处于允许合闸状态。

1-2-36 什么是用电信息采集系统接口？

通过统一的接口规范和接口技术，实现与营销管理业务应用系统连接，接收采集任务、控制任务及装拆任务等信息，为抄表管理、有序用电管理、电费收缴、用电检查管理等营销业务提供数据支持和后台保障。

系统还可与其他业务应用系统连接，实现数据共享。

1-2-37 提高用电信息采集系统数据完整性的主要措施有哪些？

（1）监视传输信号质量。

（2）采用高冗余度的传输编码（检错、纠错编码）。

（3）采用功能很强的差错检出设备。

（4）控制命令采用选择和执行的命令步骤。

（5）同一信息的重复传输。

1-2-38 用电信息采集运维闭环管理中，采集异常有哪几类故障和缺陷？

用电信息采集异常故障有以下几类。

（1）终端与主站无通信。

（2）集中器下电能表全无数据。

（3）采集器下电能表全无数据。

（4）持续多天无抄表数据。

（5）终端抄表不稳定。

（6）电能表抄表不稳定。

用电信息采集异常缺陷有以下几类。

（1）负荷数据采集成功率低。

（2）终端时钟异常。

（3）通信流量超标。

（4）终端电池欠压。

1-2-39 用电信息采集系统本地通信方式及远程通信方式有哪些？

本地通信有 RS485 总线，电力线载波（窄带、宽带），微功率无线，RS485 总线。

远程通信有 GPRS/CDMA/3G/4G、虚拟专用无线网络、230MHz 无线专用数传网络、光纤专用通信网络。

1-2-40 什么是光纤通信单元?

采用光纤通信方式,用于主站与采集终端、电能表之间通信的模块。

1-2-41 窄带载波通信适用范围和对象是什么?

窄带载波通信技术适用于电能表位置较分散、布线较困难、用电负载特性变化较小的台区。

1-2-42 宽带载波适用范围和对象是什么?

宽带载波通信技术多适用于电能表集中布置的台区,如城乡公用变压器台区供电区域、城市公寓小区等,对采集和管理要求较高的一般工商户有更好的适应性。

1-2-43 宽带载波通信单元有哪些分类?

宽带载波通信单元分类:单相表及Ⅰ型采集器宽带载波模块、三相表宽带载波模块、宽带载波Ⅱ型采集器、集中器宽带载波模块、宽带载波抄控器等。

1-2-44 宽带载波通信网络协议栈结构如何划分,其各部分功能是什么?

宽带载波通信网络协议栈划分为物理层、数据链路层以及应用层共3层。其中,数据链路层分为媒体访问控制(MAC)子层和网络管理子层,数据链路层直接为应用层提供传输服务。

各层次的功能定义如下:

(1)物理层:主要实现将MAC子层数据报文编码调制为宽带载波信号,发送到电力线媒介上;接收电力线媒介的宽带载波信号解调为数据报文,交予MAC子层处理。

(2)数据链路层:分为网络管理子层和MAC子层。

1)网络管理子层主要实现宽带载波通信网络的组网、网络维护、路由管理及应用层报文的汇聚和分发。

2)MAC子层主要通过CSMA/CA和TDMA两种信道访问机制竞争物理信道,实现数据报文的可靠传输。

（3）应用层：实现本地通信单元与通信单元之间业务数据交互，通过数据链路层完成数据传输。

1-2-45 宽带载波通信单元的安全防护功能的作用是什么，信道安全防护机制包含哪几种防护模式？

宽带载波通信单元的防护功能能够保护通信单元与主站之间交互数据的安全性。信道安全防护机制包含三种防护模式，分别是数据机密性保护模式、数据完整性保护模式和数据全面保护模式。

1-2-46 什么是数据机密性保护模式？

数据机密性保护模式通过数据加密、解密操作保护传输数据的机密性，数据的接收方需要使用正确的密钥解密获得数据内容。

1-2-47 什么是数据完整性保护模式？

数据完整性保护模式通过附加消息鉴别码保护传输数据的完整性，数据的接收方可以通过校验消息鉴别码的正确性判断传输内容是否被篡改。

1-2-48 GPRS 通信方式有哪些优点？

GPRS 通信方式，技术成熟，可靠性高，费用低。

1-2-49 GPRS 远程抄表方式有哪些优点？

GPRS 远程抄表方式优点如下。

（1）实时性强。由于 GPRS 具有实时在线特性，系统无时延，无需轮巡就可以同步接收、处理多个或所有数据采集点的数据。可很好地满足系统对数据采集和传输实时性的要求。

（2）可对电能表设备进行远程控制。通过 GPRS 双向系统还可实现对电能表设备进行远程控制，进行参数调整、开关等控制操作。

（3）建设成本低。由于采用 GPRS 的无线公网平台，只需安装好设备就可以，不需要为远程抄表进行专门布线，前期投资少、见效快，后期升级、维护成本低。

（4）集抄范围广。GPRS 网络覆盖范围广，在无线 GSM/GPRS 网络的覆盖范围之内，都可以完成对集抄的控制和管理。而且扩容无限制，接入地点无限制，能满足山区、乡镇和跨地区的接入需求。

1-2-50 GPRS 网络特点是什么？

（1）采用分组交换技术。

（2）使用范围广。

（3）数据传输速率高。

（4）GPRS 支持基于标准数据通信协议的应用，可以和 E 网、X.25 网实现互联互通。

（5）瞬间上网，永远在线。

（6）数据吞吐量大。

（7）性价比高。

（8）GPRS 的安全功能同现有的 GSM 安全功能一样。

1-2-51 什么是分组交换技术？

分组交换技术就是 GPRS 信息在传输前被分成既是分离又是相关的"数据包"，并在接收端重新组合。因此 GPRS 特别适合于间断的、突发性的和频繁的、少量的数据传输，也适用于偶然的大数据量传输。

1-2-52 GPRS 数据吞吐量大的原因是什么？

GPRS 采用了与 GSM 不同的信道编码方案，定义了 CS-I、CS-2 CS-3 CS-4 四种编码方案，支持中、高速率数据传输，可提供 9.0 ～ 172.2kbit/s 的数据传输速率。GPRS 所提供的数据传输速率取决于所采用的四种编码方案，高的传输速率保证了需要实时传送和大数据流量的顺利传输，GPRS 上网传输数据吞吐量最高可达 172.2kbit/s。

1-2-53 电力载波系统有哪些优缺点？

电力载波系统的主要优点：不用布线，安装方便 。

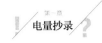

主要缺点：电力线上的电磁干扰和负载变化产生的干扰是电力载波抄表的难题，通过电力载波方式传输数据，不能随时抄收数据和控制电能表，也就是说不能实现预付费功能。

1-2-54 RS485 总线方式有哪些优缺点？

RS485 总线方式的主要优点：可实现数据的实时传输和电能表控制。

主要缺点：数据传输的安全可靠性、准确性不高，传输的距离有限，要布网线。

1-2-55 CAN 总线方式有哪些优缺点？

CAN 总线方式的主要优点：CAN 总线是新开发的新一代局域网通信协议，具有易使用、可靠性极高、无误码的特点，是传统的 RS485 总线方式无法比拟的，可实现电能表实时抄收、预付费后付费可选、远程通断控制、电能表状态远程监控。

主要缺点：要预先铺设线路，维护比较复杂。

1-2-56 请问 Q/GDW 11612.1—2016《低压电力线宽带载波通信互联互通技术规范》分为哪几个部分？

Q/GDW 11612.1—2016《低压电力线宽带载波通信互联互通技术规范》标准分为 6 个部分：总则、技术要求、检验方法、物理层通信协议、数据链路层通信协议、应用层通信协议。

1-2-57 微功率无线台区组成方式、优缺点、应用环境及频率特点分别是什么？

（1）微功率无线台区组成方式有：全无线、半无线、混合无线。

（2）无线方案优点：通信速度快，通信不受电网环境影响。

缺点：受物理环境影响大。

（3）应用环境：

1）全无线应用在通信速率要求高，电能表安装分散的区域。

2）半无线应用在表计安装集中、表箱规范、RS485 旧表改造等区域。

3）混合无线应用在表计安装不统一的区域。

（4）频率特点：

系统工作频率为公共计量频段 470 ～ 510MHz 之间，频率和业务受国家无线电管理机构的保护；系统将频段分为多个信道，一方面支持蜂窝无线方式，相邻台区可自动选择不同的信道避免互相干扰，另一方面系统可根据自身现场环境和收集从节点周围环境噪声，自动选择纯净的工作频点。

1-2-58 通信单元的安全交互命令的重发机制是什么？

安全交互流程涉及的各项命令应具备超时重发机制，命令的发送方若在设定的时间范围内未收到预期的响应命令，则按照重发机制再次发送命令。如重发后仍未收到响应，则不再进行重发并当作安全异常情况进行相应处理。

1-2-59 本地通信方式如何选择使用？

（1）本地通信距离较短，宜选用 RS485 通信方式。

（2）电力线信号干扰小，宜选用载波通信方式。

（3）无线信号通信效果好，宜选用微功率无线通信方式。

（4）对通信速率要求较高，宜选用速率较高的通信方式，包括窄带高速载波、宽带载波、高速微功率无线等。

（5）采集水、热表数据宜选用 RS485、微功率无线、M-BUS 等通信方式，采集气表数据宜选用微功率无线通信方式。

1-2-60 智能电能表安装质量验收标准接线要求是什么？

（1）满足《电能计量装置技术管理规程》相关要求，二次回路的连接导线应采用铜质绝缘导线。电压二次回路至少应不小于 2.5mm^2，电流二次回路至少应不小于 4mm^2。二次回路导线外皮颜色宜采用：A 相为黄色；B 相为绿色；C 相为红色；中性线为黑色；接地线为黄绿双色。接线中间不应有接头，禁止接线处铜芯外露。

（2）接线正确，电气连接可靠，接触良好，配线整齐美观。

（3）可视部分与观察窗需对应，可操作部分应易于操作。

1-2-61 依据 DL/T 448—2016《电能计量装置技术管理规程》的规定，电能计量装置技术管理的内容有哪些？

（1）计量点、计量方式、计量方案的确定和设计审查。

（2）电能计量装置安装、竣工验收、运行维护、现场检验、故障处理。

（3）电能计量器具的选用、订货验收、计量检定、存储与运输、运行质量检验、更换、报废的全过程及其全寿命周期管理，以及与电能计量相关设备的管理。

1-2-62 根据 Q／GDW 1354—2013《智能电能表功能规范》中规定，智能电能表冻结功能的要求有哪些内容？

（1）定时冻结：按照约定的时刻及时间间隔冻结电能量数据；每个冻结量至少应保存 60 次。

（2）瞬时冻结：在非正常情况下，冻结当前的日历、时间、所有电能量和重要测量的数据；瞬时冻结量应保存最后 3 次的数据。

（3）日冻结：存储每天零点的电能量，应可存储 62 天的数据量。停电时刻错过日冻结时刻，上电时补全日冻结数据，最多补冻最近 7 天冻结数据。

（4）约定冻结：在新老两套费率／时段转换、阶梯电价转换或电力公司认为有特殊需要时，冻结转换时刻的电能量以及其他重要数据。

（5）整点冻结：存储整点时刻或半点时刻的有功总电能，应可存储 254 个数据。

1-2-63 在多功能电能表通信协议中，数据链路层指的是什么？

指负责数据终端设备与多功能电能表之间通信链路的建立并以帧为单位传输信息，保证信息的顺序传送，具有传输差错检测功能。

1-2-64 为了保证电能表内部参数的安全性，通常可采取哪些措施？

（1）软件编程加密，如状态识别或口令校对。

（2）线路板上加硬件使能开关。

（3）将某些固定不变的参数写入程序中。

1-2-65 时钟校时的定义是什么？

时钟校时是指将用电信息采集系统的主站、电能表、采集终端的时钟及计量生产调度平台的时钟和上一级时钟源比对后，对超出误差范围的时钟进行校对的过程。

1-2-66 《三相智能电能表技术规范》对时钟准确度有哪些要求？

在参比温度及工作电压范围内，时钟准确度不应超过 0.5s/d，在工作温度范围 25 ～ 60℃内，时钟准确度随温度的改变量不应超过 0.1s/（d·℃），在该温度范围内时钟准确度不应超过 1s/d。

1-2-67 终端、电能表时钟与主站时钟偏差会造成日冻结数据采集失败，则采集终端时钟校时有什么要求？

（1）在检验环节，用检定（测）装置时钟对采集终端进行校时，校时与检测同步进行。

（2）在运行环节，用电信息采集系统主站对偏差大于 1min 但小于 5min 的采集终端直接进行远程校时。

（3）对时钟偏差大于 5min 的采集终端，用现场维护终端对其现场校时前，应先用标准时钟源对现场维护终端校时，再对采集终端校时。

1-2-68 引起电能表时钟异常的原因有哪些？

（1）电能表内部电路自身耗电高或者时钟电池质量不过关，电池能量耗尽导致时钟电池欠压，停复电后造成电能表时钟异常。

（2）智能电能表时钟内置芯片受损、晶振损坏或日计时误差累积导致时钟异常。

（3）主站对时由于通信信道延时，导致对时结果偏差。

（4）部分采集终端开启电能表自动对时功能，终端时间偏差造成批量电能表时间偏差。

（5）电能表软硬件缺陷。

（6）特殊运行工况影响计时准确性。

1-2-69 根据 Q／GDW 1356—2013《三相智能电能表型式规范》的规定，三相电能表显示屏上显示"$-I_a-I_b-I_c$"表示什么含义？

三相实时电流状态指示，I_a、I_b、I_c 分别对应 A、B、C 相电流。某相失流时，该相对应的字符闪烁；某相断流时则不显示；当失流和断流同时存在时，优先显示失流状态。某相功率反向时，显示该相对应符号前的"-"。

1-2-70 根据 Q／GDW 1356—2013《三相智能电能表型式规范》的规定，三相电能表显示屏上显示"$U_aU_bU_c$"表示什么含义？

三相实时电压状态指示，U_a、U_b、U_c 分别对应 A、B、C 相电压，某相失压时，该相对应的字符闪烁；三相都处于分相失压状态、或全失压时，U_a、U_b、U_c 同时闪烁；某相断相时，该相对应的字符则不显示。

1-2-71 根据 Q／GDW 1354—2013《智能电能表功能规范》的规定，智能电能表清零功能的具体内容是什么？

（1）清除电能表内存储的电能量、最大需量、冻结量、事件记录、负荷记录等数据。

（2）清零操作应作为事件永久记录，应有防止非授权人操作的安全措施。

（3）电能表底度值只能清零，禁止设定。

1-2-72 智能电能表电流不平衡的定义是什么？

当三相电流中的任一相电流大于 5% 额定（基本）电流，电流不平衡率大于设定的电流不平衡率限值，且持续时间大于设定的电流不平衡判定延时时间，此种工况为电流不平衡。

1-2-73 智能电能表掉电的定义是什么？

单相电能表供电电压低于电能表启动工作电压；三相电能表供电电压均低于

电能表临界电压，且三相负荷电流均不大于 5% 额定（基本）电流，此种工况称为掉电。

1-2-74 智能电能表电压逆相序事件的定义是什么？

在三相供电系统中，三相电压均大于电能表的临界电压，三相电压逆相序，且持续时间大于 60s，记录为电压逆相序事件。

1-2-75 智能电能表恒定磁场干扰事件的定义是什么？

三相电能表检测到外部有 100mT 强度以上的恒定磁场，且持续时间大于 5s，记录为恒定磁场干扰事件。

1-2-76 根据 Q/GDW 1356—2013《三相智能电能表型式规范》，三相电能表断相事件的定义及设定值范围是什么？

定义：在三相供电系统中，当某相电压低于临界电压（60% 参比电压），同时该相电流小于设定的断相事件电流触发上限，且持续时间大于设定的断相事件判定延时时间，此种工况触发断相事件。

设定值范围：

（1）断相事件电流触发上限定值范围：0.5% ～ 2% 额定（基本）电流，最小设定值级差 0.1mA。

（2）断相事件判定延时时间定值范围：10 ～ 99s，最小设定值级差 1s。

1-2-77 智能电能表电压不平衡的定义是什么？

当三相电压中的任一相大于电能表的临界电压，电压不平衡率大于设定的电压不平衡率限值，且持续时间大于设定的电压不平衡率判定延时时间，此种工况称为电压不平衡。

1-2-78 单相智能电能表电磁兼容性试验有哪些试验项目？

静电放电抗扰度、射频电磁场抗扰度、快速瞬变脉冲群抗扰度、射频场感应的传导骚扰抗扰度、浪涌抗扰度、无线电干扰抑制电磁兼容试验。

1-2-79 三相智能电能表采样元件如采用精密互感器，精密互感器的固定方式有哪些要求？

用硬连接物可靠地固定在端子上、采用焊接方式固定在线路板上，不应使用胶类物质或捆扎方式固定。

1-2-80 居民小区远程抄表系统由哪几部分构成？

用户层、数据采集层、管理层。

1-2-81 居民小区远程抄表系统用户层由什么组成？

用户层由冷 / 热智能水表 + 智能电能表 + 智能燃气表 + 热量表 + 智能温控阀 + 室内温度控制器等计量仪表及控制设备（阀）组成。

1-2-82 居民小区远程抄表系统数据采集层由什么组成？

数据采集层由小区（或楼栋）数据集中器 + 数据采集器组成。

1-2-83 居民小区远程抄表系统管理层由什么组成？

数据管理层由小区数据管理平台软件 + 数据服务器（电脑）等组成。

1-2-84 根据《多表合一信息采集建设施工工艺规范》有关要求，电能表应安装在配电装置的左方或下方，应遵循哪些原则？

电能表应安装在配电装置的左方或下方，且应满足下列原则。

（1）电能表与表板、配电盘的上边沿的距离应不小于 50 mm。

（2）电能表上端距电能计量箱顶端应不小于 80 mm。

（3）电能表侧面距表板、电能计量箱侧面边沿应不小于 60 mm。

（4）电能表侧面距相邻的开关或其他电器元件应不小于 60 mm。

1-2-85 "多表合一"信息采集建设质量验收的要求有哪些？

（1）应无没有台区或计量箱的用户。

（2）RS485 通信成功率应为 100%。

（3）GPRS 通信成功率应不低于 95%。

（4）每个采集终端的信号强度不应低于 −80dB。

（5）电、水、气、热表数据正确率应为 100%，应无"无效数据"的用户。

（6）水、气、热表日采集成功率应不低于 99.5%。

（7）验收区应包括采集覆盖抄表段下所有用户数据采集。

（8）验收区应包括采集覆盖计量箱中所有的用户。

（9）验收区应包括采集覆盖配电变压器下所有用户电、水、气、热量采集。

1-2-86 电水气热多表采集的典型方案有哪几种？

（1）电能表无线采集。

（2）电能表双模采集。

（3）通信接口转换器采集。

（4）通信接口转换器采集＋换流阀控制。

1-2-87 终端能够监测的主要电能表运行状况有哪些？

电能表参数变更、电能表时间超差、电能表故障信息、电能表示度下降、电能量超差、电能表飞走、电能表停走、相序异常、电能表开盖记录、电能表运行状态字变位等。

1-2-88 根据《国家电网公司电能表质量监督管理办法》，运行电能表故障类别分为哪几类？

运行电能表故障类别分为工作质量、外部因素、不可抗力、设备质量故障和其他五大类。

1-2-89 运行状态下采集终端软件升级流程和方法是什么？

运行状态下的采集终端需进行软件升级时，需经省营销部门确认，省计量中心对新版软件采集终端进行全功能检测合格后方可开展。

软件升级优先采用主站远程升级，升级不成功的可通过计量现场作业终端本地升级。省电力计量中心对软件版本变更情况进行管理，并对新版软件进行备案。

1-2-90 在正常使用条件下，集中器准确度要求有哪些？

（1）应保证集中器在被监测额定电压 U_n（$1\pm20\%$）范围内，电压测量误差不超过 $\pm0.5\%$。

（2）整定电压值的上限值和下限值基本误差均为 $r_x \leqslant \pm0.5\%$。

（3）其综合测量误差 $r_c \leqslant \pm0.5\%$。

1-2-91 什么是分布式能源监控终端？

分布式能源监控终端是对接入公用电网的用户侧分布式能源系统进行监测与控制的设备，可以实现对双向电能计量设备的信息采集、电能质量监测，并可接受主站命令对分布式能源系统接入公用电网进行控制。

1-2-92 《国家电网公司计量现场手持设备管理办法》中如何定义计量现场手持设备？

计量现场手持设备是指适用于计量人员现场应用，通过应用密码技术实现与电能表、采集终端等设备进行数据交换，实现安全认证、数据采集、参数设置、应急停复电、密钥更新、标识读写和封印管理等操作的便携式手持设备。

1-2-93 用电信息采集系统现场设备运行巡视包括哪些内容？

（1）终端、箱门的封印是否完整，计量箱及门是否有损坏。

（2）采集终端的线头是否松动或有烧痕迹，液晶显示屏是否清晰或正常显示。

（3）采集终端外置天线是否损坏，无线公网信道信号强度是否满足要求。

（4）采集终端环境是否满足现场安全工作要求，有无安全隐患。

（5）检查控制回路接线是否正常，有无破坏。

（6）电能表、采集设备是否有报警、异常等情况发生。

1-2-94 用电信息采集故障现象甄别和处置原则是什么？

（1）优先排查主站。

（2）逐级分析定位。

（3）批量优先处理。

（4）一次处置到位。

1-2-95 用电信息采集系统的计量在线监测主要功能有哪些？

计量在线监测主要对计量设备异常进行监控分析，监控各类系统预警事件信息，通过对电能表和采集终端中的电能计量数据、运行工况数据和事件记录等数据进行比对、统计分析，判断计量设备是否存在电量异常、电压电流异常、异常用电、负荷异常、时钟异常、接线异常、费控异常、停电事件异常等，并对异常问题派发处理工单。

1-2-96 专用变压器采集终端可监测的电能表运行状况主要有哪些？

专用变压器采集终端能够监测电能表运行状况主要有：电能表参数变更、电能表时间超差、电能表故障信息、电能表示度下降、电能量超差、电能表飞走、电能表停走、相序异常、电能表开盖记录、电能表运行状态字变位等。

1-2-97 在现场测试运行中电能表时，对现场条件有哪些要求？

（1）环境温度应在 0 ～ 35℃。

（2）电压对额定值的偏差不应超过 ±10%。

（3）频率对额定值的偏差不应超过 ±2%。

（4）现场检验时，负荷电流不低于被检电能表标定电流的 10%（S 级电能表为 5%），或功率因数低于 0.5 时，不宜进行误差测定。

1-2-98 低压电力线宽带载波传输方式通信单元在进行外观和结构检查时有哪些要求？

进行外观和结构检查时，不应有明显的凹凸痕、划伤、裂缝和毛刺，镀层不应脱落，标牌文字、符号应清晰、耐久，接线应牢固。

1-2-99 智能电能表在现场运行过程中有时会发生烧表的情况，引起烧表的主要原因是什么？

（1）工作人员在接线时电流线路螺栓未拧紧，在大电流条件下端子过热引起端子座或整表烧毁。

（2）接线时发生短路或电能表内部有短路从而导致表计烧毁。

（3）当供电线路被雷电击中，造成脉冲电压窜入表计引起表内元器件击穿，从而引发整表烧毁。

（4）用户用电负荷超过电能表额定最大负荷电流造成电能表接线端子烧坏。

（5）用户电能表表箱破损，遇到恶劣天气进水，导致电能表接线端子烧坏。

1-2-100 现场运行中智能电能表遇到通信类的故障，主要是指无法抄收电能表数据，通常此类型故障主要有哪四方面原因？

（1）通信模块或通信单元的电路由于过电压烧坏，无法正常通信。

（2）由于厂家在编写电能表程序时未能严格按照规约编写或载波信号传输错误导致无法正常通信。

（3）电能表与采集设备之间信道故障或参数设置错误。

（4）电能表现场安装时 RS485 通信线与电能表 RS485 的 A、B 端子接反。

1-2-101 智能电能表液晶显示故障的原因主要有哪些？

（1）液晶由于挤压、振动、敲击等外力原因导致漏液或高温、暴晒导致液晶偏振片老化，使其无法显示。

（2）表内液晶驱动芯片出现故障，无法正常显示。

1-2-102 终端提示"注册网络失败"，应做哪些检查？

（1）检查 SIM 卡是否接触良好。

（2）检查 SIM 卡是否损坏。

（3）通信模块是否故障。

1-2-103 造成终端频繁登录主站的常见原因有哪些？

（1）终端心跳周期参数设置错误。

（2）终端安装位置信号强度弱。

（3）采集终端部分硬件出现故障，如远程通信模块故障或采集终端其他硬件部分出现故障。

（4）采集终端软件出现故障，如采集终端内存溢出。

1-2-104 造成终端离线的常见原因有哪些？

（1）终端安装区域停电或终端掉电。

（2）运营商网络或光纤网络故障，通信卡损坏、丢失、欠费、参数设置错误，信号强度较弱，远程通信模块天线丢失等原因造成的远程通信信道故障，影响终端正常登录主站统。

（3）由于远程通信模块故障、采集终端故障等原因致使终端无法正常登录主站系统。

1-2-105 GPRS 终端能获得 IP 但无法与主站连接有哪些原因？

（1）移动通道故障。

（2）路由器故障或路由器未配置相应 IP 地址段的路由。

（3）主站通信设备故障。

（4）终端通信参数（主站 IP、端口号、APN 节点）配置错误。

1-2-106 采集终端采用什么安全防护保证数据传输安全？

采集终端应包含具备对称算法和非对称算法的安全芯片，采用完善的安全设计、安全性能检测、认证与加密措施，以保证数据传输的安全。

1-2-107 什么是非对称密码算法？

加解密使用不同密钥的算法。其中一个密钥（公钥）可以公开，另一个密钥（私钥）必须保密，且由公钥求解私钥的计算是不可行的。

1-2-108 专用变压器采集终端无法抄读表计时可能的故障原因及排故处理办法是什么？

（1）抄表参数设置错误：主站召测表计规约、通信地址、端口号等抄表参数的设置情况，确认抄表参数错误后重新下发参数。

（2）换表未重新设置参数：查相关档案或现场核查后重新下发参数。

（3）终端软件问题：尝试用穿透抄表方式，若可以抄表，则可能是终端软件问题，需向相关部门反馈以完善终端软件。

（4）表计 RS485 接口故障：在规约支持的情况下利用终端现场测试仪抄读表计，无法抄读。确认后应更换表计。

（5）终端 RS485 接口故障：利用终端抄读终端现场测试仪数据，无法抄读。确认后更换接口板。

（6）接线故障：排除终端、表计接口问题，参数设置问题，软件问题后，若确认接线故障应重新接线。

1-2-109 集中器无法上线，需要到现场排查的问题有哪些？

集中器无法上线，需要到现场排查的问题有集中器通信参数设置错误、现场无线通信信号强度不足以支撑通信、集中器远程通信模块故障等。

1-2-110 集中抄表终端故障处理有哪些具体要求？

（1）采集器、集中器故障应启动相关流程及时进行更换；通信卡、通信模块故障应进行现场更换。

（2）任务参数类故障应通过任务启用、参数设置、参数下发等方式进行解决。

（3）如采集数据异常涉及电量电费问题，需及时提供相关资料给相关部门。

1-2-111 集中器不能抄读部分载波表的原因有哪些？

（1）路由的运行模式，失败表的表端载波芯片不能兼容。

（2）台区划分不明确，抄不到的表不属于该集中器抄读的台区。

（3）抄不到的表与能抄到的电能表之间距离太远，无法建立中继。

（4）抄不到的表与能抄到的电能表之间不存在大衰减点。

1-2-112 造成数据采集时有时无的常见原因有哪些？

（1）采集终端软件版本存在缺陷。

（2）采集终端天线安装位置处无线信号强度较弱，无法与基站正常通信。

（3）由于台区供电半径过大，导致电能表与集中器通信距离过远，载波或微功率信号衰减严重。

（4）采集终端、电能表故障。

1-2-113 造成数据采集错误的常见原因有哪些？

（1）主站、采集终端参数设置错误。

（2）采集终端、电能表时钟错误。

（3）采集终端、电能表故障。

（4）主站档案与现场实际情况不一致。

1-2-114 造成事件上报异常的常见原因有哪些？

（1）主站、采集终端参数设置错误。

（2）采集终端、电能表电池失效。

（3）采集终端发生故障。

1-2-115 采集器和集中器发生哪些情况应有记录和报警功能？

（1）有故障检测功能的采集器或集中器通信线路发生断路或短路故障时。

（2）采集器或集中器的采集信道或通信信道发生故障时。

（3）采集器或集中器工作所需的主备电源发生故障时。

（4）远传表计量数据发生突变等异常现象时。

1-2-116 用电信息采集系统随机采集时抄表失败，应检查哪些方面？

（1）表地址是否正确设置。

（2）表和终端的连线是否正常。

（3）抄表芯片或 RS485 抄表板是否运行正常。

（4）主站设置或终端通信规约与表通信规约是否对应。

（5）采集终端是否发生故障。

1-2-117 遇到现场电能表运行故障时以不妨碍电力客户正常用电，将影响降到最小为原则，一般采取哪几种处置方法？

（1）遇到个别故障无法在现场迅速查明并解决的，选择直接换装新表。

（2）遇到少量表计参数设置原因引起的故障，由厂家配合对电能表进行现场参数调整。

（3）遇到整批电能表有元器件质量、软件或硬件设计问题，选择批量换装新表，并将未安装的电能表进行退换货处理。

（4）在实验室检测中发现电能表问题，省电力公司一般要求厂家整改或批量退货。

1-2-118 在终端故障处理工作过程中，工作班成员的职责是什么？

（1）熟悉工作内容、作业流程，掌握安全措施，明确工作中的危险点，并履行确认手续。

（2）严格遵守安全规章制度、技术规程和劳动纪律，对自己工作中的行为负责，互相关心工作安全，并监督电力安全工作规程的执行和现场安全措施的实施。

（3）正确使用安全工器具和劳动防护用品。

（4）完成工作负责人安排的作业任务并保障作业质量。

1-2-119 电能计量装置重大设备故障、重大人为差错的调查中，调查组成员的条件及职责是什么？

调查组成员条件如下。

（1）具有相关专业知识，从事本专业工作五年及以上。

（2）具有中级及以上技术职称。

（3）与所发生事件没有直接关系。

调查组职责如下。

（1）查明故障、差错发生的原因、过程、设备损坏和经济损失情况。

（2）确定故障、差错的性质和责任。

（3）提出故障、差错处理意见和防范措施建议。

（4）出具"电能计量重大设备故障、重大人为差错调查报告书"。

1-2-120 供电设施的运行维护管理范围应如何确定？

供电设施的运行维护管理范围，按产权归属确定。责任分界点按下列各项确定。

（1）公用低压线路供电的设施，以供电接户线用户端最后支持物为分界点。支持物属供电企业。

（2）10kV及以下公用高压线路供电的设施，以用户厂界外或配电室前的第一断路器或第一支持物为分界点。第一断路器或第一支持物属供电企业。

（3）35kV及以上公用高压线路供电的设施，以用户厂界外或用户变电站外第一基电杆为分界点。第一基电杆属供电企业。

（4）采用电缆供电的设施，本着便于维护管理的原则，分界点由供电企业与用户协商确定。

（5）产权属于用户且由用户运行维护的线路，以公用线路分支杆或专用线路接引的公用变电站外第一基电杆为分界点。专用线路第一基电杆属用户。

在电气上的具体分界点，由供用双方协商确定。

1-2-121 电网管理单位与分布式电源用户签订的并网协议中，在安全方面至少应明确哪些内容？

（1）并网点开断设备（属于用户）操作方式。

（2）检修时的安全措施。双方应相互配合做好电网停电检修的隔离、接地、加锁或悬挂标识牌等安全措施，并明确并网点安全隔离方案。

（3）由电网管理单位断开的并网点开断设备，仍应由电网管理单位恢复。

第三节　电能计量及抄表异常

1-3-1 电工仪表按测量对象分为哪几类？计量电能表有哪些类别？为什么要选用高精度电能表及互感器？

电工仪表按测量对象分类，有电流表、电压表、欧姆表、绝缘电阻表、接地电阻测量仪、功率表、功率因数表、频率表及电能表等。

计量电能表的种类可分为：

（1）按相别分。有单相、三相三线、三相四线等。

（2）按功能用途分。有标准电能表、有功电能表、无功电能表、最大需量表、分时计量表、铜损表、铁损表、线损表等。

（3）按动作原理分。有感应式、全电子电动式、电解式、电磁式、机械式、机械电子式。

（4）按准确等级分。电能表一般有 0.2、0.5、1.0、2.0、3.0 级。

高精度的计量电能表是指准确等级为 1.0 级及以上的有功电能表和准确等级为 2.0 级及以上的无功电能表。高精度的计量互感器是指准确等级为 0.2 级及以上的电压和电流互感器。选用高精度的电能表和互感器，会使计量装置合成误差降低，使用电计量的准确性提高，为维护电能销售者和消费者的正当权益提供了有效计量手段。高精度电能计量装置的安装对象，应按有关规程的规定执行。

1-3-2 电能计量装置包括哪些仪表设备？

电能计量装置包括计费电能表、电压互感器、电流互感器及二次连接线导线、计量箱（柜）。

1-3-3 电压互感器在运行中为什么不允许二次侧短路？

电压互感器在运行中严禁二次侧短路，这是因为电压互感器在正常运行时，由于其二次负载是计量仪表或继电器的电压线卷，其阻抗均较大，基本上相当于电压互感器在空载状态下运行。二次回路中的电流大小主要取决于二次负载阻抗的大小，因为电流很小，所以选用的导线截面很小，铁芯截面也较小。当电压互感器二次短路时，二次阻抗接近于零，次级的电流很大，将引起熔丝熔断，从而造成测量仪表不正确测量和继电保护装置的误动作等；如果熔丝未能熔断，此短路电流必然引起电压互感器线圈绝缘的损坏，以致无法使用，甚至使事故扩大到一次线圈短路，造成全厂（站）或部分设备停电事故。

1-3-4 按《供电营业规则》的规定，用户计量装置应如何安装？

供电企业应在用户每一个受电点内按不同电价类别，在供电设施的产权分界处分别安装用电计量装置。

1-3-5 对不具备安装用电计量装置的临时用电的用户，如何计量收费？

《供电营业规则》规定：对不具备安装条件的临时用电的用户，可按其用电容量、使用时间、规定的电价计收电费。

1-3-6 《供电营业规则》规定用电计量装置原则上应装在何处？若安装处不适宜装表怎么办？

《供电营业规则》规定：用电计量装置原则上应装在供电设施的产权分界处。若产权分界处不适宜装表的，对专线供电的高压用户，可在供电变压器出口装表计量；对公用线路供电的高压用户，可在用户受电装置的低压侧计量。当用电计量装置不安装在产权分界处时，线路与变压器损耗的有功与无功电量均由产权所有者负担。在计算用户基本电费（按最大需量计收时）、电度电费及功率因数调整电费时，应将上述损耗电量计算在内。

1-3-7 计量方式有哪几类？

计量方式有高供高计、高供低计、低供低计三种方式。

1-3-8 电能表的作用是什么？

电能表是一种用途最广的计量电能的电气仪表，是工农业生产和家庭中必备的计量工具，在国民经济中具有重要的地位。在电力系统发电、供电、用电的各个环节中装设了大量的电能表，用来计量发电量、厂用电量、供电量、售电量、线损电量等。

1-3-9 什么是电能表常数？

电能表的转盘每千瓦时（kWh）所需要转的圈数称为电能表常数，通常使用转/千瓦时（r/kWh）表示。如电能表常数为1200r/kWh，表示电能表转盘每转1200转，电能表计量1kWh。

1-3-10 什么是电能计量装置二次回路？

互感器二次侧和电能表及其附件相连接的线路称为电能计量装置二次回路。

1-3-11 什么是相序？反相序对无功电能表有何影响？如何纠正？

（1）相序是指电压或电流三相相位的顺序，通常习惯用A（黄）-B（绿）-C（红）表示。在三相电路中，电压或电流的正相序是指A相比B相超前120°，B相比C相超前120°，C相又比A相超前120°。正相序有A-B-C，B-C-A，C-A-B；反相序有A-C-B，C-B-A，B-A-C。

（2）识别正反相序的方法是用相序表测量，如果相序表为正转时为正相序，反转时则为反相序。

根据无功电能表的接线原理，除了正弦型无功电能表外，其他无功电能表在电压相序接反时，均会使电能表铝盘反方向转动，造成计量不准。

（3）纠正电压反相序的方法是将电压中任两相的位置颠倒一下，即将C、B两相（或B、A两相，或A、C两相）互相颠倒一下，就可以使反相序变为正相序了。

1-3-12 什么是多功能电能表？

凡是由测量单元和数据处理单元等组成（除计量有功，无功电能外），还具有分时、测量需量等两种以上功能，并能显示、储存和输出数据的电能表叫多功能电能表。

1-3-13 什么是智能电能表？

智能电能表由测量单元、数据处理单元、通信单元等组成，是具有电能量计量、数据处理、实时监测、自动控制、信息交互等功能的电能表。按照电能表的分类，智能电能表属于多功能电能表。

1-3-14 智能电能表有哪些功能？

智能电能表具有电能量计量、信息储存及处理、实时监测、自动控制、信息交互等功能，是在电能计量基础上重点扩展了信息存储及处理、实时监测、自动控制、信息交互等功能。智能电能表还支持双向计量、阶梯电价、分时电价、峰谷电价等实际需要，也是实现分布式电源计量、双向互动服务、智能家居、智能小区的技术基础。

1-3-15 单相智能电能表主要分为哪几种？

单相智能电能表主要分为单相本地费控智能电能表、单相本地费控智能电能表（载波通信）、单相远程费控智能电能表、单相远程费控智能电能表（载波通信）。

1-3-16 三相智能电能表的分类及特点有哪些？

三相智能电能表的分类及特点如下。

（1）均有 RS485 接口，总体上分为带费控功能的三相智能电能表和不带费控功能的三相智能电能表两大类。

（2）带费控功能的三相智能电能表又可细分为本地费控和远程费控两小类，均为三相四线制接线方式。

（3）根据载波模块、无线模块、CPU 卡、射频卡、开关内置、开关外置的不同搭配组合，带费控功能的三相智能电能表共衍生出 21 种表型。

（4）不带费控功能的三相智能电能表均无载波模块或无线模块，既有三相四线制接线方式，又有三相三线制接线方式。

（5）不带费控功能的三相智能电能表根据有功准确度（1、0.5S、0.2S）的不同，分为 3 种表型，和旧表型的多功能表技术特点相似。

1-3-17 电流互感器运行时二次开路后如何处理？

电流互感器运行时二次开路的处理如下。

（1）运行中的高压电流互感器，其二次出口端开路时，因二次开路电压高，限于安全距离，人不能靠近，必须作停电处理。

（2）运行中的电流互感器发生二次开路，不能停电的应该设法转移负荷，在低峰负荷时作停电处理。

（3）若因二次接线端子螺栓松造成二次开路，在降低负荷电流和采取必要的安全措施（有人监护，处理时人与带电部分有足够的安全距离，使用有绝缘柄的工具）的情况下，可不停电将松动的螺栓拧紧。

1-3-18 什么是互感器的减极性？

当互感器一次电流从首端流入，从尾端流出时，二次电流从首端流出，经二次负载从尾端流入，这样的极性标志为减极性。

1-3-19 电能计量装置二次回路电压降的要求是什么？

Ⅰ、Ⅱ类用于贸易结算的电能计量装置中，电压互感器二次回路电压降应不大于其额定二次电压的 0.2%；其他电能计量装置中，电压互感器二次回路电压降应不大于其额定二次电压的 0.5%。

1-3-20 为什么要选用 S 级的电流互感器？

由于 S 级电流互感器能在额定电流的 1% ～ 120% 之间都能准确计量，故对长期处在负载电流小但又有大负荷电流的用户，或有大冲击负荷的用户和线路，为了提高计量准确度和可靠性，则可选用 S 级电流互感器。

1-3-21 电能计量装置哪些部位应加封？

（1）电能表两侧表耳。

（2）电能表尾盖板。

（3）试验接线盒盖板。

（4）电能表箱（柜）门锁。

（5）互感器二次接线端子。

（6）互感器柜门锁。

1-3-22 三相四线电能计量装置带电检查接线的步骤有哪些？

（1）测量各相电压、线电压。用电压表在电能表的端钮处测量接入电能表的各相电压、线电压。其各相电压或线电压的数值应接近相等。各相电压或线电压的数值相差较大，说明电压回路不正常。

（2）测量电能表接线端子处电压相序。利用相序指示器或相位表进行测量，以面对电能端子，电压相位排列自左至右为A、B、C相时为正相序。

（3）检查接地点。为了查明电压回来的接地点，可以将电压表端钮一端接地，另一端依次触及电能表的各电压端钮，若端钮对地电压为零，则说明该相接地。

（4）测定负载电流。用钳形表依次测每相电流回路负载电流，三相负载电流应基本相等。若有异常情况可结合测绘的相量图及负载情况考虑电流互感器极性有无接错，连接回路有无断线或短路等。

（5）检查电能表接线是否正确。若前面的4项检查还不能确定电流的相位及电压与电流的对应关系，可采用相位视在功率表检查电压与电流的相位，通过相量分析的方法，检查电能表的接线是否正确。

1-3-23 用户受电点内难以按电价类别分别装设用电计量装置时，如何对用户计量计价？

用户受电点内难以按电价类别分别装设用电计量装置时，可装设总的用电计量装置，然后按不同电价类别的用电设备容量的比例或实际可能的用电量，确定不同电价类别用电量的比例或定量进行分算，分别计价。供电企业每年至少对上述比例或定量核定一次，用户不得拒绝。

1-3-24 电流互感器在使用时接线要注意些什么问题？

（1）将测量表计、继电保护和自动装置分别接在单独的二次绕组上供电。

（2）极性应连接正确。

（3）运行中的二次绕组不许开路。

（4）二次绕组应可靠接地。

1-3-25 电流互感器与电压互感器二次侧为什么不允许互相连接，否则会造成什么后果？

电压互感器连接的是高阻抗回路，称为电压回路；电流互感器连接的是低阻抗回路，称为电流回路。如果电流回路接于电压互感器二次侧会使电压互感器短路，造成电压互感器或其熔断器烧坏以及造成保护误动作等事故。如果电压回路接于电流互感器二次侧，则会造成电流互感器二次侧近似开路，出现高电压，威胁人身和设备安全。

1-3-26 如何计算计量装置抄见电量？

按下式计算。

$$W = (W_2 - W_1) K$$

式中　　W——计量装置抄见电量；

　　　　W_1——前一次抄见读数；

　　　　W_2——后一次抄见读数；

　　　　K——电能表综合倍率。

1-3-27 互感器的工作原理是什么？

互感器是由两个相互绝缘的绕组绕在公共的闭合铁芯上构成的，按一定的比例将高电压或大电流转换为既安全又便于测量的低电压或小电流，也就是说互感器的工作原理为变压器的原理。

1-3-28 电压互感器在使用时，接线要注意哪些问题？

（1）按要求的相序接线。

（2）单相电压互感器极性要连接正确。

（3）二次侧应有一点可靠接地。

（4）二次绕组不允许短路。

1-3-29 电能表的倍率在电费计算中的作用是什么？

电能表的倍率一般分为两种。一种是由电能表结构决定的倍率，称为电能表本身倍率；另一种是当电能表经互感器接入时，其读数还要乘以电流和电压互感器的变比。即电能表综合倍率＝电流互感器变比 × 电压互感器变比 × 电能表本身倍率。

电流互感器的作用是分别把高、低电压线路或设备的大电流变为标准的计量用电流（5A），用于计量和指示仪表及保护回路中进行测量和保护；电压互感器的作用是把高电压（如 10kV、35kV、110kV 等）变为标准的计量用电压（100V），用于计量表和指示仪表测量电压值。

上述两点说明使用电流和电压互感器是为了扩大电能表的量程，满足对大电力用户电能计量的需要。如果对互感器的变比记录发生差错，则电能表的倍率必然相应变更，根据此倍率计算出来的用户用电量就会不准。电量偏大影响用户经济利益，电量偏小影响供电企业经济利益。所以电能表的倍率在电费计算中的作用是很重要的。电费管理部门必须采取相应措施，防止因倍率引起的电费计算差错或事故发生。

1-3-30 为什么要对动力用户实行功率因数调整电费的办法？

用户结算电费，还要实行功率因数调整电费的办法，是因为动力用户功率因数的高低，对发、供、用电的经济性和电能使用的社会效益有着重要影响。提高和稳定用电功率因数，能提高电压质量，减少供、配电网络的电能损失，提高设备的利用率，减少电力设施的投资和节约有色金属。由于供电部门的发供电设备是按一定功率因数标准建设的，故用户的功率因数也必须符合一定的标准。因此，要利用功率因数调整电费的办法来考核用户的功率因数，促使用户提高功率因数并保持稳定。

1-3-31 为何要对动力用户记录无功电量？

（1）《功率因数调整电费办法》规定，凡实行功率因数调整电费的用户，应装设带有防倒装置的无功电能表，按用户每月实用有功电量和无功电量，计算月平均功率因数。

规定明确要求考核用户功率因数，不用瞬时值，而是用平均值。若要计算出用户某段时期内的平均功率因数，如仍采用测量、计算瞬时值的方法，是无法满足规定要求的，只有电能表属于累积式仪表，其测量结果是在某一段时期内电路里所通过的电能的总和，这种测量方式与规定要求完全一致。因此，必须使用具有记录有功电量和无功电量的表计，才能测量和计算用户的平均功率因数。

（2）根据《功率因数调整电费办法》，考核用户的月平均功率因素，只需分别记录某用户一个月内所使用的有功电量 W_P 和无功电量 W_Q，即可求出：

$$月平均功率因数 \cos\varphi_P = \frac{1}{\sqrt{1+\left(\dfrac{W_Q}{W_P}\right)^2}}$$

也可根据 $\tan\varphi_P = \dfrac{W_Q}{W_P}$，计算出 $\tan\varphi_P$ 后，查三角函数对照表，得出 $\cos\varphi_P$。

综上所述，对实行功率因数调整电费办法的动力用户，加装具有记录无功电量的表计，是为了达到简便、准确地考核用户平均功率因数的目的。

1-3-32 选择电流互感器时，主要依据哪几个参数？

（1）额定电压。

（2）准确度等级。

（3）额定一次电流及变化。

（4）二次额定容量和额定二次负荷的功率因数。

1-3-33 电流互感器为什么不允许二次开路运行？

运行中的电流互感器，其二次侧所接负载阻抗非常小，基本上处于短路状态。由于二次侧电流产生的磁通和初级电流产生的磁通相互去磁，使铁芯中的磁通密度处于较低水平，此时电流互感器的二次侧电压很低。当电流互感器二次负载开路以后，一次侧电流不会改变，而二次侧电流为零，这样一次侧电流全部变成励磁电流，致使铁芯中磁通密度达到 1.5Gs 以上。因为二次侧线圈的匝数比一次侧线圈多很多倍，所以二次侧线圈两端将感应出高电压。这种高电压对电气设备和人身安全造成很大的危险。同时由于二次回路开路后，将使铁芯严重饱和，造成过热而将电流互感器烧毁。所以运行中绝不允许电流互感器二次回路开路。

1-3-34 电能计量装置安装点对环境有哪些要求？

（1）周围环境应干净明亮，不易受损、受振，无磁场及烟灰影响。

（2）无腐蚀气体、无易蒸发液体的侵蚀。

（3）运行安全可靠，抄表读数、校验、检查、轮换方便。

（4）电能表原则上装于室外的走廊、过道内及公共的楼梯间，或装于专用配电间内。

（5）安装点的气温不超过电能计量装置标准规定的工作气温范围。

1-3-35 三相四线制电能表接线时应注意哪些事项？

三相四线制电能表接线时应注意以下事项。

（1）按正相序接线，否则会产生计量附加误差。

（2）中性线不能与相线颠倒，否则可能烧坏电能表。

（3）与中性线对应的端钮一定要接牢，否则可能因接触不良或断线产生的电压差引起较大的计量误差。

（4）若三相四线制电能表是总表，则进表的中线不能带接头接入表内，否则一旦发生接头松动，将会出现低压线路断中线的现象。此时如果负载严重不对称，负载中性点会产生位移，使负载上承受的相电压不对称，与额定值相比过压或欠压，轻者影响设备正常使用，重者将造成大面积设备烧毁。

1-3-36 什么是电能计量装置周期检定（轮换）？请画出周期检定（轮换）的业务流程图。

周期检定（轮换）是指按照电能计量装置技术管理规程和电能计量器具检定

规程的要求将现场运行的设备定期拆回实验室检定，以确保设备的计量准确性和运行可靠性。工作内容包括电能表检验、互感器检验、二次压降测试、二次负荷测试。

周期检定（轮换）业务流程图见图1-7。

1-3-37 请画出计量点变更业务流程图。

见图1-8。

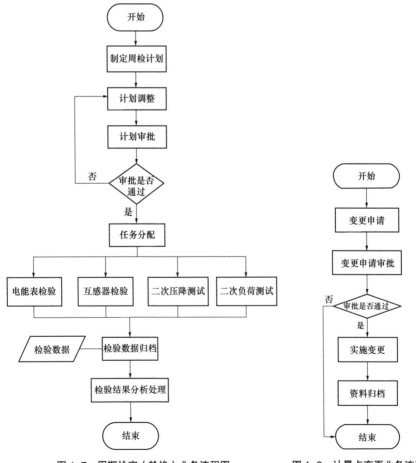

图 1-7 周期检定（轮换）业务流程图　　　　图 1-8 计量点变更业务流程图

1-3-38 指出图中单相电能表接线错误，并画图更正。

接线错误如下。

（1）相线和中性线进线接反，见图1-9。

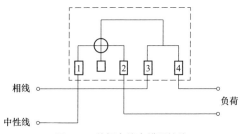

图1-9　单相电能表错误接线

（2）电压线圈未并接在线路中。

正确接线见图1-10。

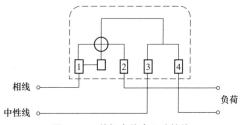

图1-10　单相电能表正确接线

1-3-39 画出三相三线两元件有功电能表经 TA、TV 接入，计量高压用户电量的接线图。

见图1-11。

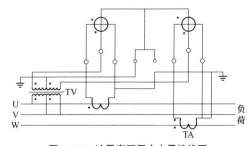

图1-11　计量高压用户电量接线图

1-3-40 检查下图接线有无错误，若有错误，请指出，并画图更正。

接线错误见图 1-12。

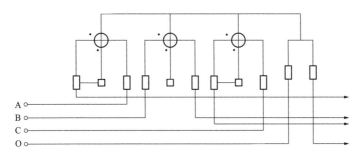

图 1-12　三相四线电能表错误接线

（1）A 相进出线接反。

（2）B 相电压线圈未接。

（3）C 相进出线接反。

正确接线见图 1-13。

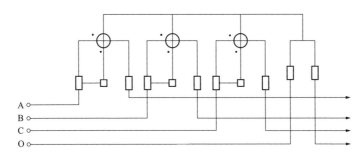

图 1-13　三相四线电能表正确接线

1-3-41 多功能电能表常用的通信方式有哪几种？

多功能电能表常用的通信方式如下。

（1）近红外通信，即接触式光学接口方式。

（2）远红外通信，即调制型红外光接口方式。

（3）RS485 通信，即 RS485 标准串行电气接口方式。

（4）无线通信，如 GPRS、GSM 等无线网络通信方式。

1-3-42 哪些情况会造成电量电费差错的抄表异常？

（1）估抄、虚抄、错抄、漏抄、错算、漏算造成抄表电量电费与实际情况不符。

（2）因营销系统中电价参数或计算公式设置错误，造成电量电费计算错误。

（3）电价政策执行错误，造成电费计收错误。如错误执行用电类别及比例、电价和计量方式。

（4）计量装置有异常情况，未及时处理造成电量电费多收、少收。

（5）换表时错记、漏记而造成电量电费多收、少收。

（6）不按规定程序办理新装、增容和变更用电业务，造成营业费用和电费错收、漏收或不能收回。

（7）未按规定业务流程及时传递工作单及相关资料，造成电量电费计收错误。

（8）其他原因造成的电量电费差错。

1-3-43 哪些情况会造成档案差错的抄表异常？

（1）客户档案资料未建立或档案资料不健全，例如现场有表无档案。

（2）现场情况如现场户名、表型号、表号及倍率等与档案不符。

（3）用电业务变更后档案修改不及时。

（4）保管不当导致档案资料丢失。

（5）其他原因造成的档案差错。

1-3-44 抄表过程中发现客户用电性质、用电结构、受电容量等发生变化，应如何处理？

如抄表过程中发现客户用电性质、用电结构、受电容量等发生变化时，应及时传递业务工作单，启动相关流程进行处理，并通知客户办理有关手续。

1-3-45 抄表过程中发现窃电时应如何处理？

现场抄表时，发现窃电现象时，抄表人员应做好记录，并保护好现场、拍照保留证据，及时与供电公司相关人员联系，等相关人员到达现场取证后，方可离开。抄表人员不得自行处理。

1-3-46 抄表过程中发现客户违约用电时应如何处理？

现场抄表时，发现封印脱落、表位移动、高价低接、用电性质发生变化等违约用电现象时，应做好记录，并及时与相关人员联系或填写业务工作单交相关人员处理，不得自行处理。

1-3-47 抄表过程中发现计量装置故障时应如何处理？

抄表人员在抄表时，发现计量装置故障后，首先应在现场分析了解相关情况，设法获取故障发生的时间和原因，如客户的值班记录、客户上次抄表后至今的生产情况、客户有无私自增容等。其次，将计量装置的故障情况及相关数据记录下来，如电能表当时的示数、负荷情况、客户生产班次及休息情况等，填写业务工作单，并发起相关处理流程。

1-3-48 现场抄表过程中发现表号不符或电能表遗失时，应如何处理？

现场抄表，发现表号不符或有表无档案时，应核对是否为供电公司的电能表，如果客户私自换表，应请相关人员到现场进行处理；若是供电公司的电能表，应做好记录，录入电能表的示数、电能表的相关信息等，并填写业务工作单，交给相关人员处理。

现场抄表发现电能表遗失时，应录入上一个抄表周期的电量，做好记录，填写业务工作单，交给相关人员处理。

1-3-49 怎样判断单相电能表失准故障？

（1）抄表检查，核对当月计量电量与上月计量电量的变化情况，是否与用户实际用电情况相符，如发现突变应查明原因。

（2）检查电能表的铅封有无开启，外壳、端钮盒有无损坏，有无表外接线等其他窃电迹象。

（3）现场用切、送用户负荷来检查电能表的运行情况并用计数器和电能表的常数计算一段时间的用电量，初核进行判断。

（4）如上述办法仍无法判断，可详细记录现场情况、出校表工作单、送计量部门进行技术校验。

1-3-50 什么是电能表电量异常？

电能表电量异常是指在抄表过程中发现电量突增、突减，且当月抄见电量与上月或上年同期电量相比增减幅度在 30% 及以上。

1-3-51 单相电能表电量异常该如何处理？

在抄表过程中，通过现场异常判断方法确认单相电能表电量异常情况后，属于违章、窃电行为的要按照《供电营业规则》进行相应的电量追补和违约金收取，属于表计故障的要出具抄表异常工作单转相关人员处理。

1-3-52 怎样判断三相电能表电量异常？

三相电能表电量异常是指在抄表过程中发现电量突增、突减（当月抄见电量与三个月平均电量相比增减幅度在 30% 及以上）。一般可以采用同期电量对比和表计运行观察两种方式进行异常判断。

（1）同期电量对比。表计抄录完毕后，抄表人员要取用本月电量与上月或同期电量进行对比，查看有无电量突增或突减情况。如果本月抄见电量与上月、上年同期有较大变化，则要当场复查电能表示数，核对抄表是否正确。

向客户了解本月生产情况，对于管理较为规范的客户，可查看电气运行记录和生产日报等，通过产量分析电量的增减。

如果抄表正确，且客户近期没有调整生产班次和产量，则应对计量装置进行检查。

（2）表计运行观察。抄表人员在现场抄表时，首先观察表计运行是否正常，可以利用瓦秒法粗略计算表计误差。

利用万用表、伏安相位仪、钳形电流表等仪器检测二次回路的电压、电流、电能表接线和互感器倍率等是否正常。

检查计量表箱、表箱锁和表计封印是否完好；检查是否有越表接线或表前线绝缘层被剥落等现象。

1-3-53 三相电能表电量异常的处理程序是什么？

如果客户电量突变属于生产结构调整等内部原因，抄表人员就要在抄表卡上注明原因。如果客户用电量出现的突变、异常属于非生产性变化，那么就存在电量退补的问题。在判断出引起电量异常的原因后，需要取证和供、用电双方确认以及正确计算退补电量。

（1）勘察、取证。由于电能具有即用即失的特点，所以取证过程实际上是保护现场的过程。

如果出现计量装置故障情况，现场抄表人员要保护现场，通知客户到达计量装置安装现场予以确认。

窃电现场的取证方法一般有拍照、摄像、录音、提取损坏的计量装置，收集伪造或开启计量装置封印，收集使计量装置不准或失效的窃电装置，提取并保全在计量装置上遗留的窃电痕迹、经当事人签名的询问笔录，收集当事人举报人的书面材料等。

（2）填写工作单。在发现客户电量异常并找到异常原因后填写相关工作单，写明电量异常原因，以及退补电量的计算过程。如果存在窃电行为，还应填写违章用电、窃电通知书。

（3）当事人签字认可。

（4）计量装置的更换。电量退补完结后，存在故障的计量装置要按计量装置管理规定更换。如果计量装置的故障由客户引起，则计量装置的更换费用由客户来承担；反之，则由供电企业自己承担。

1-3-54 什么是零度户？零度户有哪些？

零度户指在一个抄表周期内，用电量为零的用电客户。

按照形成原因，零度户分为正常和非正常两大类。正常零度户包括未用电零度户、新装表零度户、备用电源零度户、客户暂停零度户等；非正常零度户包括计量故障零度户、有户头无电能表零度户、窃电零度户、抄表错误或未抄表零度户等。

1-3-55 对于有卡无表的零度户如何处理?

客户的房屋由于装修、重建等原因,表计已办理暂拆业务、时间超过六个月的"零度表"户,由抄表人员出具业务工作单,注明原因,相关人员核准审批后,进行销户处理。

1-3-56 对于计量故障造成的零度户如何处理?

因表停、表烧、表破损、互感器损坏等造成电能表不走的零度户,应按正常月份用电水平补收电量,属客户责任造成电能表损坏的,应通知办理理赔手续。

1-3-57 对于不够扣减造成的零度户如何处理?

高压供电客户出现总表不够分表减的零度时,抄表人员应出具业务工作单,转由相关人员处理。

1-3-58 对于暂拆表造成的零度户如何处理?

营业所对清理出和转来的暂拆表应及时进行业务处理,凡未出具工作单的"暂拆表",均应补办业务手续并做动态记录,电能表应回库。

1-3-59 对于有表无卡造成的零度户如何处理?

抄表人员在用电现场发现有表无卡时,要在抄表盘头上记录电能表参数及表码,出具业务工作单,交相关人员处理。

1-3-60 对于虚拟零度户造成的零度户如何处理?

对于现场根本就不存在但营销系统中存在客户资料,所产生的零度户,可列出清单明细,经相关人员处理后,在营销系统中进行销户。

1-3-61 列举两种造成少计、漏计电量的不合理电能计量方式,并提出解决办法。

以下两种计量电能表装接不合理的方式,会造成少计或漏计电量。

(1)用三相三线电能表接用单相负荷。

(2)电能表容量过大,常用负荷在电能表标定值 10% 以下;或电能表容量过小，长期高过载运行。

若发生上述情况时，抄表或检查人员应及时了解用户内部电气设备使用情况及负荷情况。判断误差时，可测定电能表计数某个值所需的时间，与标定标准时间相比较，即可初步确定电能表运行的相对误差，经计算核对后，出具工作单转有关部门改变计量方式。分别将三相三线电能表更换为三相四线电能表计量，将常规电能表更换为宽负载电能表计量。对大工业用户还可以采用新型的宽负载 0.5S 级或 0.2S 级的电流互感器计量电量。

1-3-62 对由于用户的原因未能如期抄录计费电能表读数时，如何处理？

由于用户的原因未能如期抄录计费电能表读数时，可通知用户待期补抄或暂按前次用电量计收电费，待下次抄表时一并结清。

1-3-63 计费电能表的赔偿费的收取依据是什么？具体是怎样规定的？

依据是《供电营业规则》第六章第七十七条的规定。如因供电企业责任或不可抗力致使计费电能表出现或发生故障的，供电企业应负责换表，不收费用；其他原因引起的，用户应负担赔偿费或修理费。

1-3-64 对用户要求校验计费电能表时，收取校验费的依据是什么？具体是怎样规定的？

依据是《供电营业规则》第六章第七十九条的规定。规定中提出，用户认为供电企业装设的计费电能表不准时，有权向供电企业提出校验申请，在用户交付验表费后，供电企业应在七天内校验，并将校验结果通知用户。如计费电能表的误差在允许范围内，验表费不退；如误差超出允许范围，则退还验表费，并按规定退补电费。

1-3-65 电能表的错误接线可分哪几类？

电能计量装置的错误接线可分三大类。

（1）电压回路或电流回路发生短路或断路。

（2）电压互感器和电流互感器极性接反。

（3）电能表元件中没有接入规定相别的电压和电流。

1-3-66 由于接线错误、熔丝熔断、倍率不符使电能计量出现差错时，应如何退补电费？

（1）计费计量装置接线错误的，以其实际记录的电量为基数，按正确与错误接线的差额率退补电量，退补时间从上次校验或换装投入之日起至接线错误更正之日止。

（2）电压互感器熔丝熔断的，按规定计算方法计算值补收相应电量的电费。无法计算的，以用户正常月份用电量为基准，按正常月与故障月的差额补收相应电量的电费，补收时间按抄表记录或按失压自动记录仪记录确定。

（3）计算电量的倍率或铭牌倍率与实际不符的，以实际倍率为基准，按正确与错误倍率的差值退补电量，退补时间以抄表记录为准。

退补电量未正式确定前，用户应先按正常月用电量交付电费。

1-3-67 由于计费计量的互感器、电能表的误差及其连接线电压降超出允许范围或其他非人为原因致使计量记录不准时，应如何退补电费？

（1）互感器或电能表误差超出允许范围时，以"0"误差为基准，按验证后的误差值退补电量。退补时间为上次校验或换装后投入之日起至误差更正之日止的 1/2 时间。

（2）连接线的电压降超出允许范围时，以允许电压降为基准，按验证后实际值与允许值之差补收电量。补收时间为连接线投入或负荷增加之日起至电压降更正之日止。

（3）其他非人为原因致使计量记录不准时，以用户正常月份的用电量为基准，退补电量，退补时间按抄表记录确定。

退补期间，用户先按抄见电量如期交纳电费，误差确定后，再行退补。

1-3-68 电能表的误差超出允许范围时，如何计算退补电量？

电能表的误差超出允许范围时，退补电量按以下公式计算。

$$应退补电量 = \frac{抄见电量（kWh）\times（\pm\ 实际误差\%）}{1\pm（实际误差\%）}$$

其中，正差为应退，负差为应补。

1-3-69 电能计量装置可能发生的计量失常、故障及其原因有哪些？

计量电能表可能发生的主要计量失常有：表快、表慢、表自转、表不走、表跳字、表响等。

电能计量装置故障主要是电能表损毁。

电能计量装置失准、故障的原因一般有以下几种。

（1）过负荷。由于用电计量装置容量一定，而使用的负荷太大，致使用电计量装置长期过负荷发热而烧坏。

（2）绝缘击穿。由于电能计量装置装设地点过于潮湿或漏雨、雪等使其绝缘降低，而使绝缘击穿烧坏。

（3）由于电能计量装置的接触点或焊接点接地不良，使之发热而导致烧坏。

（4）由于电能计量器具制造、检修不良而造成烧坏。

（5）由于雷击等过电压而使其绝缘击穿而损毁。

（6）由于外力机械性损坏或人为蓄意损坏。

（7）接线或极性错误。

（8）电压互感器熔丝熔断或电压回路断线。

（9）年久失修，设备老化。

（10）由于地震等其他自然灾害而损毁。

1-3-70 电能计量装置常见故障差错现象有哪些？

（1）互感器变比差错、电能表与互感器接线差错、倍率差错、电能表故障。

（2）电流互感器开路或匝间短路、电压互感器断熔丝或二次回路接触不良、雷击或过负荷烧表、烧互感器。

（3）因计量标准器不准而造成的大批量电能表、互感器重新检定。

1-3-71 电能表跳字时，应退电量如何计算？

电能表跳字时，应退电量按下式计算。

应退电量（kWh）=

$$已收电费电量 - \frac{原正常时一个月的用电量 + \left(\dfrac{换表后至抄表日用电量}{用电日数} \right) \times 30}{2}$$

1-3-72 退补电费时要注意哪些事项？

因电能表计量错误或电费计算错误，必须向用户退还或补收电费时应注意以下事项。

（1）应本着公平合理的原则，仔细做好用户工作，以减少国家损失并维护用户的利益。

（2）退补电费的处理，需手续完备，情况清楚，并经各级领导审批后方可办理。

1-3-73 在三相对称电路中，三相四线有功电能表有两相电流线圈开路时，损失电量是多少？

三相四线有功电能表两相电流线圈开路时，损失 2/3 的电量。

1-3-74 在三相对称电路中，三相四线制有功电能表第三相断压或断流时，少计电量是多少？

三相四线有功电能表一相断压或断流时，少计 1/3 的电量。

1-3-75 在计算电能表超差退补电费时，如何确定退补时间？

退补电能表超差电费时，其退补时间按规定是以从上次校验或换装后投入之日起至误差更正之日止的二分之一时间。

1-3-76 电能计量装置接线错误的电费退补时间如何确定？

电能计量装置接线错误的电费退补时间是从上次校验或换装投入之日起至

接线错误更正之日止。

1-3-77 用户在电价低的供电线路上，擅自接用电价高的用电设备，应承担怎样的违约责任？

用户在电价低的供电线路上，擅自接用电价高的用电设备，应按使用日期补交其差额电费，并承担两倍差额电费的违约使用电费。使用起讫日期难以确定的，实际使用时间按三个月计算。

1-3-78 供电部门对什么样的欠费用户可以停止供电。欠费停电处理应注意什么？

《供电营业规则》规定，供电企业对逾期之日起计算超过30天，包括电话、书面通知催缴仍不交付电费的用户，可以按照国家规定的程序停止供电。在停电之前，一定要注意向用户派发停电通知书，通知书应注明停电的时间和停电的原因。

1-3-79 《供电营业规则》对已经装设的计费电能表有哪些管理规定？

供电企业必须按规定的周期校验、轮换计费电能表，并对计费电能表进行不定期检查。发现计量失常时，应查明原因。用户认为供电企业装设的计费电能表不准时，有权向供电企业提出校验申请，在用户交付验表费后，供电企业应在七天内检验，并将检验结果通知用户。如计费电能表的误差在允许范围内，验表费不退；如计费电能表的误差超出允许范围时，除退还验表费外，并应按本规则第八十条规定退补电费。用户对检验结果有异议时，可向供电企业上级计量检定机构申请检定。用户在申请验表期间，其电费仍应按期交纳，验表结果确认后，再行退补电费。

1-3-80 连接线的电压降超出允许范围时，应如何补收电量？

《供电营业规则》规定，连接线的电压降超出允许范围时，以允许电压降为基准，按验证后实际值与允许值之差补收电量。补收时间从连接线投入或负荷增加之日起至电压降更正之日止。

1-3-81 其他非人为原因致使计量记录不准时，应如何退补电量？

《供电营业规则》规定，其他非人为原因致使计量记录不准时，以用户正常月份的用电量为基准退补电量，退补时间按抄表记录确定。

1-3-82 电压互感器熔丝熔断的，应如何补收电量？

《供电营业规则》规定，电压互感器保险熔断的，按规定计算方法计算值补收相应电量的电费；无法计算的，以用户正常月份用电量为基准，按正常月与故障月的差额补收相应电量的电费，补收时间按抄表记录或按失压自动记录仪记录确定。

1-3-83 计费计量装置接线错误的，应如何退补电量？

《供电营业规则》规定，计费计量装置接线错误的，以其实际记录的电量为基数，按正确与错误接线的差额率退补电量，退补时间从上次校验或换装投入之日起至接线错误更正之日止。

其中，差额率的计算公式：

$$差额率 = \frac{正确接线时的电量 - 错误接线时的电量}{错误接线时的电量} \times 100\%$$

1-3-84 计算电量的倍率或铭牌倍率与实际不符的，应如何退补电量？

《供电营业规则》规定，计算电量的倍率或铭牌倍率与实际不符的，以实际倍率为基准，按正确与错误倍率的差值退补电量，退补时间以抄表记录为准确定。

其中，差额率的计算公式：

$$差额率 = \frac{正确倍率时的电量 - 错误倍率时的电量}{错误倍率时的电量} \times 100\%$$

1-3-85 由于电能计量装置故障致使计量不准时，在退补期间电费该如何处理？

《供电营业规则》规定，由于计费计量的互感器、电能表的误差及其连接线电压降超出允许范围或其他非人为原因致使计量记录不准时，退补期间，用户先按抄见电量如期交纳电费，误差确定后，再行退补。

电计量装置接线错误、熔丝熔断、倍率不符等原因，使电能计量或计算出现差错时，在退补电量未正式确定前，用户应先按正常月用电量交付电费。

1-3-86 临时用电用户未装用电计量装置的，应如何收取电费？

《供电营业规则》规定，临时用电用户未装用电计量装置的，供电企业应根据其用电容量，按双方约定的每月使用时数和使用期限预收全部电费。用电终止时，如实际使用时间不足约定期限二分之一的，可退还预收电费的二分之一；超过约定期限二分之一的，预收电费不退；到约定期限时，得终止供电。

1-3-87 互感器有哪些作用？

（1）在电气方面很好地隔离测量仪表和继电器与高压装置，以保证工作人员和设备的安全。

（2）使测量仪表标准化、小型化，可以采用小截面的电缆进行远距离的测量。

（3）当电力系统发生短路故障时，使仪表和继电器的电流线圈不受冲击电流的影响而损坏。

（4）二次回路不受一次回路的限制，可采用星形、三角形或 V 形接法，因而接线灵活方便。同时，对二次设备进行维护、调换以及调整试验时，不需中断一次系统的运行，仅适当地改变二次接线即可实现。

1-3-88 互感器是如何分类的？

互感器分为电压互感器和电流互感器。

用来把高电压改变成低电压的互感器，叫作电压互感器。

用来把大电流改变成小电流的互感器，叫作电流互感器。

1-3-89 电能计量装置有哪些分类？

运行中的电能计量装置按其所计量电能量的多少和计量对象的重要程度分

为五类：Ⅰ类电能计量装置、Ⅱ类电能计量装置、Ⅲ类电能计量装置、Ⅳ类电能计量装置、Ⅴ类电能计量装置。

1-3-90 Ⅰ类电能计量装置的主要应用范围有哪些？

月平均用电量 500 万 kWh 及以上或变压器容量为 10 000kVA 及以上的高压计费用户、200MW 及以上发电机、发电企业上网电量、电网经营企业之间的电量交换点等的计量装置。

1-3-91 Ⅱ类电能计量装置的主要应用范围有哪些？

月平均用量 100 万 kWh 及以上或变压器容量为 2000kVA 及以上的高压计费用户、100MW 及以上发电机、供电企业之间的电量交换点的电能计量装置。

1-3-92 Ⅲ类电能计量装置的主要应用范围有哪些？

月平均用电量 10 万 kWh 及以上或变压器为 315kVA 及以上的计费用户、100MW 以下发电机、发电企业厂（站）用电量、供电企业内部用于承包考核的计量点、考核有功电量平衡的 110kV 及以上的送电线路电能计量装置。

1-3-93 Ⅳ类电能计量装置的主要应用范围有哪些？

负荷容量为 315 kVA 以下的计费用户、发供电企业内部经济技术指标分析、考核用的电能计量装置。

1-3-94 Ⅴ类电能计量装置的主要应用范围有哪些？

Ⅴ类电能计量装置的主要应用范围为单相供电的电力用户计费用电能计量装置。

1-3-95 计量装置配置时有哪些要求？

根据《供电营业规则》规定，10kV 及以下电压供电的用户，应配置专用的电能计量柜（箱）；对 35kV 及以上电压供电的用户，应有专用的电流互感器二次线圈和专用的电压互感器二次连接线，并不得与保护、测量回路共用。电压互感器专用回路的电压降不得超过允许值。超过允许值时，应予以改造或采取必要的技术措施予以更正。

1-3-96 计量装置的误差有哪些分类？

计量装置的误差可以分为两类。

（1）电能表的误差。电能表的实际误差超出表本身应有的准确度等级。

（2）计量装置误接线引起的误差。

1）倍率不符：现场实际运行中的互感器变比与登记在册的计算用的互感器变比不一致时的情况，倍率不符将造成计量错误。

2）接线错误（误接线）：电能计量装置由于接线错误、熔丝熔断、断线等造成电能计量错误的情况。

1-3-97 什么是违约用电？

违约用电指危害供用电安全，扰乱供用电秩序的违规行为。

1-3-98 什么是窃电？

窃电是指在电力供应与使用中，用户采用秘密窃取的方式非法占用电能，以达到不交或少交供电企业电费的违法行为。

1-3-99 什么是物证？

物证指窃电时使用的工具，或与窃电有关的、能够证明窃电的物品和留下的痕迹。

1-3-100 违约用电与窃电的区别与危害是什么？

违约用电与窃电的区别是：违约用电是一种违规行为，而窃电是一种违法犯罪行为。

违约用电轻者会造成供用电秩序混乱，使供电企业或其他客户的利益受到损害，重者会引起电网事故，造成供用电中断，使财产受损甚至引起人身伤亡事故。

窃电不仅破坏了正常的供用电秩序，盗窃了电能，使供电企业蒙受了经济损失，而且还危及到供用电的安全与电能的合理经济使用。

1-3-101 如何判断窃电？为什么说窃电行为是违法行为？

窃电行为的对象是电能（包括供电企业和其他用电单位的电能），电能是看不到的，只能用直观检查或用仪表测定。电能也不像其他财物可以储存，故窃电后不能以实物验证，不能以行为来判断和认定。根据《中华人民共和国电力供应与使用条例》第三十一条规定，发现用户用电有以下行为者，即为窃电。

（1）在供电企业的供电设施上，擅自接线用电。

（2）绕越供电企业用电计量装量用电。

（3）伪装或者开启供电企业（或法定的、授权的计量检定机构）加封的用电计量装置封印用电。

（4）故意损坏供电企业用电计量装置。

（5）故意造成供电企业用电计量装置不准或者失效。

根据《中华人民共和国电力供应与使用条例》第四十一条规定，依据窃电行为的性质肯定其是违法行为。因为窃电行为影响社会经济秩序，同时也影响社会治安秩序和社会安定，所以是违法行为。对窃电数额较大或造成严重危害后果的，应提请司法机关依法追究刑事责任。

1-3-102 违约用电的行为主要有哪些？对查获用户擅自使用已办暂停手续的电力设备如何处理？

危害供用电安全、扰乱正常供用电秩序的行为，属于违约行为，通常称违章用电行为。供电企业对查获的违约行为应及时予以制止。

违约用电行为主要包括以下几种。

（1）擅自改变用电类别。

（2）擅自超过约定的合同容量用电。

（3）擅自超过计划分配的用电指标。

（4）擅自使用已经在供电企业办理暂停使用手续的电力设备，或者擅自启用已经被供电企业查封的电力设备。

（5）擅自迁移、更动或者擅自操作供电企业的用电计量装置、电力负荷控制装置、供电设施以及约定由供电企业调度的用户受电设备。

（6）未经供电企业许可，擅自引入、供出电源或者将自备电源擅自并网。

对查获用户擅自使用已经在供电企业办理暂停使用手续的电力设备，属于违约用电行为，应停用违约使用的设备。属于两部制电价的用户，应补交擅自使用或启用封存设备容量和使用月数的基本电费，并承担两倍补交基本电费的违约使用电费；其他用户应承担擅自使用或启用封存设备容量每次每千瓦（千伏安）［kW（kVA）］30 元的违约使用费。

1-3-103 对窃电者如何处理？

《供电营业规则》规定：供电企业对查获的窃电行为，应予制止，并可当场中止供电。窃电者应按所窃电量补交电费，并承担补交电费三倍的违约使用电费。拒绝承担窃电责任的，供电企业应报请电力管理部门依法处理。窃电数额较大或情节严重的，供电企业应提请司法机关依法追究刑事责任。

1-3-104 窃电量是如何确定的？

《供电营业规则》规定，窃电量按下列方法确定。

（1）在供电企业的供电设施上，擅自接线用电的，所窃电量按私接设备额定容量（kVA 视同 kW）乘以实际使用时间计算确定。

（2）以其他行为窃电的，所窃电量按计费电能表标定电流值（对装有限流器的，按限流器整定电流值）所指的容量（kVA 视同 kW）乘以实际窃用的时间计算确定。

窃电时间无法查明时，窃电日数至少以一百八十天计算，每日窃电时间：电力用户按 12h 计算；照明用户按 6h 计算。

1-3-105 因违约用电或窃电造成的损失应由谁承担？

《供电营业规则》规定：

（1）因违约用电或窃电造成供电企业的供电设施损坏的，责任者必须承担供电设施的修复费用或进行赔偿。

（2）因违约用电或窃电导致他人财产、人身安全受到侵害的，受害人有权要求违约用电或窃电者停止侵害，赔偿损失。供电企业应予协助。

1-3-106 常见的窃电类型有哪些？

窃电的手法五花八门，但万变不离其宗，最常见的有五种类型：欠压法窃电、欠流法窃电、移相法窃电、扩差法窃电、无表法窃电。

1-3-107 什么是欠压法窃电？欠压法窃电的常见手法有哪些？

欠压法窃电：窃电者采用各种改变电能计量电压回路的正常接线，或故意造成计量电压回路故障，致使电能表的电压线圈失压或所受的电压减少，从而导致电量少计，这种窃电方法就叫作欠压法窃电。

常采取的手法有：取下电压连片，电压互感器短路，减少电压线圈的匝数，虚接电压连片或电压回路等。

1-3-108 什么是欠流法窃电？欠流法窃电的常见手法有哪些？

欠流法窃电：窃电者采用各种手法故意改变计量电流回路的正常接线或故意造成计量电流回路故障，致使电能表的电流线圈无电流通过或只通过部分电流，从而导致电量少计，这种窃电方法就叫作欠电流窃电。

常采取的手法有：使电流回路开路，短接电流回路，改变电流互感器的变比，改变电路的接法等。

1-3-109 什么是移相法窃电？移相法窃电的常见手法有哪些？

移相法窃电：窃电者常采用各种手法故意改变电能表的正常接线，或接入与电能表线圈无电联系的电压、电流，还有利用电感或电容特定接法，从而改变电能表线圈中电压、电流的正常相位关系，致使电能表慢转甚至倒转，这种窃电手法就叫作移相窃电。

常采取的手法有：改变电流回路的接法，改变电压回路的接线，用变流器或变压器附加电流，用外部电源使电能表倒转。

1-3-110 什么是扩差法窃电？扩差法窃电的常见手法有哪些？

扩差法窃电：窃电者私拆电能表，通过采用各种手法改变电能表内部的结构性能，致使电能表本身的误差扩大，以及利用电流或机械力损坏电能表，改变电能表的安装条件，使电能表少计，这种窃电手法就叫作扩差法窃电。

常采取的手法有：

（1）私拆电能表。改变电能表内部的结构性能。例如减少电流线圈匝数或短接电流线圈；增大电压线圈的串联电阻或断开电压线圈，更换传动齿轮或减少齿数，增大机械阻力，调节电气特性，改变表内其他零件的参数、接法或制造其他各种故障等。

（2）用大电流或机械力损坏电能表。

（3）改变电能表的安装条件。例如改变电能表的安装角度，利用机械振动干扰电能表，用永久磁铁产生的磁场干扰电能表等。

1-3-111 什么是无表法窃电？

无表法窃电：未经报装入户就私自在供电企业的线路上用电，或有表用户私自甩表用电，叫作无表法窃电。

1-3-112 无表法窃电有哪些危害？

无表法窃电与欠压法窃电、欠流法窃电、移相法窃电、扩差法窃电这四种窃电手法在性质上是有所不同的，欠压法窃电、欠流法窃电、移相法窃电、扩差法窃电基本上属于偷偷摸摸的窃电行为，无表法窃电则是明目张胆、带抢劫性质的窃电行为，并且危害性也更大，不但会造成供电部门的电量损失，同时还可能由于私拉乱接和随意用电而造成线路和公用变过载损坏，扰乱、破坏供电秩序，极易造成人身伤亡及火灾等重大事故发生；其次，无表法窃电对社会造成的负面影响也更大，还可能对其他窃电行为起到推波助澜的作用，对于此现象，一经发现应严惩不贷。

1-3-113 防止窃电的一般做法有哪些？

防止窃电的一般做法如下。

（1）采用专用计量箱或专用电能表箱。

（2）封闭变压器低压侧的出线至计量装置的导体。

（3）采用防撬铅封。

（4）采用双向计量电能表。

（5）规范电能表安装接线。

（6）规范低压线路安装架设。

（7）三相三线制电能表的用户改为三元件电能表计量。

（8）低压用户配置漏电保护开关。

（9）电压互感器回路配置失压记录仪或失压保护。

（10）采用防窃电电能表或在电能表内加装防窃电装置。

（11）禁止在单相用户间跨相用电。

（12）禁止私拉乱接和非法计量。

（13）改进电能表外部结构使其利于防窃电。

（14）其他防止窃电的新技术。

1-3-114 窃电侦察方法有哪些？

常见的窃电侦察方法有直观检查法、电量检查法、仪表检查法和经济分析法。

（1）直观检查法：通过人的感官，采用口问、眼看、鼻闻、耳听、手摸等，检查电能表，检查连接线，检查互感器，从中发现窃电的蛛丝马迹。

（2）电量检查法：主要是对照容量查电量，对照负荷查电量，前后对照查电量。

（3）仪表检查法：用电流表检查，用电压表检查，用相位用电能表检查，用专用仪器检查。

（4）经济分析法：主要有线损率分析法，用户单位产品耗电量分析法，用户功率因数分析法。

1-3-115 对于擅自改变用电类别的违约用电者，应承担哪些违约责任？

在电价低的供电线路上，擅自接用电价高的用电设备和私自改变用电类别的，应按实际使用日期补交其差额电费，并承担两倍差额电费的违约使用电费。使用起讫日期难以确定的，实际使用时间按三个月计算。

1-3-116 对于擅自超过合同约定的容量用电的违约用电者，应承担哪些违约责任？

私自超过合同约定的容量用电的，应拆除私增容设备，属于两部制电价的用户，还应补交私增设备容量使用月数的基本电费，并承担三倍私增容量基本电费的违约使用电费；其他用户应承担私增容量50元/kW（kVA）的违约使用电费。如用户要求继续使用者，按新装增容办理。

1-3-117 对于擅自使用已在供电企业办理暂停手续的电力设备或启用供电企业封存的电力设备的违约用电者，应承担哪些违约责任？

擅自使用已在供电企业办理暂停手续的电力设备或启用供电企业封存的电力设备的，应停用违约使用的设备。属于两部制电价的用户，应补交擅自使用或启用封存设备容量和使用月数的基本电费，并承担两倍补交基本电费的违约使用电费；其他用户应承担擅自使用或启封设备容量每次30元/kV（kVA）的违约使用电费。

启用属于私增容被封存的设备的，违约使用者还应承担私自超过合同约定容量用电的违约责任。

1-3-118 对于私自迁移、更动和擅自操作供电企业的用电计量装置、电力负荷管理装置、供电设施以及约定由供电企业调度的用户受电设备的违约用电者，应承担哪些违约责任？

私自迁移、更动和擅自操作供电企业的用电计量装置、电力负荷管理装置、供电设施以及约定由供电企业调度的用户受电设备者，属于居民用户的，应承担每次 500 元的违约使用电费；属于其他用户的，应承担每次 5000 元的违约使用电费。

1-3-119 对于未经供电企业同意，擅自引入（供出）电源或将备用电源和其他电源私自并网的违约用电者，应承担哪些违约责任？

未经供电企业同意，擅自引入（供出）电源或将备用电源和其他电源私自并网的，除当即拆除接线外，应承担其引入（供出）或并网电源容量每千瓦（千伏安）［kW（kVA）］500 元的违约使用电费。

1-3-120 计量装置异常的预防管理措施有哪些？

（1）制定计量装置的检定工作标准，加强各工序质量监督，改善计量装置的运输条件。

（2）封闭计量装置的关键部位，所用封签应具备较强的防伪性能。

（3）加强计量装置的现场检查、校验工作，确保计量装置接线正确和精度良好。

1-3-121 计量装置异常的预防技术措施有哪些？

（1）凡经常落雷地区安装的计量装置，应在进线处装设避雷装置。

（2）推广使用性能优良的电能表。

1-3-122 查处违约用电有哪些取证方法？

（1）封存和提取违约的电气设备、现场核实违约用电负荷及其用电性质。

（2）制作用电检查现场勘查记录、当事人的调查笔录并经当事人签字确认。

（3）采取现场拍照、摄像、录音等方法。

1-3-123 查处窃电有哪些取证方法？

（1）封存或提取损坏的现场电能计量装置，保全窃电痕迹，收集伪造或开启的加封计量装置的封印；收缴窃电工具。

（2）制作用电检查现场勘查记录、当事人的调查笔录并经当事人签字确认。

（3）采取现场拍照、摄像、录音等方法。

（4）收集用电客户用电量、用电负荷异常变化的记录资料以及用电客户产品、产量、产值统计和产品单耗数据。

（5）收集专业试验、专项技术鉴定结论材料。

1-3-124 违约用电的处理程序是什么？

以国网湖北省电力有限公司为例，违约用电处理程序如下。

（1）现场检查确认有危害供用电安全或扰乱供用电秩序的违约用电行为的，应立即予以制止，开具《违约用电、窃电通知书》一式两份，经用电客户签字后，一份交用电客户签收，另一份存档备查，并录入《查获违约用电、窃电台账》。

（2）对查获的违约用电行为应按有关规定进行计算追补电费和违约使用电费。

（3）根据计算结果填写《违约用电、窃电处理决定》，一式两份，经分管领导审批后，一份交用电客户签收，另一份存档备查。

（4）依据《违约用电、窃电处理决定》的处理内容下达业务工作单，通知收费部门收取追补电费和违约使用电费。

（5）违约用电客户应及时交纳追补电费和违约使用费，对逾期交纳的应按规定加收电费违约金。对拒不交费者，按照规定停电程序下达业务工作单，中止供电，并提请电力管理部门依法处理。

（6）当违约用电者交清补交电费和违约使用电费，并纠正违约用电行为，依法承担了相关的法律责任后，应及时下达业务工作单恢复供电。

1-3-125 窃电的处理程序是什么？

以国网湖北省电力有限公司为例，窃电处理程序如下。

（1）经现场检查有证据确认当事人有窃电行为的，应立即予以制止，并按规定的停电程序中止供电。

（2）对查获的窃电用户应开具《违约用电、窃电通知书》一式两份，经用电客户签字后，一份交用电客户签收，一份存档备查，并录入《查获违约用电、窃电台账》。

（3）按照有关规定准确计算窃电客户的窃电量。

（4）根据计算结果填写《违约用电、窃电处理决定》，一式两份，经分管领导审批后，一份交用电客户签收，一份存档备查。

（5）依据《违约用电、窃电处理决定》的处理内容下达业务工作单，通知收费部门收取追补电费和违约使用电费。

（6）窃电者应承担窃电责任，及时交纳追补电费和违约使用电费。对处理有异议的，可申请电力管理部门裁定。

（7）凡窃电者拒绝接受处理或窃电数额巨大的，报请电力管理部门或司法机关依法追究其行政、刑事责任。

（8）当窃电者交清补交电费和违约使用电费并纠正了窃电行为，依法承担了相关的法律责任后，应及时下达业务工作单恢复供电。

1-3-126 违约用电、窃电的查处应注意哪些事项？

（1）在查处违约用电、窃电行为时，供电企业应当取得政府电力管理部门及公安部门的支持，加大对违约用电、窃电行为的打击力度，保障用电检查人员人身安全。

（2）违约用电、窃电的查处必须符合《电力供应与使用条例》《供电营业规则》等法律法规的相关规定。

（3）在查处受理举报案件时，应严格为举报人保密。对举报涉及的违约用电、窃电行为的，按照违约用电、窃电查处程序处理。

（4）处理举报案件中，对举报不实或证据不足，未构成违约用电、窃电行为的，应及时对举报进行回复。

（5）对举报属实的署名举报，属违约用电、窃电行为的，应按照相关规定对举报人予以奖励。

1-3-127 如何进行规范低压线路安装架设？规范低压线路安装架设主要防什么窃电手法？

规范低压线路安装架设的具体做法如下。

（1）从公用变出线至进户线电源侧的低压干线、分支线应尽量减少迂回和避免交叉跨越。当用电缆线时，接近地面部分宜穿管敷设；当采用架空明线时，应清晰明了且尽量避免贴墙安装。

（2）表前的干线、分支线与表后进户线应有明显间距，尽量避免同杆架设和交叉。

（3）相线与中性线应按 A、B、C、O 的顺序采用不同颜色的导线排列。

（4）不同公用变压器供电的用户应有街道明显隔开，同一建筑物内的用户应由同一公用电源供电，不同公用变压器台区的用户不要互相交错。

规范低压线路安装架设主要为了防止无表法窃电以及在电能表前接线分流等窃电手法。

1-3-128 窃电证据的种类有哪些？民事证据和刑事证据有哪些？

窃电证据的种类分为民事证据、行政证据和刑事证据，在反窃电工作中，依法追究窃电者不同责任。

民事证据是由民事诉讼主体来收集，根据《中华人民共和国民事诉讼法》规定，有书证、物证、视听资料、证人证言、当事人的陈述、鉴定结论。

刑事证据必须由公检法机关收集，根据《中华人民共和国刑事诉讼法》规定，分为书证、物证、视听资料、证人证言、犯罪嫌疑人的陈述、被告人供述和辩解、被害人陈述、鉴定结论、检查结果、勘验笔录。

1-3-129 抄收管理过程的防窃电管理制度有哪些规定？

（1）抄表人员的管辖范围实现定期或不定期轮换，以削弱人情关系网和防止内外勾结窃电。

（2）大户实行两人抄表，并定期改变人员组合，以便相互监督。

（3）严格执行抄表复核制度，每月抄表复核完毕，应将电量异常的用户统一填表上报，以便查明原因。

（4）抄表人员在抄表过程中发现电量异常应先核对读数和检查计算过程是否正确，继而向用户询问用电设备的使用情况并查看电能表的运行情况，若发现有窃电嫌疑应及时向领导汇报。

（5）完善用户档案。

（6）实行抄表考核制度。

（7）抄表人员应加强技术业务学习，不断提高专业技术业务水平，不断掌握正确抄表和正确计算，掌握有关计量知识和用户各类用电设备的基本知识。

（8）抄表人员应加强思想道德和职业道德修养，自觉反腐保廉，敢于秉公办事和坚持原则，坚决杜绝内外勾结的窃电行为和发现用户窃电时私了的行为。

抄表核算
收费业务知识问答

CHAOBIAO HESUAN
SHOUFEI YEWU ZHISHI WENDA

第二章
电价与电量电费核算

第一节　电价

2-1-1　什么是电价?

电价是电能这个特殊商品在电力企业参加市场经济活动,进行贸易结算过程中的货币表现形式,是电力商品价格的总称。《中华人民共和国电力法》第三十五条规定,本法所称电价,是指电力生产企业的上网电价、电网互供电价、电网销售电价。

2-1-2　什么是上网电价?

上网电价是指独立核算的发电企业向电网经营企业提供上网电量时与电网经营企业之间的结算价格。其内涵与一般工业品出厂价格基本相同,体现发电资源稀缺程度及成本差异,具有调节电源结构的作用。

2-1-3　什么是电网互供电价?

电网互供电价是指电网与电网之间相互销售电力的价格。售电方与购电方都是电网,而且是两个不同核算单位的电网。或者说,电网互供电价是指相互独立核算的跨省、自治区、直辖市电网与独立电网之间、省级电网与独立电网之间、独立电网与独立电网之间的互供电价。互供电价由电网企业双方协商确定。

2-1-4 什么是销售电价？

销售电价是指电网经营企业对终端用户销售电能的价格。或者说，销售电价是指电力供应企业向电力使用者供电的价格。

2-1-5 电价由哪几个方面组成？

电价是由电力部门的生产成本、税收和利润三方面组成。

（1）生产成本：电力企业正常生产、经营过程中消耗的燃料费、折旧费、水费、材料费、工资及福利费、维修费，以及合理的管理费用、销售费用和财务费用等成本。

（2）税金：电力企业按国家税法应该缴纳并可计入电价的税费。

（3）利润：合理收益，电力企业正常生产、经营应获得的收益。

2-1-6 制定电价的原则是什么？

根据《中华人民共和国电力法》第三十六条的规定，制定电价，应当坚持合理补偿成本，合理确定收益，依法计入税金，坚持公平负担，促进电力事业发展的原则。

2-1-7 如何理解电价制定原则中的"合理补偿成本"？

合理补偿成本是指能够补偿正常生产、有效经营条件下，电力生产全过程和流通全过程的成本费用支出。

（1）电力成本是依据发、供电成本核算出来的客观数量，它从货币量上反映了电力生产经营的必要耗费，因此，合理补偿成本制定电价，一方面要保证电力企业维持简单再生产，另一方面要排除电力企业非正常费用计入定价成本。

（2）电力成本应当是电力生产经营过程的成本费用，因此包括财务费用、汇总损益等间接费用。

（3）使电力生产经营过程中一部分固定资产的损耗能够得到补偿。

2-1-8 什么是发电成本？

发电成本是以电力生产企业为成本计算单位，核算为发电而产生的全部耗费。

2-1-9 什么是购电成本?

购电成本是指电网企业从发电企业或其他电网购入电能所支付的费用及依法缴纳的税金,包括所支付的容量电费和电度电费。

2-1-10 什么是供电成本?

供电成本是以供电企业为成本计算单位,核算为输电、变电、配电、用电及售电所发生的全部耗费。

2-1-11 什么是售电成本?

售电成本是以电网为成本计算单位,汇总为发电、供电、购电、售电全过程所发生的全部耗费。

2-1-12 定价成本和财务成本有何区别?

定价成本是指制定商品价格所依据的成本。财务成本是指企业财务核算中的成本。

财务成本是定价成本的基础,定价成本是在财务成本基础上经过分析调整后得出的。

2-1-13 如何理解电价制定原则中的"合理确定收益"?

"合理确定收益"是指电价的利润水平不能过低,也不能过高,应兼顾发展电力事业与保护用户利益两个方面的要求。

(1)电价受国家管制,利润、价格水平受国家控制,电力企业不能获取过多超额利润。

(2)电价中应有偿还资本的能力,即具备对借贷资金还本付息、对股东支付股息的能力。

(3)电价中应包含电力企业自我发展资金的积累。

2-1-14 如何理解电价制定原则中的"依法计入税金"?

"依法计入税金"是指依据我国法律允许纳入电价的税种、税款。任何商品价格与国家税收都有着密切的关系，电力商品也不例外，但并不是电力企业依法交纳的所有税金都要计入电价，只有国家有关税法规定允许纳入电价的税金，在制定、调整电价时才能计入电价。

2-1-15 如何理解电价制定原则中的"公平负担"？

"公平负担"是制定电价时要从电力事业的公用性和发、供、用电的特殊性出发，对各类用户制定的各种电价必须公平合理，由电力企业和各类用户公平地负担电费，不允许相互转嫁费用负担，即所有电力受益者平等地享有用电权，在受益的同时，都要公平一致地承担电价费用。

2-1-16 如何理解电价制定原则中的"促进电力建设"？

"促进电力建设"是制定电价的基本出发点。应通过科学合理地制定电价，促使电力资源优化配置，保证电力企业正常生产，并具有一定的自我发展能力，推动电力事业走上良性循环发展的道路。

2-1-17 我国电价管理的总原则是什么？

我国电价管理的总原则是"统一领导，分级管理"。

（1）"统一领导"主要是指统一政策和统一定价原则。统一政策原则是以国家宏观经济政策和社会目标为取向，制定和管理电价的政策应全国统一。统一定价原则是指有权制定、核准电价的主管部门制定、核准电价时所依据的原则是统一的。

（2）"分级管理"主要指中央和省级价格主管部门按一定的权限分工和管理范围分别对不同类型的电价进行管理。

2-1-18 《供电监管办法》对电价的监管有什么规定？

《供电监管办法》第十九条规定，电力监管机构对供电企业执行国家规定的电价政策和收费标准的情况实施监管。供电企业应当严格执行国家电价政策，按照国家核准电价或者市场交易价，依据计量检定机构依法认可的用电计量装置的记录，向用户计收电费。供电企业不得自定电价，不得擅自变更电价，不

得擅自在电费中加收或者代收国家政策规定以外的其他费用。

2-1-19 哪一类销售电价的制定和调整应进行听证?

居民生活用电类销售电价的制定和调整,政府价格主管部门应进行听证。

2-1-20 电价为什么要实行政府定价?

电力工业具有自然垄断性,因此政府定价这种方式是必不可少的。政府定价有利于国家宏观调控,保持物价稳定,抑制通货膨胀,避免电力企业获得超额垄断利润。政府定价可采用直接手段和间接手段两种方式。具体采用何种方式管制以及管制程度如何,取决于电力市场的发展阶段和政府的管制目的。

2-1-21 什么是竞争形成价格?

竞争形成价格是在市场机制下,通过竞争形成交易价格的方式。竞争形成价格有两种竞争方式:同价竞争和报价竞争。电力市场一般采用报价竞争。

2-1-22 供电电压与电价之间存在什么关系?

供电电压是衡量电力在生产运输和销售过程中功率和能量损耗的一个因素,一般来讲,供电电压高,应负担的损耗小,电价就低;供电电压越低,损耗越大,电价就越高。

2-1-23 我国现行销售电价按电压等级分为几类?

按电压等级一般分为低、中、高压供电定价:低压为不满 1kV,中压为 1 ～ 10 kV,高压为 35kV 及以上。

2-1-24 影响电价的因素有哪些?

影响电价的因素有:需求因素、自然因素、时间因素、季节因素、政策因素等。

2-1-25 什么是电价体系?

由各种对象电价构成的一个整体,就是电价体系。

从流通过程来看，电价体系由发电价格、趸售价格和配电价格构成。

从成本来看，电价体系由峰谷分时差价、丰枯季节差价、地区差价等构成。

2-1-26 我国现行销售电价体系是如何的？

我国现行销售电价体系是实行分类电价和分时电价。

（1）分类电价就是按照用户的用电性质或用电电压等级及其他用电特征进行分类，对不同类别的用户实行不同电价。

（2）分时电价是指按照用户用电需求和电网在不同时段的实际负荷情况，将每天划分为高峰、平段、低谷三个时段或高峰、低谷两个时段，对各时段分别制定不同的电价标准，以鼓励用户和发电企业削峰填谷，提高电力资源的利用效率。

2-1-27 我国现行销售电价如何分类？为什么要制定分类电价？

我国现行电价分类如下。

（1）按用电性质分类：①居民生活电价；②非居民照明电价；③非工业电价；④普通工业电价；⑤大工业电价；⑥农业生产电价；⑦趸售电价；⑧商业电价；⑨其他电价。

（2）按电压等级分类：① 不满 1kV；② 1～10kV；③ 35～110kV；④ 110kV；⑤ 220kV 及以上。

工业产品都是以不同产品、不同质量和不同规格分别定价的，不同的消费者如购买同样的商品，其价格基本是一样的。但是电能的价格与其他商品不一样，而是按照用户不同的用电性质、用电时间、用电容量，所占用电力企业不同的成本比例，分别定价。对主要原因如下。

（1）电价制定不但要以成本为基础，还要充分发挥价格的经济杠杆作用，根据不同类型用户制定不同电价，以促进用户合理用电。如实行两部制电价、分时电价等。

（2）国家政策为了扶持农业生产以及某些工业产品，在用电上规定给予价格优待，以促进国民经济协调发展。

（3）按电压等级将电压低的电价定得较高，中压电价稍高，高压供电电价定得最低，主要是考虑用户的投资和用电量，以及用电性质、线路损耗等。

2-1-28 销售电价由哪几个部分构成？

销售电价由购电成本、输配电损耗、输配电价及政府性基金四部分构成。

（1）购电成本是指电网企业从发电企业（含电网企业所属电厂）或其他电网购入电能的成本。

（2）输配损耗是指电网企业从发电企业（含电网企业所属电厂）或其他电网购入电能后，在输配电过程中发生的正常损耗。

（3）输配电价是指电网经营企业提供接入系统、联网、电能输送和销售服务的价格总称。

（4）政府性基金是指按照国家有关法律、行政法规规定或经国务院以及国务院授权部门批准，随销售电价征收的基金及附加资金。

2-1-29 销售电价的调整主要采取什么形式？

销售电价的调整主要采取定期调价和联动调价两种形式。

（1）定期调价是指政府价格主管部门每年对销售电价进行校核，如果年度间成本水平变化不大，销售电价应尽量保持稳定。

（2）联动调价是指与上网电价实行联动调价。政府价格主管部门核定销售电价后，实际购电价比计入销售电价中的购电价升高或下降的价差，通过购电价格平衡账户进行处理。当购电价格升高或下降达到一定的幅度时，销售电价相应提高或下降。

2-1-30 我国现行的电价政策是什么？为什么要制定这项政策？

按照《中华人民共和国电力法》规定"电价实行统一政策，统一定价原则，分级管理"。这就是要求电价管理要集中统一，在此前提下进行分级管理，发挥各方面的积极作用。

电价政策是国家物价政策的组成部分，也是国家制定和管理电价的行为准则。世界上不同经济、政治制度的国家有不同的电价政策，即使在同一国家、同一地区，不同时期也有不同的电价政策，不同的用电也有不同的电价政策。我国在1999—2000年，国家物价部门和电力主管部门对各地区制定的名目繁多的计划外电价进行了整顿。其目的是协调不同地区、不同利益集团的利益分配关系，以符合国家各个时期不同阶段的产业政策、经济政策的需要。

随着社会主义市场经济的建立和完善，同一地区、同一电网、同一类型的发电、供电、用电电价政策应当统一，以利于公平竞争和公平负担，调动各方面的积极性。

2-1-31 我国电价是如何构成的？

电价的构成，与电价制定的基本方法和我国电价的制定原则相关，叙述如下。

（1）电价制定的基本方法。世界各国制定电价的基本方法主要有两种，即会计成本定价法和边际成本定价法。成本是定价的基础，两种不同的定价方法实质上是反映不同的成本核算方法。我国现行电价采用的是会计成本定价方法。

（2）我国电价的制定原则。电价制定应在国家价格政策指导下，合理确定电价水平和电价结构。电价水平的确定应使投资者通过公平竞争取得合理的收益；电价结构的确定应能促进电能资源优化配置，体现公平负担。具体原则为：成本补偿原则；合理收益原则；市场竞争原则；公平负担原则；相对稳定原则。

（3）电价的构成。根据会计成本定价方法和上述定价原则，电价构成应包括价格执行期内电力成本、税金和合理收益。电力成本是指电力企业日常生产、经营过程中发生的燃料费、折旧费、水费、材料费、工资及福利费、维修费等成本，以及合理的管理费用、销售费用和财务费用。税金是指电力企业按国家税法应交纳、并可计入电价的税费。合理收益是指电力企业正常生产、经营应获得的收益。简言之，电价 = 成本 + 税金 + 合理利润。

2-1-32 什么是会计成本定价法？

会计成本定价法是一种传统的定价方法。它是根据电力企业会计核算的成本费用（包括税金），考虑必要的调整因素，分摊为发电、输电、配电和用户成本，再将它们分解为固定成本和变动成本，然后，根据各类用户的负荷特性、最大需量和用电量等，将固定成本、变动成本和用户成本公平地分摊给各类用户，并加上适当的收益后，形成各类用户的电价。

2-1-33 什么是边际成本定价法？

边际成本定价法一般是指长期边际成本定价法。它是根据新增单位用电而引起的系统成本增加值，计算系统长期边际容量成本和边际电量成本，并结合用户负荷特性来制定电价的一种方法。

2-1-34 什么是长期边际成本电价？

世界各国目前制定电价的基本方法，归纳起来，主要有两种，即会计成本定价法和边际成本定价法。这两种不同的定价方法实质上是反映不同的成本核算方法。我国现行电价采用的是会计成本定价法。改革开放以来，我国由世界银行贷款的电力建设项目，一般都推荐或要求按边际成本定价。

（1）边际成本是指由于产量微增所引起的生产成本的微增。所谓"长期"，就是经常测算，对未预见到的情况进行调整。所谓"边际"，以严格的数学意义可解释为无穷小的变化，而通常对微增的概念，可解释为成本或负荷小量的、非连续的变化。所以，微增和边际两词，可以互换地表示非连续的变化。简单地讲，在一定期限（一般为十年），根据微增负荷发生的微增成本编制的成本计划，叫作长期边际成本，以这个成本为基础确定的电价，叫作长期边际成本电价。

（2）边际成本定价方法是根据新增用户或增加每千瓦（kW）用电而增加的成本进行核算，按各类用户的供电电压、用电时间，严格计算增加每千瓦用电而引起的系统成本增加值，计算系统长期边际容量成本和边际电量成本，并结合用户的负荷特性来设计电价结构及其比价，制定电价表。

边际成本定价理论被认为能反映资源的真实成本价格，能较好地对成本进行合理分摊，有利于资源优化配置。

2-1-35 为什么要分析售电平均电价？

由于我国实行的是按电力用途分类的电价，同一种电能商品实行多种价格的制度。因此，衡量一个供电企业销售收入的高低，不能单纯以总销售收入来衡量，而科学的方法是以电力总销售收入除以总销售电量，所求得的售电平均电价来衡量。售电平均电价高了，供电企业销售收入才能真正提高，否则相反。因此供电企业除了抓好供电环节的安全经济运行外，还应着重抓好销售环节的售电平均电价，重视和定期分析售电平均电价构成的变化原因，采取相应措施，在政策范围内提高售电平均电价、提高企业的经济效益是十分重要的。

2-1-36 如何分析平均电价？

供电企业在分析销售电价水平时，所得出的总平均电价，只能说明销售电价水平。如果究其升降的确切原因，不仅要弄清各个分类电价的平均电价，同时还要弄清各个分类用电量在总售电量中所占的百分比（比值），必须将各个分类用电的平均电价与比值两方面综合起来，加以计算分析，才能弄清它们与总平均电价的内在联系。然后从分析中找出影响总平均电价波动（升、降）的原因（计算分析的具体步骤，可按《经济统计学》中指数法的有关方法进行）。

2-1-37 影响平均电价波动的主要因素有哪些？

（1）每月或每年发生的特殊情况，如较大的一次性收费，补收金额较大的往年电费以及电力分配中发生的特殊情况（如临时大量限电、旱情水灾严重的排渍抗旱，负荷大、用电量大的大型基建用电等）。

（2）各类电价的用电量的波动，特别是用电量大、高于或低于总平均单价的用电类别的用电量波动。

（3）大工业用电的比重较大的，其基本电价及电度电价百分率的波动以及优待电价的执行范围和优待比例的修订等。

（4）功率因数调整电费的增减，新的电价承包办法的实行等。

2-1-38 提高平均电价的主要措施有哪些？

（1）加强按月、季、年度的售电分析工作，发现问题、解决问题，为提高均价提供依据。

（2）严格按规定的标准执行基本电费的计收，杜绝少收现象。特别是对装接较大变压器而设备利用率达不到 70% 的用户，仍按变压器容量计收基本电费。

（3）严格按优待电价的规定执行优待电价。

（4）正确及时区分居民生活照明与非居民照明用电，杜绝漏收和少收。

（5）严格农电承包指标的核定程序，对趸售用户实际用电结构以及调整核定要按规定从严控制。

2-1-39 电价的调控机制是什么？

价格调控机制是指政府为保障价格体制的有效运转，对价格运行进行间接调控而建立的组织原则、方式、方法及其相关的各种措施。

有效的调控机制可分为两个层次：

（1）宏观调控体系和调控机制。

（2）控制市场价格的制度。

2-1-40 什么是单一制电价？单一制电价有何优缺点？

单一制电价制度是以在用户安装的电能表每月表示的实际用电量为计费依据的一种电价制度。

单一制电价制度可促使用户节约电能，并且抄表、计费简单，但这种电价对用户用电起不到鼓励或制约的作用。

2-1-41 什么是两部制电价？

两部制电价就是将电价分成两部分。

一部分称为基本电价。代表电力工业企业成本中的容量成本，即固定费用部分，以用户受电容量（kVA）或用户最大需量（kW）为单位，与其实际使用电量无关。

另一部分称为电度电价。代表电力工业企业成本中的电能成本，即流动费用部分，在计算电度电费时以用户实际使用电量为单位。

两种电价分别计算后的电费之和，即为用户应付的全部电费。实际两部制电价计费的用户还应实行功率因数调整电费办法。

2-1-42　什么是电度电价？

电度电价是反映电力成本中的电能成本，以用户实际使用电量为单位计算的电度电费。

2-1-43　什么是基本电价？

基本电价是反映电力成本中的容量成本，以用户用电的最大需量或变压器容量计算的基本电费。

2-1-44　什么是目录电度电价？

目录电度电价是指扣除各代征电价后的电度电价。

2-1-45　两部制电价的优越性有哪些？

（1）可发挥价格经济杠杆作用，促使用户提高设备利用率，改变"大马拉小车"的状况，节约电能损耗，压低最大负荷，提高负荷率和改善功率因数。从而减少电费开支，降低生产成本。

（2）由于用户采取了以上措施，必然使电网的负荷率随之提高，无功负荷减少，线损降低，提高了电网供电能力。同时，也可降低电力企业生产成本。

（3）使用户合理负担电力生产成本费用。由于发供用同时性的特点，不论用户用电量多少或用电与否，电力企业为了满足用户随时用电的需要，必须经常准备着一定的发、供电设备容量，每月必须支付一定的容量成本费用，因此，这部分固定费用理应由用户分担。

2-1-46　什么是阶梯电价？

阶梯电价是将用户每月用电量划分成两个或多个级别，各级别电价不同。阶梯电价分为递增型阶梯电价制度和递减型阶梯电价制度。递增型阶梯电价的后级比前级的电价高；递减型阶梯电价的后级比前级的电价低。

阶梯电价的初步起到了价格经济杠杆作用，但没有考虑用户的用电时间，因此，对用户用电起不到鼓励和制约作用。

2-1-47 哪些用户执行居民阶梯电价（执行范围）？

居民阶梯电价执行范围是直供直管供电区域内实行"一户一表"直抄到户的城乡居民用户。

2-1-48 如何理解执行阶梯电价居民用户的"户"？

阶梯电价居民用户的"户"理解如下：

（1）以住宅为单位，一个房产证明对应的住宅为"一户"。

（2）一个用电账户下只有一个房产证明的为"一户一表"居民用户；一个用电账户下有两个及以上房产证明的为"合表"居民用户。

（3）客户没有房产证明的，以供电企业为居民用户已安装的电能表为单位，以供电企业装表立户的一个用电账户为"一户"。

2-1-49 居民住宅用于商业等其他用电，同时又存在居民用电的，其电价如何执行？

（1）此类情况下，居民用电应执行居民阶梯电价。

（2）"一户一表"用户，若一个用电账户下同时存在两个及以上计量点（或比例分摊的不同计费卡片），分别执行不同类别电价的，其居民用电计量点应执行居民阶梯电价；其他用电部分执行对应类别的电价。

2-1-50 什么是季节性电价？

季节性电价是指按照用户用电需求和电网在不同时期的实际负荷情况，将一年分成丰水期、平水期、枯水期三个时期或平水期、枯水期两个时期，对各时期分别制定不同的电价标准。

2-1-51 我国对季节性电价制度有何规定？

季节性电价制度是为了充分利用水电资源、鼓励丰水期多用电的一项措施。丰水期电价可在平水期电价的基础上向上浮动 30% ～ 50%；枯水期电价可在平水期电价的基础上向下浮动 30% ～ 50%。

2-1-52 什么是分时电价？

分时电价是指按照用户用电需求和电网在不同时段的实际负荷情况，将每天划分为高峰、平段、低谷三个时段或高峰、低谷两个时段，对各时段分别制定不同的电价标准，以鼓励用户和发电企业削峰填谷，提高电力资源的利用效率。

2-1-53 实行分时电价的目的是什么？

安装分时电能表，按分时计价，是为了鼓励用户多用低谷电、平段电，少用高峰电，达到移峰填谷，改善负荷特性，提高发电、输电和配电设施的利用率，减少新增装机容量，降低电力成本的目的；可体现电能不同时间、不同需求、不同成本的商品价值。

2-1-54 分时电价的峰谷时段如何划分？价格如何制定？

（1）峰谷时段的划分。我国各个电网所处的地理位置、气候条件、工业生产结构、人们生活方式等等的不同，决定了电网的峰谷时段的划分不是一样的，必须因网因地制宜。国家批准的目录电价是分省的，所以峰谷时段的划分基本上是按省网或大区电网确定的。各省对三个时段的分配略有不同。有的省三个时段均为 8h，有的省将高峰、平段、低谷分别划分为 7h、8h、9h 或 7h、10h、7h 或 6h、10h、8h 等。

（2）峰谷电价的制定。实行峰谷电价是属于电价结构调整，不提高电价水平。一般是以现有电价水平基本不变为前提，并考虑峰谷时段划分的小时数对电价水平的影响来设置，以分类电价为基准，采取上下浮动的方法：

高峰电价 = 平段电价 ×（1+ 高峰电价上浮比例）

平段电价 = 目录电度电价

低谷电价 = 平段电价 ×（1 − 低谷电价下浮比例）

高峰电价上浮和低谷电价下浮的比例，随着电网的不同，也略有差异。如有的省上下浮动均为 60%，即峰谷比为 4∶1；有的省峰段上浮比例为 80%，谷段下浮比例为 54%；有的省峰段上浮比例为 80%，谷段下浮比例为 52% 等。峰谷电价上浮和下浮的比例，应由各大区电网或省网根据本地区具体情况制定，经有关部门批准实行。

2-1-55 什么是功率因数？

有功功率与视在功率的比值，称为功率因数，是用来衡量对电源的利用程度。功率因数越高，表示对电源的利用程度越高；反之，功率因数越低，表示对电源的利用程度越低。

2-1-56 什么是功率因数调整电费？

功率因数调整电费是按用户实际功率因数及该户所执行的功率因数标准，对用户承担的电费按功率因数调整电费系数进行相应调整的电费。当用户的实际功率因数低于国家规定的标准值时，供电企业向用户增收一定的电费；反之，当用户的实际功率因数高于国家规定的标准值时，供电企业减收用户一定的电费。

2-1-57 什么是差别电价？

差别电价是根据国家产业政策，对允许和鼓励类企业执行正常电价水平，对限制类、淘汰类企业用电适当提高电价。

2-1-58 差别电价的征收范围是什么？

根据《国务院办公厅转发发展改革委关于完善差别电价政策意见的通知》（国办发〔2006〕77 号），对电解铝、铁合金、电石、烧碱、水泥、钢铁、黄磷、锌冶炼等 8 个行业实施差别电价。

2-1-59 什么是大用户直购电?

大用户直购电是指电厂和终端购电大用户之间通过直接交易的形式协定购电量和购电价格,然后委托电网企业将协议电量由发电企业输配给终端购电大用户,并另支付电网企业所承担的输配服务费用。

2-1-60 直购电大用户必须具备哪些条件?

参与直购电的大用户,应当是具有法人资格、财务独立核算、信用良好、能够独立承担民事责任的经济实体,内部核算的大用户经法人单位授权,可参与试点。暂定为用电电压登记 110(66)kV 及以上、符合国家产业政策的大型工业用户。

2-1-61 居民生活电价实施范围是如何规定的?

以国网湖北省电力有限公司为例,居民生活电价适用于居民生活用电(包括生活照明、家用电器等用电设备用电)。

其他规定如下。

(1)专供居民生活用电的蓄热式电锅炉执行居民生活电价。

(2)全国各地高校学生公寓和学生集体宿舍执行居民生活电价。

(3)城乡中小学校教学用电价格统一执行居民生活电价。

(4)部队营房内照明、电风扇、空调器等用电执行居民生活电价。

(5)属国家、集体兴办,在民政部门登记,不以营利为目的的社会福利院、儿童福利院用电。福利机构兴办的第三产业及社会福利企业,仍按其用电性质执行相对应类别电价。

(6)凡利用居民住宅从事生产、经营活动的用电,不执行居民生活电价。

2-1-62 用电、用水、用气价格执行居民类价格的学校及用电有哪些规定?

根据《国家发展改革委、教育部关于学校水电气价格有关问题的通知》(发改价格〔2007〕2463 号),用电、用水、用气价格执行居民类价格的学校是指经国家有关部门批准,由政府及其有关部门、社会组织和公民个人举办的公办、民办学校，包括：

（1）普通高等学校（包括大学、独立设置的学院和高等专科学校）。

（2）普通高中、成人高中和中等职业学校（包括普通中专、成人中专、职业高中、技工学校）。

（3）普通初中、职业初中、成人初中。

（4）普通小学、成人小学。

（5）幼儿园（托儿所）。

（6）特殊教育学校（对残疾儿童、少年实施义务教育的机构）。

学校教学和学生生活用电、用水、用气是指教室、图书馆、实验室、体育用房、校系行政用房等教学设施，以及学生食堂、澡堂、宿舍等学生生活设施使用的电、水和管道燃气。

2-1-63 非居民照明电价实施范围是如何规定的？

以国网湖北省电力有限公司为例，非居民照明电价适用于原水利电力部（75）水电财字第67号文《电价说明》确定的"照明电价"的对象中扣除居民生活电价和执行城镇商业电价的用电对象以外的照明电量。非居民照明电价实施范围如下。

（1）铁道、航运等信号灯用电。

（2）霓虹灯、荧光灯、弧光灯、水银灯、非对外营业的放映机用电。

（3）总容量不足3kW的晒图机、医疗用X光机、无影灯、消毒等用电。

（4）以电动机带动发电机或整流器整流供给照明之用电。

（5）除上列各项用电的其他非工业用的电力、电热，其用电设备总容量不足3kW而又无其他非工业用电者。

（6）工业用单相电动机，其总容量不足1kW，或工业用单相电热，其总容量不足2kW，而又无其他工业用电者。

其他规定：

（1）对于桥梁收费站用电，执行非居民照明电价。

（2）机关、部队、医院等单位扣除非工业用电外，照明用电应执行非居民用电。

（3）路灯（市政部门管理的路灯、公安部门管理的交通指挥灯、警亭用电）、信号灯（铁道、航运）、城市"亮起来工程"用霓虹灯等执行非居民照明电价。

（4）非普工业用户的照明用电按非居民照明计收电费。容量小于 315kVA 的普通工业用户厂区生产照明用电执行非居民照明电价。

（5）对于城市霓虹灯、商业广告、高层建筑"亮起来工程"等照明用电，一律执行非居民照明电价。

2-1-64 非居民照明电价中有哪些是按用电容量大小划分的？

（1）总容量不足 3kW 的晒图机，医疗用 X 光机、无影灯、消毒等用电。

（2）用电设备总容量不足 3kW，而又无其他非工业用的电力、电热用电。

（3）工业用单相电动机，其总容量不足 1kW，或工业用单相电热，其总容量不足 2kW，而又无其他工业用电者。

2-1-65 商业用电电价实施范围是如何规定的？

以国网湖北省电力公司为例，商业电价适用于饮食服务企业、商品销售、娱乐（包括商店、商场、宾馆、饭店、对外营业的招待所、酒店、歌舞厅、卡拉 OK 厅、影剧院、录像厅、照相、信息、广告、个体门诊、美容美发场所及其他娱乐场所），以及金融、电信行业等第三产业动力与照明用电。

"商业电价"执行范围为：从事商品交换或提供商业性、金融性、服务性的有偿服务消耗的电量。

其他规定：

（1）利用人防工事开办旅馆、饭店、商场、影剧院、工厂等生产或服务事业，其用电性质与战备用电不同，因此应按其实际用途，分别按照明（商业、非居民）、非工业或工业电价执行。

（2）电信、移动、金融联通、网通、吉通、铁通的动力（包括机房、基站）及照明用电执行商业电价。

（3）饮食服务、保险、旅游、游戏室、网吧、中介、咨询执行商业电价。

（4）小区内经营性质场所的用电执行商业电价，如商店、收费的休闲娱乐场所等。

（5）按照国家电价政策规定，天然气加气站用电应实行分表计量，即具有加工资质的天然气经营企业其加工环节用电应执行工业电价，仓储环节用电应执行非工业电价，其余经营用电应执行商业电价。

2-1-66 非工业电价实施范围是如何规定的？

以国网湖北省电力有限公司为例，非工业电价应用范围为：凡以电为原动力，或以电冶炼、烘焙、熔焊、电解、电化的试验和非工业生产，其总容量在 3kW 以上者。例如下列各种用电。

（1）机关、部队、商店、学校、医院及学术研究、试验等单位的电动机、电热、电解、电化、冷藏等用电。

（2）铁道、地下铁道（包括照明）、管道输油、航运、电车、电信、广播、仓库、码头、飞机场及其他处所的加油站、打气站、充电站、下水道等电力用电。

（3）基建工地施工用电（包括施工照明）。

（4）地下防空设施的通风、照明、抽水用电。

（5）有线广播站电力用电（不分设备容量大小）。

其他规定：

（1）对于地下防空的设施通风、照明、抽水等纯属战备性质用电，按非工业电价执行。

（2）居民小区住宅楼电梯、集中供暖（制冷）、供水、保安、非经营性质休闲娱乐场所等的用电执行非工业电价。对于使用电锅炉、蓄热式电锅炉、蓄冷式集中型电力空调的用户执行非、普工业电价，并实行分时计量。专供居民生活用电的电锅炉、蓄热式电锅炉执行居民生活及分时电价。

（3）按照国家电价政策规定，天然气加气站用电应实行分表计量，即具有加工资质的天然气经营企业其加工环节用电应执行工业电价，仓储环节用电应执行非工业电价，其余经营用电应执行商业电价。

2-1-67 普通工业电价实施范围是如何规定的？

以国网湖北省电力有限公司为例，普通工业电价应用范围：凡以电为原动力，或以电冶炼、烘焙、熔焊、电解、电化的一切工业生产，其受电变压器容量不足320（315）kVA或低压受电，以及在上述容量、受电电压以内的下列各项用电。

（1）机关、部队、学校及学术研究、试验等单位的附属工厂，有产品生产并纳入国家计划，或对外承接生产、修理业务的生产用电。

（2）铁道、地下铁道、航运、电车、电信、下水道、建筑部门及部队等单位所属的修理工厂生产用电。

（3）自来水厂、工业试验、照相制版工业水银灯用电。

其他规定：

（1）对受电变压器容量在100kVA及以上至320（315）kVA以下的电解铝、碳化钙（电石）、铁合金电炉、电解氢氧化钠（烧碱）、电炉钙镁磷肥、黄磷电炉、合成氨的用电，可继续执行大工业电价或比照同类大工业电价水平核定单一电价。

（2）对持有营业执照的个体户、街道待业青年开设的电机修理班，除照明外的其他用电，可按普通工业电价计费。

（3）除农业生产用电外的农村其他电力用电，如农副产品加工、农机具修理、炒茶、养殖业和种植业后续加工、储藏等环节用电均按非工业、普通工业电价计收电费。

（4）广播电视站无线发射台（站）、转播台（站）、差转台（站）、监测台（站）统一执行国家规定的非普工业类电价标准，不执行峰谷分时电价政策。

2-1-68 非工业用户、普通工业用户的照明用电（包括生活照明和生产照明）应执行何种电价？如何计量？

工业用户、普通工业用户照明用电（包括生活照明和生产照明）应执行非居民照明电价。

分表计量，如暂不能分表，可根据实际情况合理分算照明电量。

2-1-69 大工业电价实施范围是如何规定的?

以国网湖北省电力有限公司为例，大工业电价应用范围：凡以电为原动力，或以电冶炼、烘焙、熔焊、电解、电化的一切工业生产，受电变压器总容量在320（315）kVA及以上者，以及符合上述容量规定的下列用电。

（1）机关、部队、学校及学术研究、试验等单位的附属工厂（凡以学生参加劳动实习为主的校办工厂除外），有产品生产并纳入国家计划，或对外承受生产及修理业务的用电。

（2）铁道（包括地下铁道）、航运、电车、电信、下水道、建筑部门及部队等单位所属修理工厂的用电。

（3）自来水厂用电。

（4）工业试验用电。

（5）照相制版工业水银灯用电。

2-1-70 大工业用户的照明用电（生产照明和生活照明）应执行何种电价?

大工业用户的生产照明（井下、车间、厂房内照明）与电力用电，实行光、力综合计价，生产照明并入电力用电，按"大工业电价"及"力率调整电费办法"计收电费。其生活照明用电，应分表计量，按照明电价计收电费。

2-1-71 农业生产电价实施范围是如何规定的?

以湖北省电力有限公司为例，农业生产电价应用范围：农村社队、国营农场、牧场、电力排灌站和垦殖场、学校、机关、部队以及其他单位举办的农场或农业基地的农田排涝、灌溉、电犁、打井、打场、脱粒、积肥、育秧、社员口粮加工（指非商品性的）、牲畜饲料加工、防汛临时照明和黑光灯捕虫用电。

其他规定如下：

（1）除上述各项农业生产用电外的农村其他电力用电，如农副产品加工、农机农具修理、炒茶和鱼塘的抽水、灌水等用电，均按非工业、普通工业电价计收电费。

（2）农村照明用电，按照明电价计收电费。

（3）农村小型化肥厂生产氨水等氮肥的电价，参照国家规定本地区的大工业合成氨价格（包括基本电价和电度电价）水平确定。

2-1-72 某 10kV 供电的机械厂、变压器容量为 560kVA，除生产外还有 20kW 的食堂、浴室、医务室等生活用电，问该厂应如何执行电价？

该厂生产应执行大工业电价；食堂、浴室、医务室等生活用电执行非居民照明电价；两种电价中的电度电价应执行 1 ～ 10kV 的标准；大工业电价中的基本电价应执行变压器容量的标准。

2-1-73 趸售电价的应用范围是如何规定的？

趸售电价应用范围：电业部门一般不发展趸售，以利于集中管理，减少中间环节。在特殊情况下必须采取趸售方式的，按供电的隶属关系分别由电网企业或省、市、自治区电力部门批准，并且只趸售到县一级。

第二节　电量电费核算

2-2-1 什么是电费？

电费是用电人按用电数量和国家规定的电价标准向供电人支付的费用。

2-2-2 什么是结算电量？

结算电量是供电企业与用户最终结算电费的电量。

结算电量由抄见电量和未经计量装置记录的电量组成。结算电量＝抄见电量＋未经计量装置记录的电量。

未经计量装置记录的电量包括变压器损耗、线路损耗、计量装置故障引起的损失电量、退补电量等。

2-2-3 什么是变压器损耗（简称变损）？

变压器损耗是变压器输入功率与输出功率的差值。变压器损耗分为有功损耗和无功损耗。

（1）有功损耗包括空载损耗（铁损）和负载损耗（铜损）。

（2）无功损耗是变压器的交变磁场与电源之间相互交换的功率，包括铁芯中建立主磁场所需的无功功率和建立变压器绕组漏磁场所需的无功功率。

2-2-4 什么是线路损耗？

线路损耗是电能输送和分配过程中，电网各元件（变压器、输电线路等）所耗费的电能。

2-2-5 计量方式与变压器损耗有什么关系？

计量方式与变压器损耗的关系如下。

（1）高供高计客户电能计量装置设在变压器的高压侧，无需单独计算变压器损耗。

（2）高供低计客户电能计量装置装设在变压器的低压侧，其损耗未在电能计量装置中记录。根据《供电营业规则》第七十四条规定：用电计量装置原则上应装在供电设施的产权分界处。如产权分界处不适宜装表的，对专线供电的高压用户，可在供电变压器出口装表计量；对公用线路供电的高压用户，可在用户受电装置的低压侧计量。当用电计量装置不安装在产权分界处时，线路与变压器损耗的有功与无功电量均须由产权所有者负担。在计算用户基本电费（按最大需量计收时）、电度电费及功率因数调整电费时，应将上述损耗电量计算在内。

（3）低供低计客户的变压器损耗是由供电部门承担的。

2-2-6 变压器损耗电量如何计算？

变压器损耗按日计算，日用电不足 24h 的，按一天计算。变压器损耗电量有以下几种计算方式。

（1）查表法。查表法是根据变压器型号、容量、电压、有功用电量直接查表得到有功损耗和无功损耗电量。

（2）协议值。协议值是与客户签订协议，确定有功损耗、无功损耗电量。

（3）公式法。公式法是根据变压器的额定容量、型号得到变压器的有功空载损耗、有功负载损耗、空载电流百分比、阻抗电压百分比、有功损耗系数、无功损耗系数，再根据公式计算得到变压器有功损耗和无功损耗电量。

2-2-7 如何通过公式法计算变压器损耗电量？

公式法是根据变压器的额定容量、型号得到变压器的有功空载损耗、有功负载损耗、空载电流百分比、阻抗电压百分比、有功损耗系数、无功损耗系数，再根据公式计算得到变压器有功损耗和无功损耗电量值。常用的公式有：

（1）公式一。

总有功损耗电量 = 有功空载损耗 ×24× 变压器运行天数 + 修正系数 ×（有功抄见电量^2+ 无功抄见电量^2）× 有功负载损耗 /（额定容量^2×24× 变压器运行天数）

总无功损耗电量 = 无功空载损耗 ×24× 变压器运行天数 + 修正系数 ×（有功抄见电量^2+ 无功抄见电量^2）× 无功负载损耗 /（额定容量^2×24× 变压器运行天数）

其中，无功空载损耗 = 额定容量 × 空载电流百分比；

无功负载损耗 = 阻抗电压百分比 × 额定容量。

修正系数，根据运行班制按下列规则确定。

一班制 200h，二班制 400h，三班制 600h，对应的修正系数分别为 3.6，1.8，1.2。

一班制 240h，二班制 480h，三班制 720h，对应的修正系数分别为 3，1.5，1。

（2）公式二。

总有功损耗电量 = 有功空载损耗功率 ×24× 变压器运行天数 + 有功电量 × 有功损耗系数。

总无功损耗电量 = 无功空载损耗功率 ×24× 变压器运行天数 + 有功电量 × 有功损耗系数 × 无功损耗系数。

其中，有功损耗系数、无功损耗系数由网省公司自行确定。

2-2-8 当客户的月用电量为零时，变压器损耗电量如何处理？

当客户的月用电量为零时，变压器只计铁损电量，铁损电量可以按正常情况计算。

（1）若变压器下只有一个主表，则铁损电量全部分摊到主表。

（2）若变压器下存在多个主表，则铁损电量平均分摊到各主表。

（3）若变压器主表下存在分表，则铁损电量平均分摊到主表与各分表。

2-2-9 当转供户抄见电量为零时，变压器损耗电量如何处理？

当转供户抄见电量为零时，变压器损耗按各自容量比例执行分摊。

即：被转供户损耗 = 被转供户容量 /（转供户总容量）× 总损耗。

转供户损耗 = 总损耗 - 被转供户损耗。

2-2-10 当两个变压器下只接有一个主表时，变压器损耗电量如何处理？

当两个变压器下只接有一个主表时，先按变压器的容量比把主表的电量进行分摊，然后按照分摊后的电量分别计算变压器的损耗。

2-2-11 变压器下若存在多个一级高供低计的主表时，各主表的分摊变损电量如何计算？

变压器下若存在多个一级高供低计的主表时，变压器损耗电量按每个表计的抄见电量比例分摊。

各主表分摊变损 = 各主表的抄见电量 / 各主表的抄见电量之和 × 变压器总

损耗。

2-2-12 变压器下若一级主表存在分表，各主表、分表的分摊变损电量如何计算？

变压器下若一级主表存在分表，则当前分表的损耗电量按其抄见电量和主表抄见电量比例分摊，主表分摊的损耗电量为变压器损耗扣减分表损耗的电量。

（1）各分表分摊变损 = 各分表的抄见电量 / 主表的抄见电量 × 主表的总变压器损耗。

（2）主表分摊变损 = 主表的总变压器损耗 − 各分表分摊变损之和。

2-2-13 线损电量如何计算？

（1）采用线路参数和用电量公式计算。

总有功线损电量 = 单位长度线路电阻 × 线路长度 × 10^{-3}/（额定电压 ^{2} × 线路运行时间）×［（总有功抄见电量 + 总有功变压器损耗电量）^{2}+（总无功抄见电量 + 总无功变压器损耗电量）^{2}］

总无功线损电量 = 单位长度线路电阻 × 线路长度 × 10^{-3}/（额定电压 ^{2} × 线路运行时间）×［（总有功抄见电量 + 总有功变压器损耗电量）^{2}+（总无功抄见电量 + 总无功变压器损耗电量）^{2}］

（2）采用与客户协定线损电量计算。

（3）采用与客户协定线路损耗系数计算。

总有功线损电量 =（总有功抄见电量 + 总有功变压器电量）× 有功线损系数。

总无功线损电量 =（总无功抄见电量 + 总无功变压器电量）× 无功线损系数。

2-2-14 若一条专线下存在多个客户，线路损耗如何分摊？

（1）若与客户有协议，则按照协议值来分摊线损。

（2）若与客户没有协议，则按照各客户用电量与总用电量的比例分摊线损。

（3）若与客户没有协议，且客户总用电量为零时，则按客户容量比例分摊线损。

2-2-15 电量电费计算以什么作为计费单位?

（1）以受电点作为用户的计费单位。同一受电装置有不同回路或电源供电，都视为一个受电点，应分别装设电能计量装置为计费点。

（2）同一用户（法人）在不同用电地址的用电与供电企业分别确立供用电关系时，电量电费计算应按不同受电点分别计算。

2-2-16 电能表计翻转时，抄见电量如何计算?

抄见电量 =（本次示数 $+10^{表位数}$ − 上次示数）× 综合倍率

2-2-17 电能表计倒转时，抄见电量如何计算?

抄见电量 =（上次示数 − 本次示数）× 综合倍率

2-2-18 电能表计倒转且翻转时，抄见电量如何计算?

抄见电量 =（上次示数 $+10^{表位数}$ − 本次示数）× 综合倍率

2-2-19 当分时表的峰、平、谷各时段电量之和与总电量不相等时该如何处理?

当分时表的峰、平、谷各时段电量之和与总电量不相等时，以总、峰、谷三个示数为基准，平段电量等于总电量与峰、谷段电量之差。

即平段电量 = 总电量 − 峰段电量 − 谷段电量

2-2-20 如何计算定比比例定在主表的定比抄见电量?

定比抄见电量 = 主表总抄见电量 × 定比值。

2-2-21 如何计算定比比例定在主表和分表的电量差值的定比抄见电量?

定比抄见电量 =（主表总抄见电量 − 各分表抄见电量之和）× 定比值。

2-2-22 如何计算定比比例定在主表和分表的电量差值并与定量并存的定比抄见电量？

定比抄见电量 =（主表总抄见电量 – 各分表抄见电量之和 – 各定量之和）× 定比值。

2-2-23 主表下存在多个同级分表时，主表扣减分表电量的顺序是如何的？

主表下存在多个同级分表时，首先扣减被转供户的电量，其次扣减实抄分表电量，再扣减定比定量电量。

2-2-24 什么是目录电度电费？

目录电度电费是客户的结算有功电量与该结算有功电量所对应的目录电度电价的乘积。

2-2-25 什么是代征电费？

代征电费是指按照国家有关法律、行政法规规定或经国务院以及国务院授权部门批准，随结算有功电量征收的基金及附加所对应的费用。

2-2-26 什么是基本电费？

基本电费是根据用户变压器容量或最大需量与基本电价的乘积所计收的费用。

2-2-27 什么是计费容量？

计费容量是指实行两部制电价的用户计收基本电费的容量。

2-2-28 什么是实际最大需量？

最大需量是指用户在一个电费结算周期内，每单位时间用电平均负荷的最大值，也就是用户在某一个时刻使用电能的最大有功功率值。

2-2-29 什么是合同最大需量？

是指由用户提前 5 个工作日申请，并与供电企业共同约定的单个计费周期内最大需量。合同最大需量申请值低于用户受电变压器总容量的 40% 时，按容量总和的 40% 核定合同最大需量。

2-2-30 执行单一制电价用户的电费如何计算？

电费 = 目录电度电费 + 代征电费。

若是功率因数考核用户，则电费 = 目录电度电费 + 功率因数调整电费 + 代征电费。

2-2-31 执行两部制电价用户的电费如何计算？

电费 = 基本电费 + 目录电度电费 + 功率因数调整电费 + 代征电费。

2-2-32 什么是另账？另账包含哪些内容？

另账是指按正常抄表日程抄表计量计费外的电量电费。

另账包含有增账、减账、补费、退款、余度、临时用电、违约用电、窃电补费等。

2-2-33 什么是电费违约金？

电费违约金是用户在未能履行供用电双方签订的供用电合同，未在供电企业规定的电费缴纳期限内交清电费时，应承担电费滞纳的违约责任，向供电企业交付延期付费的经济补偿费用。电费违约金是法定违约金，是维护供用电双方合同权益的措施之一。

2-2-34 什么是违约使用电费？

违约使用电费是用户违章用电应承担的违约责任。违约使用电费不是电费收入，而是供电企业的营业外收入。

2-2-35 电费违约金的收取标准是如何规定的？

《供电营业规则》第九十八条规定：用户在供电企业规定的期限内未交清电费时，应承担电费滞纳的违约责任。电费违约金从逾期之日起计算至交纳日止。每日电费违约金按下列规定计算。

（1）居民用户：每日按欠费总额的千分之一计算。

（2）其他用户：当年欠费部分，每日按欠费总额的千分之二计算；跨年度欠费部分，每日按欠费总额的千分之三计算。

电费违约金收取总额按日累加计收，总额不足 1 元者按 1 元收取。

2-2-36 用户用电功率因数的技术标准有哪些？

国家电力管理部门规定，除电网有特殊要求的用户外，用户在当地供电企业规定的电网高峰负荷时的功率因数应达到下列标准。

（1）100kVA 及以上高压供电的用户功率因数为 0.90 以上。

（2）其他电力用户和在、中型电力排灌站、趸购转售电企业，功率因数为 0.85 以上。

（3）农业用电功率因数为 0.80 以上。

2-2-37 功率因数调整电费的功率因数标准值及其适用范围是如何规定的？

功率因数的标准值及其适用范围如下。

（1）功率因数标准 0.9，适用于 160kVA 以上的高压供电工业用户（包括社队工业用户）、装有带负荷调整电压装置的高压供电电力用户和 3200kVA 及以上的高压供电电力排灌站。

（2）功率因数标准 0.85，适用于 100kVA（kW）及以上的其他工业用户（包括社队工业用户）、100kVA（kW）及以上的非工业用户和 100kVA（kW）及以上的电力排灌站。

（3）功率因数 0.80，适用于 100kVA（kW）及以上的农业用户和趸售用户，但大工业用户未划由电业直接管理的趸售用户，功率因数标准应为 0.85。

2-2-38 对功率因数达不到规定标准值的用户应如何处理？

对功率因数不能达到规定标准值的用户，供电企业可拒绝接电。对已送电的用户，供电企业应督促和帮助用户采取措施，提高功率因数。对在规定期限内未采取措施达到上述要求的用户，供电企业可中止或限制供电。

2-2-39 影响用户功率因数变化的主要因素有哪些？

《功率因数调整电费办法》规定，用平均值来考核用户的功率因数。其计算公式如下。

$$平均功率因数 = \frac{1}{\sqrt{1+\left(\dfrac{无功电量}{有功电量}\right)^2}}$$

由以上公式可以看出，用户无功功率越大，功率因数就越低；反之就越高。因此，功率因数高低的变化与无功功率的大小有关，其变化的主要因素有以下几点。

（1）异步电动机和变压器是造成功率因数低的主要原因。异步电动机耗用的无功功率的总和，一般占工业企业全部无功功率的 60% 以上。当电动机长期空载或轻载时，其耗用量更大。

变压器耗用的无功功率的总和，约占工业企业全部无功功率的 20% 左右。特别是变压器空载运行时，消耗的无功功率占变压器总无功功率的 80%。

因此，对异步电动机和变压器应采取有效措施减少空载或轻载运行。

（2）电容器补偿装置投切方式不当。绝大多数工业企业在提高自然功率因数的基础上，采取人工补偿的措施提高功率因数，安装了并联电容器。但有些用户为了投切简单，将电容器投切容量装置为固定式的，因而发生在用电高峰时欠补偿或在低谷负荷时过补偿向电力系统倒送无功功率的现象。而供电企业按规定，将用户倒送无功功率与实用无功功率的绝对值之和计算月平均功率因数。因此影响功率因数高低变化。

（3）电容器补偿装置运行维护不当。有些用户对电容器补偿装置未按规程规定，进行巡视检查和定期维护，经常发生故障退出运行，没有发挥无功功率补偿作用，造成功率因数高低变化。

2-2-40 用户自然功率因数低的原因主要有哪些?

（1）大量的感应电动机或其他电感性用电设备的大量。如感应电炉、电焊机等的投入使用。

（2）电感性用电设备配套不合理和使用不当。造成设备长期空载或轻负荷运行。

（3）电感性的用电设备检修工艺不良。特别是设备的气隙不匀，使无功消耗急剧上升。

（4）大量采用气体放电灯做电光源。

（5）变电设备的负荷率和年利用小时数低。

2-2-41 月平均功率因数如何计算?

（1）凡实行功率因数调整电费的用户，应装带有防倒装置的无功和有功电能表。按用户每月实用无功电量和有功电量计算月平均功率因数。

（2）凡装有无功补偿设备且有可能向电网倒送无功电量的用户，应随负荷和电压的变动及时投入和切除部分无功补偿设备。在计费点加装带有防倒装置的反向无功电能表，按倒送无功电量和实用无功电量两者的绝对值之和计算月平均功率因数。

（3）根据电网需要，对大用户实行高峰功率因数考核，加装记录高峰时段内有功、无功电量的电能表，据以计算月平均高峰功率因数；对部分用户还可试行高峰、低谷两个时段分别计算功率因数。

2-2-42 当总表内装有不同用电类别的计费表时，功率因数调整电费如何计算?

总表内装有不同用电类别的计费表，当考核功率因数的标准值相同时，按总表计量的有功、无功电量计算实际功率因数；当总表内各类用电考核功率因数标准值不同时，按总表计量的实际功率因数值，对执行不同标准的各类用户分别计算，考核调整电费。

2-2-43 当同一受电点由于分线、分表装有不同类别的计费表（均为母表）时，功率因数调整电费如何计算？

同一受电点由于分线、分表装有不同类别的计费表（均为母表时），可将这一受电点的有功、无功电量分别相加，计算出受电点的实际功率因数，按考核标准值对每个计费单位进行电费调整。

2-2-44 功率因数调整电费的用户在什么情况下可降低功率因数标准值，或不实行功率因数调整电费办法？

根据电网的具体情况，对不需增设补偿设备用电功率因数就能达到规定的用户，或离电源点较近、电压质量较好、无需进一步提高用电功率因数的用户，经省级电力部门批准可以降低功率因数标准值或不实行功率因数调整电费办法。降低功率因数标准值的用户实际功率因数，高于降低后的功率因数标准值时，不减收电费，但低于降低后的功率因数标准值时，应增收电费。

2-2-45 无功功率补偿的基本原理是什么？

无功功率补偿的基本原理是：把具有容性功率负荷的装置与感性功率负荷并联接在同一电路，当容性负荷释放能量时，感性负荷吸收能量；而感性负荷释放能量时，容性负荷却在吸收能量，能量在两种性质的负荷之间互相交换。这样，感性负荷所吸收的无功功率可由容性负荷输出的无功功率中得到补偿，这就是无功功率补偿的基本原理。

2-2-46 用户无功补偿的一般原则是什么？

（1）应按电压等级进行逐级补偿，做到就近供应，就地平衡，使电网输送的无功电力为最少，保证无功潮流分布经济合理。

（2）分散补偿与集中补偿相结合，以分散补偿为主，以取得最大节能和经济效益。

（3）补偿的无功电源应做到随负荷变化进行调整，并尽可能实现自动投切，以防止过补偿及因过补偿造成无功倒送；过补偿不仅增加国家投资，而且降低补偿的经济效益，也增加电能损耗，影响电压质量，给电网和用户带来危害。

2-2-47 基本电价计费方式有哪些？基本电价计费方式如何确定？

基本电价的计费方式分为按变压器容量计费和按最大需量计费。

基本电价计费方式由用电客户选择，基本电价计费方式按季度变更，电力用户可提前 15 个工作日向电网企业申请变更下一个季度的基本电价计费方式。

2-2-48 若客户为大工业用户，按容量计收的基本电费怎么计算？

基本电费按容量计算：基本电费 = 计费容量 × 基本电价标准（容量价）。

2-2-49 若客户为大工业用户，按实际最大需量计收的基本电费怎么计算？

按实际最大需量计算：基本电费 = 实际最大需量 × 基本电价标准（需量价）。

若用户当月实际最大需量值低于用户受电变压器总容量 40% 时，按用户受电变压器总容量 40% 计收。

2-2-50 若客户为大工业用户，按合同最大需量计收的基本电费怎么计算？

按合同最大需量计费方式分以下两种情况。

（1）抄见最大需量值低于合同最大需量核定值 105% 的，按合同最大需量核定值计算基本电费。基本电费 = 合同最大需量核定值 × 基本电价标准（需量价）。

（2）抄见最大需量值超过合同最大需量核定值 105% 的，超过 105% 的部分加倍收取。基本电费 = 合同最大需量核定值 × 基本电价标准（需量价）+（抄见最大需量值 - 合同最大需量核定值 ×105%）×2× 基本电价标准（需量价）。

2-2-51 合同最大需量核定值如何确定？

合同最大需量由用户申报，供电企业核定后确定。用户申报的最大需量低于受电变压器总容量 40% 时，合同最大需量按受电变压器总容量 40% 核定。

2-2-52 合同最大需量核定值变更周期是如何规定的？

合同最大需量核定值变更周期按月变更，电力用户可提前 5 个工作日向电网企业申请变更下一个月（抄表周期）的合同最大需量核定值。

用户未申请或滞后提出变更申请的，维持原合同最大需量核定值不变。

2-2-53 两路及以上回路供电的两部制用户，按合同最大需量如何计算基本电费？

两路及以上回路供电的两部制用户，应按回路分别申请最大需量核定值，且应分别计算各回路最大需量，累加计收基本电费。

2-2-54 在《供电营业规则》中，对大工业用户的基本电费的计收时间是怎样规定的？

在《供电营业规则》中第八十四条规定：基本电费以月计算，但新装、增容、变更与终止用电当月的基本电费，可按实用天数（日用电不足 24h 的，按一天计算）每日按全月基本电费三十分之一计算。事故停电、检修停电、计划限电不扣减基本电费。

2-2-55 以变压器容量计算基本电费的用户有哪些注意事项？

（1）备用的变压器（含高压电动机），属冷备用状态并经供电企业加封的，不收基本电费。

（2）属热备用状态的或未经加封的，不论使用与否都计收基本电费。

（3）用户专门为调整用电功率因数的设备，如电容器、调相机等，不计收基本电费。

（4）在受电装置一次侧装有连锁装置互为备用的变压器（含高压电动机），按可能同时使用的变压器（含高压电动机）容量之和的最大值计算其基本电费。

2-2-56 以最大需量计算基本电费的用户有哪些注意事项？

按最大需量计算基本电费的用户，注意事项如下。

（1）按最大需量收取基本电费的客户，必须安装最大需量表。

（2）对有两路及以上进线的客户，各路进线应分别计算最大需量。

（3）对转供用户，计算基本电费应扣减被转供户的实际容量。

（4）抄见最大需量低于变压器容量（含不通过变压器的高压电动机容量）40%时，则计费需量按变压器容量（含不通过变压器的高压电动机容量）40%计算。

2-2-57 在计算转供户用电量、最大需量及功率因数调整电费时，最大需量如何折算？

在计算转供户用电量、最大需量及功率因数调整电费时，应扣除被转供户、公用线路与变压器消耗的有功、无功电量。最大需量按下列规定折算。

（1）照明及一班制：每月用电量 180 kWh，折合为 1kW。

（2）二班制：每月用电量 360 kWh，折合为 1 kW。

（3）三班制：每月用电量 540 kWh，折合为 1 kW。

（4）农业用电：每月用电量 270 kWh，折合为 1 kW。

2-2-58 新装用电客户的基本电费如何计算？

新装用电客户，接火用电当月实际用电时间不足一月时，按实际用电天数计算基本电费。计费天数以经客户签字的接火送电工作单记录的日期为起始日。

2-2-59 增容客户的基本电费如何计算？

用电客户增加用电容量，以经客户签字增容投运工作单记录的日期为基准，根据不同用电容量的实际用电天数，按日分段计算基本电费。

（1）增容前用电天数 = 接火送电日 − 上月抄表日

（2）增容后用电天数 = 本月抄表日 − 接火送电日

按最大需量计收基本电费的客户，按增容前后各计费点的受电变压器总容量及最大需量值，分别计算基本电费。

2-2-60 减容客户的基本电费如何计算？

（1）用电客户办理减容，应在减容前五个工作日向供电企业提出申请，供电企业受理后，根据用电客户的申请对相关用电设备进行加封。按容量计收基本电费的客户，以工作单记录的加封日期为准，根据不同用电容量的实际天数按日分段计算当月基本电费。按最大需量计收基本电费的客户，按减容前后各计费点的受电变压器总容量及抄录的最大需量值，分别计算基本电费。

（2）减容后容量达不到实施两部制电价规定容量标准的，应改为相应用电类别单一制电价计费，并执行相应的分类电价标准。减容设备自设备加封之日起，减容部分免收基本电费。

（3）用电客户在减容期限内要求恢复用电时，应在预定恢复日之前五个工作日向供电企业提出申请，供电企业受理后，根据用电客户申请对相关用电设备启封。按容量计收基本电费的客户，以工作单记录的启封日期为基准，根据不同用电容量的实际用电天数按日分段计算当月基本电费。按最大需量计收基本电费的，合同最大需量按照减容后总容量申报。

2-2-61 暂停用电客户的基本电费如何计算？

（1）暂停当月的基本电费，按容量计收基本电费的客户，以工作单记录的加封日期为准，根据不同用电容量的实际天数按日分段计算当月基本电费。按最大需量计收基本电费的客户，合同最大需量按照减容后总容量申报。但暂停时间少于十五天的，暂停期间基本电费照收。

（2）暂停后容量达不到实施两部制电价规定容量标准的，应改为相应用电类别单一制电价计费，并执行相应的分类电价标准。暂停设备自设备加封之日起，减容部分免收基本电费。

（3）暂停期满或一个日历年内累计暂停用电时间超过六个月者，不论用电客户是否申请恢复用电，均视同已恢复用电，供电企业从期满之日起按恢复用电状态计收基本电费。

2-2-62 暂换用电客户的基本电费如何计算？

暂换用电客户的基本电费：执行两部制电价（或暂换后容量标准达到两部制

电价）的用电客户，从暂换之日起，按容量计收基本电费的客户，以工作单记录的日期为准，根据不同用电容量的实际天数按日计算当月基本电费。按最大需量计收基本电费的客户，按暂换前后各计费点的受电变压器总容量及抄录的最大需量值，计算基本电费。

2-2-63 销户客户的基本电费如何计算？

解火停电日不在抄表日的，当月基本电费按实际用电天数计算。

2-2-64 改类客户的基本电费如何计算？

用电客户改变用电类别，改类当月的电费按不同类别用电的实际天数分日计算，各类用电的实际天数以改类工作单记录的时期为基准计算。当涉及大工业用电类别时，当月基本电费分日计算。

（1）其他用电类别改为大工业用电：实际用电天数 = 本月抄表日 – 改类日

（2）大工业用电改为其他用电类别：实际用电天数 = 改类日 – 上月抄表日

2-2-65 分户客户的基本电费如何计算？

（1）大工业用电客户分户时，以分户工作单所记录的分户日为界，分户前基本电费按实际用电天数计算；分户后各户的基本电费，按容量计收基本电费的客户，以工作单记录的日期为准，根据不同用电容量的实际天数按日计算当月基本电费。按最大需量计收基本电费的客户，按分户后各计费点的受电变压器总容量及抄录的最大需量值，分别计算基本电费。

（2）分户后受电变压器总容量不足 315kVA 的客户不计收基本电费。

2-2-66 并户客户的基本电费如何计算？

并户客户的基本电费：大工业用户并户或并户后受电变压器总容量达到大工业用电标准的（遵循按计费点分别计算原则），并户当月基本电费的计算以并户工作单所记录的并户日为界，并户前的基本电费按实际使用天数计算；并户后的基本电费，按容量计收基本电费的客户，根据并户后用电容量的实际天数按日计算当月基本电费。按最大需量计收基本电费的客户，按并户后各计费点的受电变压器总容量及抄录的最大需量值，计算基本电费。

2-2-67 "一户一表"居民用户的电费是如何计算的？

"一户一表"居民用户的电费采用"递增法"计算，具体计算公式如下。

（1）基础电费 = 总用电量 × 基础电价（第一档电价）

（2）第二档递增电费 = 第二档电量 × 第二档递增电价

（3）第三档递增电费 = 第三档电量 × 第三档递增电价

合计电费 = 基础电费 + 第二档递增电费 + 第三档递增电费

2-2-68 低保居民电价优惠采取的操作程序是什么？

为简化城市低保用电操作程序，电价优惠采取先收后返的方式，各供电公司对城市居民用电量全额收取电费，然后每半年根据当地民政部门提供的城市低保户数按照规定的优惠电量和标准将优惠电费退还给当地民政部门，由当地民政部门返到城市低保居民用户。

2-2-69 什么是分期结算（分次结算）？

分期结算是指对月用电量较大或存在电费回收风险的客户，供电企业可按客户月电费情况每月分若干次抄表计收电费，也称分次结算。

2-2-70 分期结算客户电费计算时有哪些特殊规定？

（1）对于分期结算的客户，除月末最后一次计算，其余各期按抄见电量计算电度电费和代征电费。

（2）对于分期结算的客户，每月最后一次结算时，计算其全月基本电费。

（3）对于分期结算的客户，在最后一次抄表时按全月用电量计算功率因数，以全月电度电费和全月基本电费作为基数计算功率因数调整电费。

（4）变压器损耗、线损电量根据各网省的实际情况可分期计算，也可以全月计算。

2-2-71 分期结算时有哪些注意事项?

（1）分期结算应与客户签订分期结算协议，并根据协议约定的时间、期数进行抄表计收电费。

（2）供电企业应按协议约定给分期结算的客户提供电费发票。

（3）按协议约定对逾期未交清分期结算电费的客户计算相应的电费违约金。

2-2-72 什么是线损电量?

电能从发电机发出输送到客户，必须经过输、变、配电设备，由于这些设备存在阻抗，因此电能通过时会产生电能损耗，并以热能的形式散失在周围介质中。另外，还有由于管理不善，在供用电过程中偷、漏、丢、送等原因造成的损失。这些电能损耗电量称为线损电量。

线损电量 = 供电量 − 售电量。

2-2-73 什么是线损率?

线损率为线损电量与供电量的比值。

线损率 = 线损电量 / 供电量 = （供电量 − 售电量）/ 供电量。

2-2-74 线损电量主要由哪几个部分组成?

线损电量主要由固定损耗、可变损耗和其他损耗三部分组成。

（1）固定损耗。也称空载损耗或基本损耗，一般情况下不随负荷变化而变化，只要设备带有电压，就会产生电能损耗。

（2）可变损耗。也称短路损耗，是随着负荷变化而变化的，它与电流的平方成正比，电流越大，损耗越大。

（3）其他损耗包括管理损耗或不明损耗。

2-2-75 线损电量中的固定损耗主要包括哪些损耗?

（1）发电厂、变电站的升、降压变压器及配电变压器的空载损耗。主要包括铁芯的涡流损耗、磁滞损耗和夹紧螺栓的杂散损耗。

（2）电缆、电容器的介质损耗。

（3）调相机、调压器、电抗器、互感器、消弧线圈等设备的空载损耗及绝缘子损耗。

（4）电能表电压线圈的损耗。

（5）35kV 及以上线路的电晕损耗。

2-2-76 线损电量中的可变损耗主要包括哪些损耗?

（1）发电厂、变电站的升、降压变压器及配电变压器的负载损耗（铜耗）。

（2）输、配电线路的损耗，即电流通过导线所产生的损耗。

（3）调相机、调压器、电抗器、互感器、消弧线圈等设备的负载损耗（铜耗）。

（4）电能表电流线圈的铜耗。

2-2-77 线路上电压损失过大的主要原因有哪些?

（1）供电线路太长，超出了合理的供电半径。

（2）供电线路功率因数太低，电压损失大。

（3）供电线路导线线径太小，电压损失过大。

（4）末端电压低。

（5）其他原因，如冲击性负荷、三相不平衡负荷等的影响。

2-2-78 造成线损率升高的原因主要有哪些?

（1）供售电量抄表时间不一致，抄表例日变动，提前抄表使售电量减少。

（2）检修、事故等原因破坏了电网正常运行方式，以及电压低造成损失增加。

（3）季节、负荷变动等原因使电网负荷潮流有较大变化，造成线损增加。

（4）一、二类表计有较大的误差（供电量正误差、售电量负误差），或供电量多抄错算。

（5）退前期电量和丢、漏本期电量（包括用户窃电）。

（6）供、售电量统计范围不对口，供电量范围大于售电量。

2-2-79 变压器上产生负荷损耗的原因是什么？

（1）负荷电流在变压器绕组导线内流动造成电能损耗。

（2）励磁电流在变压器绕组导线内造成电能损耗。

（3）杂散电流在变压器绕组导线内造成电能损耗。

（4）泄漏电流对导体影响所引起涡流损耗。

（5）调相机的负荷损耗。由于调相机发出无功功率，因此原动机需要消耗一些有功功率。

2-2-80 损耗如何进行分类？

（1）按损耗的特点分类，线路损耗可分为固定损耗、可变损耗和不明损耗三部分。

（2）按损耗的性质分类，线损可分为技术线损和管理线损两大类。

（3）按损耗的变化规律分类，可分为空载损耗、负载损耗和其他损耗三类。

2-2-81 技术线损、管理线损分别包括哪些损耗？

技术线损又称理论线损，它是电网各元件电能损耗的总称，主要包括固定损耗和可变损耗。

管理线损是指由计量设备误差引起的线损以及管理不善和失误等原因造成的线损。包括窃电和抄表核算过程中漏抄、错抄、错算等原因造成的线损。

2-2-82 管理线损主要包括哪些内容？

（1）表计错误接线、计量装置故障、互感器倍率错误、二次回路电压降、熔断器熔断等电能计量装置的误差引起的线损。

（2）用电营销环节中由于抄表不到位，存在估抄、漏抄、错抄、错算电量等现象引起的线损。

（3）供、售电量抄表时间不一致引起的线损（实际上这种情况并不是真的线损，只会造成线损统计的虚增虚降）。

（4）带电设备绝缘不良引起的泄漏电流所产生线损。

（5）客户窃电等引起的线损。

2-2-83 电网损耗是怎样组成的？各组成部分对损耗的影响如何？

电网损耗是由以下两部分组成。

（1）与传输功率有关的损耗。产生在线路和变压器的串联阻抗上，传输功率越大则损耗越大。

（2）与电压有关的损耗。产生在线路和变压器的并联导纳上，如线路的电晕损耗，变压器的励磁损耗等。

两部分在总损耗中，前者所占比重较大。

2-2-84 线损统计包含哪些内容？

线损统计包含变电站、线路、台区的线损率统计，可以按照不同的管理单位，不同的电压等级，以月、季、年进行当期和累计线损率的统计。统计内容包括台区线损统计、线路线损统计、分压线损统计、供电单位线损统计。

2-2-85 线损统计的主要工作是什么？

（1）获取线路线损指标和同期线损完成情况数据。

（2）根据线路考核单元表供电量、台区考核单元供电量、售电量，统计线路的高压线损、低压线损、综合线损、累计线损率。统计内容包括线路名称、统计月份、线路供电量、公变台区供电量、线路售电量、低压台区售电量、专变用电客户售电量、高压线损量、低压台区线损电量、高压线损率、低压综合线损率、本月综合线损率、季度累计线损率、年度累计线损率。

（3）结合线路历史统计数据，形成线路线损趋势图。

（4）统计报表包括线路线损率构成情况表、线路线损率完成情况明细表。

（5）统计结果为经济考核、营销分析与辅助决策提供数据支持。

2-2-86 台区线损统计的主要工作是什么？

（1）获取台区线损指标和同期线损完成情况数据。

（2）根据台区考核单元的供电量和售电量，统计台区线损电量、线损率、累计线损电量、累计线损率。统计内容包括台区名称、统计月份、供电量、售电量、线损电量、累计线损电量、本月线损率、季度累计线损率、年累计线损率。

（3）统计报表包括台区综合情况统计表、台区线损率明细表。

（4）结合台区历史统计数据，形成台区线损趋势图。

（5）统计结果为经济考核及营销分析与辅助决策提供数据支持。

2-2-87 分压线损统计的主要工作是什么？

（1）获取分压线损指标和同期线损完成情况数据。

（2）根据线路考核单元供电量、公变台区考核单元供电量、用电客户售电量，按照电压等级分级统计 10kV 及以下线路的线损，反应高压侧线损情况和低压侧台区线损情况；统计内容包括电压等级、统计月份、供电量、售电量、线损电量、本月综合线损率、季度累计线损率、年度累计线损率。

（3）通过与线损计划指标的比较，为线损异常管理提供线路异常数据。

（4）统计报表包括分压线损统计表。

（5）统计结果为经济考核、营销分析与辅助决策提供数据支持。

2-2-88 降低变压器损耗的技术措施有哪些？

（1）合理选择变压器。合理选择变压器的类型、台数、容量。

（2）平衡变压器三相负荷。

（3）使变压器经济运行。

（4）更换变压器和技术改造。更换过负荷变压器；采用高效率低损耗变压器；采用变容量变压器；改造高能耗变压器。

2-2-89 降低线损的组织措施主要有哪些？

（1）建立健全线损管理组织，制定线损管理制度；明确分工职责，分级管理，层层落实。

（2）坚持开展线损理论计算工作，分析线损的组成及实际完成情况，找出薄弱环节，明确主攻方向。

（3）认真做好线损指标（总指标、分指标和小指标）的科学管理和分析。加强分线、分压、分区、分站的考核。

（4）加强计量工作管理，对供、售电计量装置做到配齐、校准、误差合格，定期校验，按期轮换。运行中若发现异常及时分析、整改，经计量检定后确定退或补电量数额。

（5）拟定设备检修、停运线损定额管理制度。

（6）开展经常性的营业大普查。

（7）加强抄表、核算及稽查工作，固定抄表日期，努力提高用户月末抄见电量比重。

（8）开展线损专业及小指标竞赛，提高管理水平。

（9）搞好线损专职人员的培训。

（10）采用现代化管理手段，加快控制自动化、远动化的步伐，适应电网管理现代化的要求。

2-2-90 如何降低或消除管理线损？

（1）加强计量工作，对电能表的安装、运行、管理必须严肃认真，专人负责，做到安装正确合理，按规程要求定时轮换校验，其误差值在合格范围内尽可能降低，以达到电能计量准确合理。

（2）加强抄、核、收工作，防止偷、漏、错。

1）定期抄表，提高实抄率，杜绝估抄、估算。

2）计量装置必须加封，加强防盗措施。

3）加强用户的用电分析工作，及时发现问题、解决问题、消除隐患。

4）定期进行用电普查，对可疑用户组织突击抽查，堵塞漏洞。

5）加强电力法律法规知识的宣传，消灭无表用电和杜绝违章用电，严肃依法查处窃电。

2-2-91 降低线损的技术措施主要有哪些？

（1）加强电网结构的合理性，对电力网进行升压改造，简化电压等级，减少重复的变电容量，合理确定电网经济运行方式。

（2）电源应设在负荷中心，线路由电源向周围辐射，缩短供电半径。

（3）装设无功补偿设备，提高功率因数水平，合理分布电容器，使其发挥最大的经济效果；监视系统的无功潮流，减少无功电能输送，搞好电网无功功率平衡。

（4）按经济电流密度选择导线截面。

（5）搞好变压器（含配电变压器）的经济运行。

（6）加强检修管理，提高检修质量，开展带电作业，减少线路检修停运次数。

（7）平衡配电网络的三相负荷。

（8）加强电压管理，确保母线电压在额定范围内。

（9）合理调整负荷，提高负荷率。

（10）改进变压器结构，降低变压器损耗。

2-2-92 什么是电费差错率？

电费差错率＝（当期差错笔数 ÷ 当期核算笔数）×100%

2-2-93 影响电费差错率的原因有哪些？

（1）抄表人员错抄、估抄等。

（2）核算人员线损或变损电量的计算差错、追补电量电费的计算差错、对异常电量审核 把关不严等。

（3）定量定比类别不核实或与现场实际用电负荷不相符等。

（4）业扩资料审核不严，造成漏记类别、功率因数执行标准和计费方式错误等。

（5）政策性调整电价和追补电价错误。

（6）当发生变更用电业务时，暂停时间的维护和基本电费的计算错误等。

（7）分时表分时段电价和分时电量的扣减错误等。

（8）违约用电或窃电时，追补电量电费和违约用电电费的计算错误等。

2-2-94 降低电费差错率的措施有哪些？

（1）加强对核算人员的职业道德培训，倡导严谨务实、一丝不苟的工作作风，减少电费差错的出现。

（2）定期对核算人员开展业务知识培训，重点掌握发生各类变更业务时正确的电量和电费的计算方法。

（3）加强退补电量电费管理，退补电量电费时，要求有依据和具体的计算过程。

（4）加强电费审核管理，对出现的异常电量、电费情况，核算人员要认真进行复核，并与抄表人员和用电检查员核实具体情况，防止电费差错的产生。

（5）规范工作流程，明确各岗位工作职责，建立有效的联系和相互监督考核机制。

第三节　智能核算

2-3-1 什么是智能核算？

智能核算是指通过在电力营销业务应用系统中合理配置电费校核规则，建立典型核算类型数据模型，智能化控制核算工作内容和流程，优化核算异常处理方式，加强核算异常数据的定向分析审核，核算工作重心从电费发行"数量"向营业"质量"管控转变，实现电费集中核算、智能审核、自动化发行。

2-3-2 如何开展电费核算集约与智能化工作？

开展电费核算集约与智能化工作的措施如下。

（1）优化前端业务。在新装、增容、变更等业务流程中，加强电费抄核收相关参数优化配套模板及数据校验规则。建立客户电子档案防火墙，针对客户计费档案变更，将人工审核前移至业务信息归档环节，并有机器自动研判，确保计费档案差错率为零。

（2）规范智能核算管理。建立并完善电费审核规则库管理，通过自动计算、电量电费层防火墙、黑白名单管理、智能发行，实现智能化核算管理。建立典型客户核算规则数模，便于实现各计费类型客户抄表数据电量电费自动计算、审核、提交。

（3）优化智能校核功能。完善客户档案信息自动校验规则、业务动态电量电费自动退步功能、电费发行工单超期预警功能，提高电费核算正确率、及时率。

2-3-3 在电力营销业务应用系统内开展电费核算的主要工作有哪些？

在营销业务系统内开展电费核算的主要工作包括电量电费计算、审核管理、电费发行三个步骤，实现方式均为流程处理方式，当抄表复核完成并确认发送后，抄表数据进入核算流程，核算人员在当前任务中查出待办工作单，处理、确认、发送，直至电费发行。

2-3-4 在SG186营销系统应用中，核算管理包含哪些模块？

核算管理由电费计算参数管理、电量电费计算、审核管理、电费退补管理、政策性调整客户计费参数等构成。

2-3-5 请作出在SG186营销系统应用中电量电费计算的流程图。

见图2-1。

2-3-6 在电力营销业务应用系统内，电量电费计算操作的内容有哪些？

电量电费计算操作内容：根据用电客户的抄表数据、用电客户档案信息以及执行的电价标准计算各类用电客户的电量、电费。核算人员在待办工作中查出待计算电费的当前流程，选中后确认计算，系统自动计算并提示转入电费审核流程。

2-3-7 在电力营销业务应用系统内，电量电费计算操作时有哪些注意事项？

在电力营销业务应用系统内，电量电费计算操作的注意事项如下。

（1）因参数或表码错误等原因引起系统无法自动计算出电费的客户，系统将予以提示，操作时需回退到抄表流程中，直到处理正确后，方能重算成功并发送到下一个流程。

（2）系统可以按指定抄表段、抄表人员等多种方式批量计算电费。

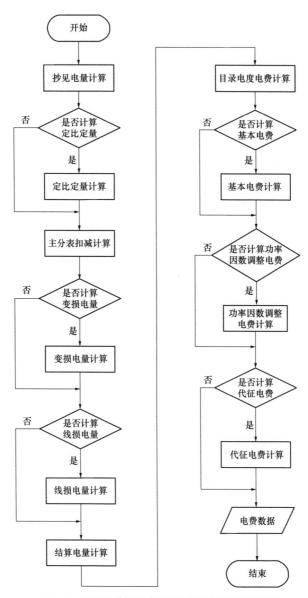

图2-1　SG186营销系统应用中电量电费计算流程图

2-3-8 在电力营销业务应用系统内，电量电费审核操作的内容有哪些？

在电力营销业务应用系统内，电量电费审核操作的内容如下。

（1）核算人员在待办工作中查出待审核的当前流程确认审核。

（2）系统自动分析审核电量电费数据的正确性。

（3）系统根据审核规则、异常处理分类筛选出需人工审核的客户并显示于界面。

（4）核算人员对电量电费计算结果进行校核确认。

2-3-9 对于在电量电费自动审核过程中筛选出的各类异常客户，核算人员如何处理？

对于在电量电费自动审核过程中筛选出的各类异常客户，核算人员必须逐户进行以下处理。

（1）审核确认数据。包括按计量点查询审核客户参与计费的所有计量装置及电价参数的正确性、抄见数据及计量点电量的正确性、电费及各类代征款计算的正确性等。

（2）对计量、计费参数不正确的，选择回退，待重新确认参数及抄表信息后另行发行；对于无法判定正确性、待核实的，选择返回，待确认正确后发行；对于确认正确的，直接发行。

（3）对于需进一步核实的异常客户，根据异常类别提交异常工作单，发送相关部门进行处理。其中抄表环节已经处理的同类异常，不再重新处理。

2-3-10 在电力营销业务应用系统内，如何进行电费发行？

在电力营销业务应用系统内，待确认审核和异常处理完成后，在审核界面发行，系统自动形成应收电费。

2-3-11 什么是政策性退补？

政策性退补是指由于政策性变化（如电价调整）引起的，对已经发行电费的用户所进行的电量电费退补。

2-3-12 在电力营销业务应用系统内，如何进行政策性退补操作？

当电价政策发布日期滞后于电价政策开始执行日期时，该时间段内发行的不符合电费政策的电费需进行退补。

政策性退补电费在系统内的操作方式通常不完全固定，当发生电价政策调整时，首先由系统软件开发及维护人员重新配置政策性退补算法，根据需退补的客户范围确定最简化的操作流程，发布程序及操作说明后由系统自动计算出应退补电量电费，核算人员审核发行，退补方式可以与当月电费合并发行，也可以单独发行。

2-3-13 什么是非政策性退补？

非政策性退补是指计量故障、抄表失误、档案差错等原因造成的，对用户进行的电量电费退补。

2-3-14 非政策性退补在电力营销业务应用系统内有哪些操作流程？

非政策性退补申请可以由电费核算、计量、用电检查等各部门提出，系统内操作流程如下。

（1）相关人员在系统内进入退补电量电费申请界面，确认退补类型、算法、执行的电价参数、退补电量、退补原因说明等信息，系统自动计算出退补电费后确认发送，工作单转入到审核流程。

（2）审核人员对系统计算出的退补电量电费进行审核（对违约、窃电追补电费已通过审批的，直接进行电费发行）。审核不通过的回退调整方案重新申请，审核通过的提请审批。

（3）审批通过后，不需要并入下期电费计算的直接发行电费；并入下期的将在下期电费复核中提示出来，确认后系统将自动累加到下期抄表计算出的电费中，一并发行。

2-3-15 在电力营销业务应用系统内，如何对应收报表进行统计汇总审核？

应收报表统计汇总采用菜单操作方式，进入相应界面后，确认日期、应收类别、抄表段范围等统计范围条件，系统自动统计并提交结果数据。具体操作内容如下。

（1）按抄表段统计正常抄表发行的电费，审核报表的勾稽关系，对检查出的漏发行、错发行电费处理正确并发行后，重新统计正确的应收电费报表。

（2）按电费类型、发行日期统计已发行的各类退补电费应收报表，审核报表的勾稽关系，对错误进行处理并重新统计报表。

（3）根据考核要求，按日、按旬、按处理人员汇总各类应收电费报表，审核汇总报表的正确性，处理差错。

（4）按月汇总基层供电企业的应收电费报表，审核报表正确性，确认是否存在漏统计或待发行电费，清除异常后，汇总确认当月发行的正确的应收电费。

2-3-16 应收报表汇总审核时，有哪些注意事项？

（1）应收日报、应收月报统计中应包括卡表购电客户电量电费数据。

（2）若退补电量电费发行负应收时，系统自动将应退电费转入客户预存中。

（3）当月末所有应收正确汇总完毕后，应对当月应收进行关账处理。关账后，一般不再发行当月电费，若需发行新应收电费时，系统将其计为下月应收。关账后，打印当月应收汇总报表，保管备查。

2-3-17 客户信息统一视图中与电费计算有关的信息有哪些？

客户信息统一视图中与电费计算有关的信息主要有：供电容量、行业分类、供电电压、功率因数考核方式、功率因数标准、是否执行峰谷考核、执行电价、定价策略类型、电量定比、计量方式、综合倍率、示数、变压器首次运行时间、转供标志、变压器损耗及线损分摊标志、划拨信息、分次结算信息等。

2-3-18 变压器损耗计算标准中与电费计算有关的信息有哪些？

在变压器损耗计算标准中与电费计算有关的信息主要有：有功空载损耗、

无功空载损耗、有功负载损耗、无功负载损耗、有功损耗系数、无功损耗系数等。

2-3-19 在电量电费审核时，如果发现功率因数异常，请分析造成功率因数异常的主要原因？

（1）电量原因造成功率因数异常。主要是由于抄表错误、计量装置故障、自动抄表数据错误、拆表冲突造成的数据无法输入等。

（2）参数错误。主要是客户的功率因数标准设置错误、行业分类与执行电价不对应等。

（3）客户自身的原因。主要是客户的用电设备配置不合理、无功补偿或欠补偿、用电情况不正常等。

（4）客户违约用电或窃电等。

（5）客户变更用电时，未按照要求进行特抄等。

2-3-20 在电量电费审核时，如果发现变压器损耗异常，请分析造成变压器损耗异常的主要原因。

（1）变压器损耗计算标志设置错误。如在营销业务应用系统中，将高供低计客户的变压器损耗计算标志设置成高供高计，营销系统就无法计算变压器损耗；或将高供高计客户的变压器损耗计算标志设置成高供低计，营销系统又重复计算了变压器损耗。

（2）变压器损耗分摊标志或分摊协议值设置错误，会导致有变压器损耗分摊的情况发生错误。

（3）变压器的损耗算法设置错误，会导致变压器损耗计算的方法发生错误。

（4）变压器的损耗计算标准错误，会导致变压器损耗数值计算错误。

（5）变压器运行状态不正确。如变压器实际是在运行状态，而由于某种原因在营销系统中的状态为停用，营销系统无法计算变压器损耗。

（6）没有抄见数据（未用电、未抄表等原因），会导致变压器铜损为零。

（7）抄错表计读数、表计故障等原因造成变压器损耗计算异常。

2-3-21 在电量电费审核时，如果发现线损异常，请分析造成线损异常的主要原因。

（1）专线且计量装置未装在产权分界处的客户，线损计算方式、线损计算标志设置错误，导致应该计算线损电量的客户其线损电量为零。

（2）线损分摊标志或分摊协议值设置错误，会导致线损电量分摊的情况发生错误。

（3）对于高供低计的客户，计量方式与线损计算匹配与否是造成线损计算异常的原因。

（4）抄错表计读数、计量装置故障等原因会造成线损计量异常。

2-3-22 在电量电费审核时，如果发现抄见零电量，请分析造成抄见零电量的主要原因。

（1）客户自身未用电。

（2）多功能电能表的各时段未设置好，会造成客户某个时段的电量为零。

（3）抄表质量问题。由于抄表人员抄表不到位、抄错等原因造成抄见电量为零。

（4）计量装置故障等原因造成无法抄录电能表的读数。

（5）变更时应进行特抄的客户未进行特抄。

（6）客户绕越计量装置用电等。

2-3-23 在电量电费审核时，如果发现目录电度电费异常，请分析造成目录电度电费异常的主要原因。

目录电度电费异常的主要原因：执行电价错、抄见电量计算错误、变压器损耗电量计算错误、线损电量计算错误、转供电量计算错误、各种分表电量计算错误、多费率表时段设置错误、抄表人员读数输错等。

2-3-24 在电量电费审核时，如果发现代征电费异常，请分析造成代征电费异常的主要原因。

代征电费异常的主要原因：基金及附加类型和数额错误，主要是一些特殊的客户，其基金和附加与一般客户是有区别的；电量错误。

2-3-25 在电量电费审核时，如果发现功率因数调整电费异常，请分析造成功率因数调整电费异常的主要原因。

功率因数调整电费异常的主要原因：功率因数考核方式设置错误、功率因数标准设置错误、抄表错误、换表后数据输入错误、客户自身的用电状况等原因造成功率因数调整电费异常。

2-3-26 在电量电费审核时，发生电量电费退补的主要原因有哪些？

（1）计量原因：电能表倒走，电能计量装置故障，电能计量装置被盗，电能计量装置停走、失准，电能计量装置接线错误。

（2）抄表差错：电能表读数抄错，拆表客户的拆表读数输错。

（3）计费参数错误：电价执行错误，变压器运行时间错误，电力营销系统中的变压器状态与现场不一致。

（4）违约用电、窃电。

（5）无表临时用电等。

2-3-27 在电量电费审核时，如果发现电量突增突减，请分析造成电量突增突减的主要原因。

造成电量突增的原因主要有客户私自增容、私自转供、擅自改变用电性质、电能表倍率错误、抄表错误、拆表读数输入错误、气候原因、正常增容等。

造成电量突减的原因主要有生产任务减少、客户长时间未用电、客户窃电、气候原因、客户办理减容和暂停业务等。

2-3-28 在电量电费审核时，如果发现总表电量小于分表电量，请分析造成总表电量小于分表电量的主要原因。

总表电量小于分表电量的主要原因：抄表错误、表计故障、接线错误、客户窃电等。

2-3-29 在电量电费审核过程中，对容量错误如何处理？

当客户的容量计算发生错误时，主要影响客户的基本电费、功率因数调整电费。结合实际情况计算需要退补的基本电费、功率因数调整电费，在电力营销业务应用系统中发起电量电费退补流程，经审核、审批后完成电量电费的退补工作。

2-3-30 在电量电费审核过程中，对计量错误如何处理？

计量错误主要影响客户的电度电费、功率因数调整电费。根据不同的计量错误类型，按照《供电营业规则》相关条款的规定，确定需要退补的电量、电度电费、功率因数调整电费，经审核、审批确认后在营销业务应用系统中完成电量电费的退补工作。

2-3-31 在电量电费审核过程中，对电价错误如何处理？

电价错误会影响客户的基本电费、电度电费、功率因数调整电费。针对不同的错误类型，经调查、审批、确认后，更正错误信息，计算需要退补的电费，在营销业务应用系统中，完成电量电费的退补工作，必要的时候可以全减另发。

2-3-32 在电量电费审核过程中，对档案错误、抄表错误等情况如何处理？

对档案信息错误的情况可以经调查、审批、确认后更正信息，并在营销业务应用系统中进行电量电费的退补，并更正档案信息。

对抄表错误的情况，可以在营销业务应用系统中进行工单拆分，按要求进行数据更正的工作。

2-3-33 在SG186电力营销系统应用中，在什么情况下不能进行全减另发？

在SG186电力营销系统应用中，不能进行全减另发的情况如下。

（1）指定用户没有已发行的电费信息，无法全减另发。

（2）指定用户存在在途电费工单，无法全减另发。

（3）该户档案中的电能表示数和发行的数据不同，可能在发行后做过业务工单，不能进行全减另发。

（4）不是正常电费，比如退补，不能进行全减另发。

2-3-34 在SG186电力营销系统应用中，退补电费选择"立即出账"和"合并出账"有什么不同？

由于各种原因，用户的电费出现异常，需要当月给予补偿。那么这时要看该户的电费实际情况是什么，若该户还未做数据准备，那么这时做退补电费时则要选择"合并出账"；若该户已经发行，又想立刻给用户补偿则应该选择"立即出账"；若当前用户已经在计算环节，该退补也要体现在当月电费中，那么还是选择"合并出账"，并且该抄表流程必须退到示数复核环节，进行档案更新，这样这笔退补就能一起加进来了。

2-3-35 核算人员在核对专变新装客户的系统档案时应注意哪些问题？

核算人员在核对专变新装客户的系统档案时应注意系统档案是否与纸质档案一致，如：客户的供电电压等级、有无转供电、用电类别、行业分类、电费结算方式；受电设备的容量、型号、投运时间、主备用性质、变损算法标志、变损编号；定价策略类型、基本电费的计算方式、有无需量核定值、功率因数考核方式、考核标准；执行电价标准、电价行业类别、是否执行分时；计量方式、计量点性质、电量计算方式、定量定比值、线损值、主分表的变线损计费及分摊标志；电能表编号、综合倍率、示数类型、起码信息、互感器编号、电压电流比等。

2-3-36 核算人员对新增客户如何审核？

核算人员对一个新增的客户必须从客户的供电容量、供电电压、行业分类、执行电价、计量方式、功率因数考核方式及功率因数标准、综合倍率以及计算变压器损耗的相关信息、抄见电量的相关信息、客户流程中对应的接电信息、定量定比信息、有无分时等方面进行细致的审核，以杜绝电费出现错误。

2-3-37 核算人员对增容客户如何审核？

对增容客户，需要对增加容量值、用电类别、变压器损耗相关信息、功率因数考核方式及标准、增容时间、有否换表、综合倍率、有无特抄、增容后电量变化、用电性质，有无分时等信息进行审核。

2-3-38 核算人员对减容客户如何审核？

对减容客户，需要对减少容量值、用电类别、变压器损耗相关信息、功率因数考核方式及标准、减容时间、有否换表、有否特抄、减容后电量变化、用电性质等信息进行审核。当客户为大工业用户时，还要审核申请减容后的受电变压器的总容量，若低于两部制的电价执行标准时，从减容后的次月改为单一制电价计费，按减容后的容量重新核定其功率因数考核标准及是否执行分时电价。

2-3-39 核算人员对暂停客户如何审核？

对暂停客户，需要对暂停容量值、变压器损耗相关信息、功率因数调整电费（简称力调电费）、暂停时间、暂停后电量变化、基本电费收取等信息进行审核。

2-3-40 核算人员对暂换客户如何审核？

对暂换客户，需要对暂换容量值、变压器损耗相关信息、力调电费、暂换时间、暂换后电量变化、基本电费收取等信息进行审核。

2-3-41 核算人员对分户客户如何审核？

核算人员审核分户客户时，已分户的两个客户如果受电容量低于315kVA，核对客户电价是否应执行单一制电价；核对已分开两户电价、变压器损耗、力调电费、分时电费、基本电费等是否计算正确。

2-3-42 核算人员对并户客户如何审核？

核算人员审核并户客户时，已并户后的客户如果受电容量高于315kVA，核对客户电价是否应执行两部制电价；核对并户后该户电价、变压器损耗、力调电费、分时电费、基本电费等是否计算正确。

2-3-43 核算人员对改压客户如何审核?

核算人员审核改压客户时核对客户改压后电价变更是否正确;变压器损耗、力调电费、分时电费、基本电费计算是否正确。

2-3-44 核算人员对改类客户如何审核?

核算人员审核改类客户时,核对客户电价变更后是否按新电价计算电费,核对定量定比变更后执行是否正确;功率因数考核标准、线损值、是否执行分时等是否正确。

抄表核算
收费业务知识问答

CHAOBIAO HESUAN
SHOUFEI YEWU ZHISHI WENDA

第三章
电费回收及营销账务

第一节　电费回收

3-1-1 请简述电费回收的主要工作内容。

电费回收的主要工作内容：按电费通知、电费收缴、欠费催收、欠费停复电、欠费司法救济、电费坏账核销顺序开展应收电费的收取、催收、欠费处理工作，保证供电企业主营收入任务的全面完成。

3-1-2 请简述电费回收的基本要求。

根据《国家电网公司营业抄核收工作管理规定》第二十四条，电费回收的基本要求：采取任何方式收取的电费资金应做到日清月结，并编制实收电费日报表、日累计报表、月报表，不得将未收到或预计收到的电费计入电费实收。

3-1-3 什么是坐收？

坐收是指收费人员在设置的收费柜台使用本单位收费系统以现金、POS机刷卡、支票、汇票等结算方式，完成客户电费、违约金或预缴费用的收缴，并出具收费凭证的一种收费方式。

3-1-4 请阐述坐收电费的业务流程。

坐收电费的业务流程如下。

（1）受理缴费申请。根据客户编号查询客户应交电费、违约金等，确认缴费或预收电费。

（2）票据核查及费用收取。收取费用，根据客户交纳资金的不同形式，审验资金，确认资金的有效性。

（3）确认收费并开具收费凭证。根据客户交款性质（结清电费、部分缴费、预付电费），为客户开具电费发票或收据。

（4）日终清点。一天收费终止，统计生成当日各类坐收资金的实收报表，将收款笔数、金额与已开具的电费发票、收据及实际资金进行盘点。

（5）解款。根据不同形式解款的方法将资金进账到指定的电费收入账户。

（6）票据交接。将资金解款的原始凭据以及"日实收电费交接报表"等上交相关人员，票据交接需双方签字确认。

3-1-5 供电企业窗口收费人员在开展坐收电费时，应注意哪些事项？

供电企业窗口收费人员在开展坐收电费时，应注意以下事项。

（1）电费收取应做到日清月结、及时解款、票款相符、按期统计实收报表、财务资金实收与业务账目相符。

（2）不得将未收到或预计收到的电费计入电费实收。

（3）为提高收费效率，可以对客户电费进行调尾处理。调尾的额度可以是角或元，采用取整或舍去尾数的方式。

（4）当允许坐收在途电费时，对于处在走收或代扣等方式在途状态的应收电费，坐收收费人员应主动询问客户是否继续缴费，尽可能避免重复收费，减少客户不满。

（5）因卡纸等原因造成发票未完整打印、需重新补打印时，应注意作废原发票，保证发票不被重复发放。

3-1-6 什么是走收？

走收是指收费员带着打印好的电费发票到客户现场或设置的收费点收取电费的收费方式，收费结束后，核对所收款项，存入银行，并将相关票据及时交接。

3-1-7 请阐述走收电费的业务流程。

（1）确定走收对象，按台区、抄表段等方式准备单据（包括应收清单、收款凭证、电费发票等）。

（2）走收收费人员领取票据，核对应收。检查领取的发票和应收费清单是否相符，对于一户多笔电费的高压客户，检查发票累计是否与实际要求客户缴款的收款凭证相符。

（3）现场收费。对客户交付的现金、支票按不同资金结算方式的清点要求进行审核、清点，确认无误后将发票提交给客户，做到票款两清，不允许多收少收。

（4）银行解款。核对所收各类资金是否与已收费发票的存根联金额一致，应收、未收票据及实收资金是否相符，不一致应查找原因。核对正确后，将资金及时存入指定电费资金账户。解款后，在收费清单上注明所解款电费的解款日期。

（5）票据交接与销账。收费人员在规定时间内返回单位，将已收发票存根、未收发票、资金进账凭据交相关人员审核，确认无误后相关人员在营销系统内登记销账。

（6）日终清点。相关人员统计生成实收报表，再次与应收清单、资金进账凭据、已收费发票存根、未收发票等凭据进行平账，做到应收、实收、未收相符，确认无误后，交接双方应签字确认，出现差错的，配合收费人员及时查找原因并处理。

（7）客户未交电费的发票处理。重新走收时，电费违约金发生变化的，将原发票作废，重新打印发票。没有发生变化的，可以使用原先的发票。

3-1-8 开展走收电费工作时，应注意哪些事项？

（1）电费收取应做到日清月结，并编制实收电费日报表、日累计报表、月报表，不得将未收到或预计收到的电费计入电费实收。

（2）按收费区域固定上门收费，需要调整的应提前通知用户。

（3）开展走收的单位，应事先明确每个走收人员负责的客户范围。走收电费的应收清单和发票打印、实收销账等工作应由专人负责，并与走收人员核对确认，保证对走收工作质量的有效监督。

（4）收取的电费资金应及时全额存入银行账户，不得存放他处，严禁挪用电费资金。

（5）收费员在预定的返回日期内应及时交接现金解款回单、票据进账单、已收费发票存根、未收费发票等凭据，及时进行销账处理。

3-1-9 什么是代扣？

代扣是指将收费方式为银行代扣的未缴电费数据生成代扣文件，传送银行，由银行从客户的账户上进行扣款，扣款之后形成扣款结果文件返回进行销账的收费方式。

3-1-10 什么是对私代扣文件批扣模式？

居民客户与代扣银行签约，指定扣款账户，应收电费产生后，供电企业生成批量扣款文件，向指定银行申请扣款，银行返回扣款结果，供电企业依据扣款结果批量销账，未成功划款的形成欠费。

3-1-11 什么是代扣实时请求模式？

客户与银行签约，委托银行不定期向供电企业查询欠费，发现有未结清电费，则通过代收方式从客户指定账户扣划电费缴纳至供电企业账户中。

3-1-12 什么是对公批扣？

指对公用电客户与供电企业、合作银行协商后，签订三方对公电子批扣收款协议，采取对公电子批扣结算方式交收电费。供电企业生成当月应收电费委托扣款文件，传送给银行办理电子批扣结算业务。银行直接从客户的账户上进行扣款，扣款之后形成扣款结果文件返回进行批量销账。

3-1-13 在 SG186 电力营销系统应用中，对于采用代扣缴费方式的用户，扣款不成功应如何处理？

对于采用代扣缴费方式的用户，扣款不成功的处理如下。

（1）对未扣款成功的电费进行解锁，记录扣款不成功的原因。

（2）因客户账户错误导致扣款不成功时，应核查处理。

（3）因资金不足导致扣款不成功时，通过短信或催费人员及时通知客户。

（4）因代扣银行系统原因造成扣款不成功时，及时与银行技术人员沟通处理。

3-1-14 什么是代收？

代收是指金融机构和非金融机构代为收取电费的一种收费方式。有两种模式：一种是代收机构通过与供电企业的收费系统进行联网收费，实时进行电费销账；另一种是代收机构与供电企业的收费系统不联网收取电费。

3-1-15 请简述供电公司与代收机构开展实时代收电费对账的基本原则。

代收电费对账的原则为：应收以供电企业数据为准，实收以代收机构划转资金为准。若代收机构划转的电费资金与 SG186 营销系统销账金额不符时，以资金为准核实每笔收费明细，供电企业要求代收机构更正明细对账依据，保证销账与到账资金完全相符。若在核对代收机构划转资金与对账明细时，发现明细正确，确实为代收机构多进或少进账资金时，由代收机构查明原因，更正进账资金。

其中，应收指通过代收业务平台查出的用户应缴电费数据，实收指代收机构实际收取并划转给供电企业的电费资金。

3-1-16 什么是电子托收缴费方式？

电子托收是指由供电企业以文件形式发起扣款请求，经银行电子清算系统进行扣款，供电企业根据返回文件进行实收销账及未收处理的一种缴费方式。

3-1-17 在 SG186 电力营销系统应用中，对于采用电子托收缴费方式的用户，委托不成功应如何处理？

（1）对未扣款成功的进行电费解锁，记录扣款不成功的原因。

（2）因客户账户错误导致扣款不成功时，应核查处理。

（3）因资金不足导致扣款不成功时，通过短信或催费人员及时通知客户。

3-1-18 什么是IC卡预缴电费方式？

IC卡预缴电费是安装有IC卡电能计量装置的用电客户，在用电过程中通过IC卡进行电费充值，充值资金作为预缴电费，待电费结算日再对实际使用电量电费进行电费结算的一种收费方式。

3-1-19 什么是负控购电？

负控购电是指客户在营业网点预购电量，供电企业通过电能量采集控制功能传送给电能采集系统，管理控制客户用电的一种缴费方式。

3-1-20 什么是流动服务车收费？

流动服务车收费是指供电企业把流动服务车开进社区，为社区的电力用户提供现场电费收取服务。

3-1-21 什么是自助缴费？有哪几种形式？

自助缴费是指客户通过电话、公共网站、自助终端设备等各种媒介自主缴纳电费的一种缴费方式。

自助缴费的形式主要有以下几类。

（1）自助终端机：客户通过银行、银联、非银行机构、供电公司的自助终端机按照界面提示步骤缴纳电费。

（2）电话银行：客户通过拨打持卡银行的电话，根据语音提示缴纳电费。

（3）网上缴费：客户通过登录持卡银行或银联的网上银行、代收机构网上缴费（微信、支付宝、超市等）、95598智能互动网站，以及掌上电力、电e宝等App，根据提示缴纳电费。

（4）手机短信：客户将移动、联通等手机与银行卡绑定，开通"手机钱包"，同时，银联等代收电费机构的公共支付平台将电力客户编号与银行卡绑定，实现手机短信指令缴纳电费。

（5）电费充值卡：95598智能互动网站，或借助移动、联通、电信充值平台，开通充值业务后，客户购买充值卡，拨打指定充值电话，根据语音流程提示缴纳电费。

（6）固网支付：购买具有刷卡功能的电话，开通固定电话公共支付功能，实现"足不出户，轻松缴费"。

3-1-22 国网公司自有的三种线上缴费平台是什么？

是95598智能互动网站、电e宝、掌上电力三个平台。

3-1-23 试阐述坐收、走收、代扣、代收几类收费方式的利与弊。

（1）坐收方式。成本较高，自然收费的实收率较低，却是知晓度最高且必不可少的一种方式。坐收电费面对的客户群体，通常是时间充裕、周转资金少的低压客户或未办理自动划拨电费的高压客户群体。当一个区域内坐收客户比例较高时，说明该区域内开通的缴费方式不够丰富，应努力创新收费渠道。

（2）走收方式。需逐户上门，效率较低，且缴纳的电费资金多为现金，资金在途风险较大，两类客户采用的走收方式多：

1）农村或偏远地区的低压客户，离营业所远，且周围无代收网点。

2）部分不方便柜面缴费且未开通银行代扣的高压客户，在走收人员上门时，多为现金方式结算电费。

（3）代扣方式。扣款效率高，大大减轻手工收款工作量，服务成本低，并能为银行带来资金沉淀，但要求供电企业在客户的开户银行设立电费资金账户。

（4）代收电费模式。可以使供电企业的营业窗口得到拓展，营业时间从8h发展到了24h，窗口形式从固定柜台发展到自助柜台、电话服务站、网上商户、移动服务终端、空中充值平台等各种形式。

3-1-24 采用电子特约委托方式缴纳电费的委托协议内容有哪些？

采用特约委托方式收取电费的，供电企业、用电客户、银行签订协议，明确三方的权利义务。协议内容包括客户编号、客户名称、托收单位名称和地址，托收银行、账号、托收协议号、收款银行、账号，扣款时间、客户服务条款及违约责任等。采用分次划拨或分次、分期结算方式的，协议内容应增加分次划拨或分期结算次数和时间等内容。

3-1-25 什么是分次划拨电费？

分次划拨电费是指对月用电量较大的电力客户实行每月分次划拨电费，月末抄表后结清当月电费的收费方式。

3-1-26 简述分次划拨的业务处理流程。

分次划拨的业务处理流程如下。

（1）供电企业与客户签订分次划拨协议，在协议中约定每月电费划拨次数，每次缴款的金额、缴款所采用的方式等。在划拨协议中，一般每月划拨次数不少于三次，每次划拨金额计算方式有定额（固定金额）、系数（按上月电量的一定比例）两种方式。

（2）根据分次划拨协议，按日或按月生成分次划拨计划并形成应收，划拨计划包括客户编号、年月、期数、金额、划拨违约金计算日期等。

（3）客户根据分次划拨协议按时缴纳每期的划拨金额，记入到预存电费中，供电企业为客户出具收据。对于逾期未缴的，供电企业采用各种策略开展催费。

（4）记录分次划拨实收信息，在月末抄表电费发行后根据前期缴费情况计算尾款，生成缴费明细清单，请客户补交剩余部分电费，如果有溢收，可以作为预收，在下月分次划拨时扣除本部分预收，或者直接退还给客户。结清电费后，为客户开具全额电费发票。

3-1-27 简述分次划拨的注意事项。

（1）在签订分次划拨电费协议期间，具体划拨期数、额度的确定要与客户充分协商，即期中缴费金额不能太小，不足以控制风险，又不能定得太大，占用客户资金。

（2）供电企业收费人员应注意检查分次划拨情况，对于没有按计划执行的，查明原因及时处理。

（3）月底统计本期分次划拨计划应收及实收，对分次划拨客户数量增减进行分析，保障电量较大客户电费资金的安全回收。

3-1-28 分次划拨用户应在电费结算协议中明确哪些内容？

采用分次划拨的客户应在电费结算协议中明确分次划拨的方式、划拨时间、违约责任，其中每次划拨金额计算方式有定额和系数两种方式。

3-1-29 分次划拨和分次结算有哪些不同之处？

分次划拨和分次结算的不同如下。

（1）在协议方面，分次划拨的协议约定划拨次数、金额、违约处理等；分次结算的协议约定结算周期（周旬）、违约处理等。

（2）在抄表方面，分次划拨是中间不抄表，月末最后一次抄表，分次结算是每次结算都抄表。

（3）在发行方面，分次划拨是月末最后一次统一发行，分次结算是每次抄表都发行。

（4）在票据方面，分次划拨开具收据，月末抄表结算后开具全额发票，分次结算每次发行都开具发票。

（5）在冲抵方面，分次划拨在月末结清时及时冲抵电费，补交剩余电费；分次结算则无。

（6）在溢收方面，分次划拨可作为预收，在下月分次划拨时扣除本部分预收，或退还用户；分次结算则无。

3-1-30 电费资金结算方式有哪些？

电费资金结算方式有：现金缴费、POS 机刷卡、支票支付、银行直接划转、汇票支付、本票支付、内部账单支付、列账单支付等。

3-1-31 常见的银行结算方式有哪几种？

现行的银行结算方式包括银行汇票、商业汇票、银行本票、支票、汇兑、委托收款、异地托收承付结算方式七种。

这七种结算方式根据结算形式的不同，可以划分为票据结算和支付结算两大类；根据结算地点的不同，可以划分为同城结算方式、异地结算方式和通用结算方式三大类。

3-1-32 什么是电费同城结算方式？

同城结算方式是指在同一城市范围内各单位或个人之间的经济往来，通过银行办理款项划转的结算方式，具体有支票结算方式和银行本票结算方式。

3-1-33 什么是电费异地结算方式？

异地结算方式是指不同城镇、不同地区的单位或个人之间的经济往来通过银行办理款项划转的结算方式，具体包括银行汇票结算方式、汇兑结算方式和异地托收承付结算方式。

3-1-34 什么是电费通用结算方式？

通用结算方式是指既适用于同一城市范围内的结算，又适用于不同城镇、不同地区的结算，具体包括商业汇票结算方式和委托收款结算方式，其中商业汇票结算方式又可分为商业承兑汇票结算方式和银行承兑汇票结算方式。

3-1-35 什么是支票？

支票是出票人签发的，委托办理支票存款业务的银行或者其他金融机构在见票时无条件支付确定的金额给收款人或者持票人的票据。支票的基本当事人有三个：出票人、付款人和收款人。支票是在中国最普遍使用的非现金支付工具，用于支取现金和转账。

3-1-36 按支票的功能进行分类，支票可以分为哪几类？

按支票的功能进行分类，支票可以分为现金支票、转账支票、普通支票。

现金支票印有"现金支票"字样，用于提取现金；转账支票上印有"转账支票"字样，用于账户转账；普通支票未印有现金或转账字样，既可以作为现金支票使用，又可以作为转账支票使用。

3-1-37 请简述收到支票后如何审验支票的有效性。

支票验票通常要核对支票的收款人、付款人的全称，开户银行、账号等填写是否准确、规范、无涂改；金额大小写是否一致、正确；出票日期是否在有效期内；印鉴是否完整、清晰；对于背书转让支票，还应审核被背书人是否确为供电企业收款账户收款人，背书是否连续，无"不准转让"字样，支票付款账户与收款账户是否在同一属地等。

3-1-38 什么是背书？

背书是指持票人转让票据权利给他人。票据的特点在于其流通性。票据转让的主要方法是背书，除此之外还有单纯交付。背书转让是持票人的票据行为，只有持票人才能进行票据的背书。背书是转让票据权利的行为，票据一经背书转让，票据上的权利也随之转让给被背书人。

3-1-39 请简述如何办理支票挂失。

（1）出票人将已经签发的、内容齐备的、可以直接支取现金的支票遗失，或出现支票被盗等情况时，应当出具公函或有关证明，填写两联挂失申请书（可以用进账单代替），加盖预留银行的签名式样和印鉴，向开户银行申请挂失止付。银行查明该支票未支付，经收取一定的挂失手续后受理挂失，在挂失人账户中用红笔注明支票号码及挂失的日期。

（2）收款人将收受的可以直接支取现金的支票遗失，或支票被盗等情况时，也应当出具公函或有关证明，填写两联挂失止付申请书，经付款人签章证明后，到收款人开户银行申请挂失止付。其他有关手续同上。

同时，依据《中华人民共和国票据法》，第 15 条第 3 款规定："失票人应当在通知挂失止付后 3 个月内，也可以在票据丧失后，依法向人民法院申请公示催告，或者向人民法院提起诉讼。"即可以背书转让的票据的持票人在票据被盗、遗失或灭失时，须以书面形式向票据支付地（即付款地）的基层人民法院提出公示催告申请。在失票人向人民法院提交的申请书上，应写明票据类别、票面金额、出票人、付款人、背书人等票据主要内容，并说明票据丧失的情形，同时提出有关证据，以证明自己确属丧失的票据的持票人，有权提出申请。

失票人在向付款挂失人止付之前，或失票人在申请公示催告以前，票据已经由付款人善意付款的，失票人不得再提出公示催告的申请，付款银行也不再承担付款的责任。由此给支票权利人造成的损失，应当由失票人自行负责。

按照规定，已经签发的转账支票遗失或被盗等，由于这种支票可以直接持票购买商品，银行不受理挂失，所以，失票人不能向银行申请挂失止付。但可以请求收款人及其开户银行协助防范。如果丧失的支票超过有效期或者挂失之前已经由付款银行支付票款的，由此所造成的一切损失，均应由失票人自行负责。

3-1-40 采用支票方式结算电费的用户，凭什么票据到供电营业窗口确认缴费？收费员在营销系统内收费销账时应录入哪些要素？其中银行票据号码如何填写？

采用支票方式结算电费的用户，凭银行进账回执单到供电营业窗口确认缴费。

收费员在营销系统内收费销账时应录入银行票据号码、票据银行和付款人账号等信息。由于银行方提供的进账回执未经统一规范编码，为方便缴款明细与到账资金的对账，银行票据号码应由各地市公司自行编制编码规则，收费员销账时统一按规则填写并录入到营销系统中。

3-1-41 什么是 POS 机刷卡？

POS 机刷卡是指在收费柜台安装 POS 机，通过客户刷卡消费方式，将应缴电费从客户银行卡账户划转到供电企业制定电费资金账户的一种结算方式。

3-1-42 简述 POS 机收费的注意事项。

（1）每日上班前，检查打印部件并进行 POS 机签到，做好刷卡收费准备，日终 POS 机收费结束时，进行签退。

（2）开展 POS 机收费时，根据合作方规定的验卡常识验卡；确认卡有效后在 POS 机上确认收费金额，要求客户确认金额，输入密码，完成收费；收费成功后，打印出当笔交易的 POS 机凭条，柜面收费员再次确认凭条打印的卡号是否与卡面卡号一致，防止伪卡消费；确认后请客户在存根凭条上签字确认消费金额；收费员将客户在凭条上的签名与缴费的银行卡背书签名核对，核对无误后，交易完成，将客户的银行卡退还给客户。

（3）保存 POS 机存根。按合作方规定，按日装订保管好带有客户签名的 POS 机交易凭条存根联，随时备查。

3-1-43 POS 机刷卡收费时需按照金融行业要求进行验卡，验卡有哪些注意事项？

（1）确认持卡人出示的卡为银联（合作银行）识别的银行卡。

（2）确认卡正面的卡号印制清晰且未被涂改。

（3）确认卡背面的签名清晰且未被涂改，签名条上没有"样卡、作废卡、测试卡"等非正常签名的字样。

（4）确认银行卡无打孔、剪角、毁坏或涂改的痕迹。

（5）如是信用卡，确认银行卡是在有效期内使用。

3-1-44 请简述开展 POS 机收费时用户签收的交易凭条有何作用？如何保管？

在开展 POS 机收费时，用户签收的交易凭条是确认用户同意消费的唯一凭证。当用户对当笔消费提出疑问时，银行凭载有用户签名的交易凭条确认消费事实。因此，确认消费的交易凭条应与电费发票存根一并按日装订保管，随时备查。

3-1-45 当 POS 机刷卡收费交易失败，系统无法打印凭条或发票时，如何确认用户是否成功缴款？

进入银联商务接口程序，选择查流水功能，可显示出发生的所有成功交易，若能查出对应银行卡扣款记录，表示缴款成功；否则，银行卡扣款不成功。

3-1-46 在营销业务应用系统"坐收收费"功能中操作POS机刷卡"多户同付"时，必须注意什么问题？

在营销业务应用系统"坐收收费"功能中操作POS机刷卡"多户同付"时，必须足额缴纳其中所有同付用户的应收电费，否则系统无法确认如何销账，导致形成"银行已达但电力未达账"单边账。

3-1-47 在营销业务应用系统中通过POS机刷卡方式收取电费后，在什么情况下需要在银联交易终端程序中将"系统运行模式"配置为"独立运行模式"？变更模式后进行何种特殊处理？

在营销业务应用系统中通过POS机刷卡方式收取电费失败但刷卡扣款成功时，若系统内无法通过单边账处理流程成功记账，且用户要求取消交易，退还缴纳的电费款时，柜面收费人员可在银联交易终端程序中将"系统运行模式"配置为"独立运行模式"，依据交易流水撤销当笔交易，撤销成功后，恢复原运行模式，开展其他用户收费。

3-1-48 什么是汇票？

汇票是指出票人签发的，委托付款人在见票时或者在指定日期无条件支付确定的金额给收款人或持票人的票据。

3-1-49 汇票是如何分类的？

汇票通常分为银行汇票和商业汇票。

（1）银行汇票是指汇款人将款项交存当地银行，由银行签发给汇款人持往异地办理转账结算或支取现金的票据，多用于付款人异地办理转账结算，其出票人、付款人均为银行。

（2）商业汇票是指由收款人或存款人签发，由承兑人承兑，并于到期日向收款人或被背书人支付款项的一种票据。按其承兑人的不同，商业汇票又分为银行承兑汇票和商业承兑汇票。

1）银行承兑汇票属于银行信用，汇票到期后，即使付款人不能付款，也由银行无条件付款。

2）商业承兑汇票属于企业信用，到期是否付款主要看企业的信用和实力。

3-1-50 什么叫贴现、贴现率？

（1）单位和个人将未到期的票证（包括期票和汇票）向银行申请兑换现金，银行按照市场的利率，扣除从贴现日起到票据到期的利息后，将票面余额用现金支付给持票人，叫贴现。

（2）贴现率是指贴现的利息与票证面值的比值。

3-1-51 什么是本票？

本票是指出票人签发的，承诺自己在见票时无条件支付确定的金额给收款人或者持票人的票据。根据出票人的不同，本票可以分为银行本票和商业本票。

3-1-52 简述收费员在收取本票时的注意事项。

（1）收款人是否确为本单位或本人。

（2）银行本票是否在提示付款期限内。

（3）必须记载的事项是否齐全。

（4）出票人签章是否符合规定，不定额银行本票是否有压数机压印的出票金额，并与大写出票金额一致。

（5）出票金额、出票日期、收款人名称是否更改，更改的其他记载事项是否由原记载人签章证明。

3-1-53 请简述形成列账单支付电费的业务流程。

当客户需要通过物电互抵方式交纳电费时，应与供电企业就抵缴电费金额及相应物资进行协商，达成协议后，形成列账单，并经双方审批确认后，办理物资转移手续，所有手续完成后，供电企业收费员使用具有审批权限的财务部门出具的列账单作为收费依据进行相应电费销账。

3-1-54 常用的电费通知方式有哪些?

常用的电费通知方式有:主动通知、被动通知、委托通知等。

(1)主动通知:供电企业通过各种手段,在电费发行后,主动通知应缴电费信息。如电费通知单上门送达、电费通知书邮寄、电费账单电话或传真通知等。

(2)被动通知:供电企业不主动通知客户,保持抄表日程相对固定,提供电费查询平台,使客户自觉在抄表结算期查询电费后及时交费。

(3)委托通知:电力公司委托第三方,通过其特殊资源,通知客户应缴电费信息。如与移动、联通、电信等通信运营商合作,通过语音、短信平台发布电费通知信息。

3-1-55 电费通知一般包含哪些内容?

(1)当期电量、电价、应交电费信息。

(2)客户交费期限、当前交费方式、当前预存余额等信息。

(3)代扣客户当前欠费原因等。

3-1-56 请简述电费结算合同的主要内容有哪些?

(1)客户名称、用电地址、用电分户账户号、开户银行名称、存款户账号、供电管理部门名称、开户银行名称、存款户账号等。

(2)电费结算方式。

(3)每月转账次数。

(4)付款要求等。

3-1-57 什么是预收结转?

SG186 系统支持部分结转(即当用户的预收小于用户的欠费),用户的预收余额全额(排除冻结金额)冲抵欠费。系统中对于低压用户,电费发行预收会自动冲抵欠费;高压用户的预收需要手动结转。已冻结不能做结转。

3-1-58 当收取有多期欠费用户的电费时，有什么规定？

在收取电费时，首先确保不发生当期欠费，然后按照发生欠费的先后时间排序，先追缴早期的欠费，最大程度防范电费回收风险。

3-1-59 电费现金管理有何要求？

各营业厅或网点设立的收费柜台以及农网走收收取的电费基本上是以现金进行结算的，要求收费人员对收取的现金日清日结，每日收费工作结束后，应将当日收取的现金存入指定的电费专用账户，具体要求如下。

（1）收费员收取的电费现金必须在当日交存指定的电费专用账户，不得私自截留、过夜，不得私存或挪作他用。

（2）备用金每日进行例行盘点，备用金用于找零或者小额退款。

（3）客户电费确定准确，收费无差错。应核对客户编号、户名、应交电费等基本信息，确保客户电费准确；应备足找零现金，现金管理规范，确保收费无差错。

（4）每日收费盘点账目清晰，营销系统销账正确，账、票、表金额一致。

3-1-60 每日收取的电费现金如何进行送存？

日终收费业务结束后，由收费人员清点票币，对收取的现金日清日结，账款核对无误后，填写现金交款单存入指定的电费资金专户。

3-1-61 供电营业所日终收费业务结束后，收费员应完成哪些工作流程？

（1）收费员盘点当日收取的现金，核对无误，填写现金交款单存入指定电费专用资金账户。

（2）收费员在系统内进行解款操作。

（3）收费员应对现金交款单、发票存根、作废发票（收据）进行核对，按要求编制电费实收等各类报表。

（4）收费员将实收电费报表及现金交款单、发票存根等收费凭据转交账务管理人员，履行签收手续。

3-1-62 什么是电费回收率？

电费回收率＝（当期实收电费金额 ÷ 当期应收电费金额）×100%

3-1-63 请分析影响电费回收率的原因有哪些？

（1）企业生产经营困难。部分企业由于自身经营不善，负债躲过或严重亏损，企业资金周转困难，无力缴付电费。

（2）恶意逃避电费。有的企业法治意识和信用观念薄弱，以各种手法逃避电费。

（3）地方行政干预。

（4）政府部门政策性关停。

（5）城市整体规划拆迁所形成的用电后无人缴费，找不到户主的欠费。

（6）不可抗力所形成的欠费。

（7）居民小区由于物业管理不善，内部亏损，形成欠费。

（8）由于抄表和核算过程中的错误造成客户拒交电费，形成欠费。

（9）政府部门电费由于受到政府结算中心资金划拨和银行间支票交换等中间流通环节的延期，制约电费资金及时准确到账。

3-1-64 请结合工作实际，谈谈改进电费回收率的措施有哪些？

（1）严格规范供电企业内部的电费管理工作。加强收费员业务培训教育，提升业务工作水平；合理优化配置营销岗位，制定行之有效的考核制度，增强人员的敬业精神；制定催收电费管理办法和措施。

（2）加大优质服务宣传力度，营造良好电费回收氛围。以客户为中心，树立"客户至上，以客为尊"的观念，与客户建立良好的合作关系，争取客户对电费回收工作的理解和支持。

（3）增强法律意识，运用法律手段化解电费风险。逐步完善供用电合同，以法律的形式规范客户缴纳电费的时间、付款方式等；同时与客户签订电费协议，以书面形式明确客户缴纳电费的违约责任。

（4）加强与政府部门沟通，创建良好的电费回收环境。供电企业在支持地方经济发展、招商引资、改善人民生活方面做出突出的贡献，要积极与政府部门沟通，取得地方政府和主管部门的支持，为供电企业的发展和电费回收创建良好的外部环境。

（5）建立信用管理机制，强化电费风险防范预警机制。建立信用管理机制，可以对客户进行信用评估，根据评估结果对不同的客户采取不同的用电政策，有效消除供电企业电费回收事后控制的弊端，强化电费风险防范预警机制，有效防止拖欠电费现象的发生。

3-1-65 在营销系统内解款后常用的异常处理方式有哪几种？

一般有解款记录维护、收费员解款撤还、解款撤还、坐收冲红、退费和票据退票六种。

3-1-66 什么是解款记录信息维护？

解款记录信息维护是针对解款后发现解款信息有误（如解款银行错选）进行修改。

3-1-67 什么是解款撤还？

指收费员解款解错了需要撤销重新解款，或者发现某户电费收错了需要进行冲正处理，需要先进行解款撤还。

3-1-68 请简述在营销系统内冲正的含义、分类及差异？

冲正是指在收费当日日终解款前，收费员将错收费用在营销系统内进行撤销收费处理的操作。冲正操作分为两类：业务费冲正及电费冲正。电费冲正可批户操作，但必须经过审批流程后才能生效；业务费冲正只能单户操作，但不需经过审批流程直接生效。冲正只能撤消当天的收费记录，且在解款之前；如果当天解款后发现某户电费收费，需要冲正，先进行解款撤还，然后发起冲正。

3-1-69 请作出在 SG186 营销系统应用退费业务处理的流程图？

见图 3-1。

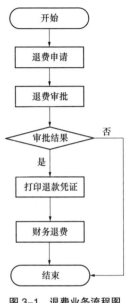

图 3-1 退费业务流程图

3-1-70 在 SG186 营销系统应用中，申请冲正必须满足的条件有哪些？

（1）谁收费谁申请冲正。

（2）系统收费日期为当日。

（3）解款状态为未解款。

（4）电费发票必须收回，并在营销系统中作废。

3-1-71 冲红与冲正区别是什么？

冲正发生在解款前，是收费员对错收费用金额的撤还。只能针对当天的收费记录进行冲正，冲正生效后原收费记录撤消。

冲红是发生在解款后，是把错收金额转成预收，是针对跨天的收费差错处理。

3-1-72 什么是票据退票？

退票是指收取票据交费后，已进行解款、对账等操作，后发现票据未支付而进行的操作。系统提供退票和票据调换处理。

3-1-73 什么是集团户？

集团户是指将多个用电户名相同、缴费方式相同且增值税信息相同的用户在 SG186 系统建立为集团户，集团户应收结清后，通过集团户实收发票打印功能合并出票（一张农网维护费发票、一张增值税销货清单）。集团户关系建立后，坐收收费界面收费不允许打票，通过集团户合并功能出票，如果某个用户一定要单张出票，使用发票补打功能。

3-1-74 启动停（限）电工作流程需要同时满足哪些条件？

（1）SG186营销业务系统中欠费仍处于未结清状态。

（2）欠费自逾期之日起已超过30天或达到供电用电合同约定可实施停电的条件。

（3）已经送达"催交电费通知单"。

3-1-75 停（限）电通知书的送达方式有哪些？

停（限）电通知书的送达方式有：直接送达、留置送达、公证送达。

（1）直接送达：将停（限）电通知书直接送交给客户的方式。

（2）留置送达：客户拒绝签收停（限）电通知书时，把所送达的停（限）电通知书留放在客户处的送达方式。

（3）公证送达：当客户拒绝签收停（限）电通知书时，由公证机构证明供电部门将停（限）电通知书送达于客户的一种送达方式。

3-1-76 采取直接送达停（限）电通知书时，有哪些注意事项？

停（限）电通知书如果不是客户本人签收，应当注意的是其他人员签收不能等同于客户签收，其中可能涉及举证责任，因此必须对签收人的身份和在停（限）电通知书的签名进行审核。

在审核时要注意两个方面：

（1）签名人的身份。如果是居民客户，签收人应当是与客户同住的成年家属；如果是法人或其他组织，签收人应当是该法人、组织负责收件的人。

（2）通知书上所签的姓名应与本人身份证姓名相符。

3-1-77 采取留置送达停（限）电通知书时，有哪些注意事项？

采取留置送达停（限）电通知书时，必须要有见证人。供电部门应邀请第三方，如当地派出所、司法部门、社区、居（村）委会等部门人员，对停（限）电通知书进行留置送达见证，并请见证人在留置送达见证人处签字。

3-1-78 引起停电或限电的原因消除后，供电企业应在多长时间内恢复供电？

根据《供电营业规则》第六十九条规定：引起停电或限电的原因消除后，供电企业应在三日内恢复供电。不能在三日内恢复供电的，供电企业应向用户说明原因。

3-1-79 重要客户、高危企业停（限）电注意事项及危险点控制有哪些？

（1）对需要采用停（限）电的欠费客户首先要制订停（限）电计划，并按分级审批的原则报相关部门审批；将需要由生产部门、用电检查、负荷管理系统实施停电的客户清单发送给本单位生产系统、用电检查、电能量采集系统。

（2）停（限）电通知书在送达客户时要履行签收手续，客户拒绝签收的应采用公证送达等措施，防范法律风险；在实施停（限）电操作前再次通知客户时要做好电话录音，记录通知信息，包括通知人、通知时间、接受通知人员、通知方式等。

（3）停电前检查现场。现场检查人员向相关职能部门人员发出是否能够实施停电操作的通知。现场不具备停（限）电条件的要暂时终止停电操作。防范停（限）电造成人身伤亡和环境污染等安全事故的风险。

（4）停电前应确认客户是否已缴清电费，已缴清电费的应及时终止停电。防范擅自停电行为和停电可能出现的不良后果。停电客户缴清电费后，要按规定及时复电。

（5）对停电客户仍未缴清电费申请恢复送电的，经审批同意后复电。

3-1-80 请根据你工作中的实际情况，谈谈按期回收电费的作用？

电力企业如不能及时、足额地回收电费，将导致供电企业流动资金周转缓慢或停滞，使发电企业生产受阻而影响安全发、供电的正常进行。因此，按期回收电费作用重大。

（1）可保证电力企业的上缴资金和利润，保证国家的财政收入。因电力企业是国家的重要企业之一，企业应按规定向国家缴纳税金和利润。如果电力企业不能按期回收电费则无法向国家按期缴纳税金和利润，这就必然影响国家的财政收入，影响国家的国民经济发展所需要的资金。

（2）可维持电力企业再生产及补偿生产资料耗费等开支所需的资金，促进电力企业更好地完成发、供电任务，满足国民经济发展和人民生活的需要。同时，也可为电力企业扩大再生产提供必要的建设资金。

（3）按期回收电费是维护国家利益、维护电力企业和客户利益的需要。欠交的电费如不按期收回，有可能形成呆账。欠交电费不仅减少电力企业生产资金，使电力企业经营活力降低，给电力企业和各行各业的生产带来不应有的损失；还会导致能源浪费，甚至给挪用和贪污电费者以可乘之机。

3-1-81 供电企业窗口收费人员发现假人民币如何处理？

（1）供电企业窗口收费人员在收付现金时发现假币，应立即送交附近的银行。

（2）发现可疑币不能断定其真假时，发现单位不得随意加盖假币戳记和没收，应向持币人说明情况，开具临时收据，连同可疑币及时报送中国人民银行当地分支鉴定。经人民银行鉴定确属假币时，按发现假币后的处理方法处理，如果确定不是假币，应及时将钞票退还持币人。

3-1-82 请简述在缴费方式管理功能界面中"历史缴费协议信息"选项的作用？

在缴费方式管理功能界面中点击"历史缴费协议信息"，系统将弹出缴费协议变更查询界面，显示出历次缴费协议变更的账户信息、生效日期、终止日期及备注，其中备注信息详细记录了变更操作人、操作日期及渠道，该功能可使操作人员清晰地了解用户缴费协议的变更情况。

3-1-83 请作出在 SG186 营销系统应用中负控购电的流程图？

见图 3-2。

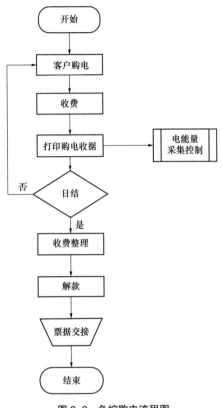

图 3-2 负控购电流程图

3-1-84 请作出在 SG186 营销系统应用中欠费停、复电管理的流程图。

见图 3-3。

3-1-85 请作出在 SG186 营销系统应用中催费的流程图。

见图 3-4。

3-1-86 请作出在 SG186 营销系统应用中欠费管理的流程图。

见图 3-5。

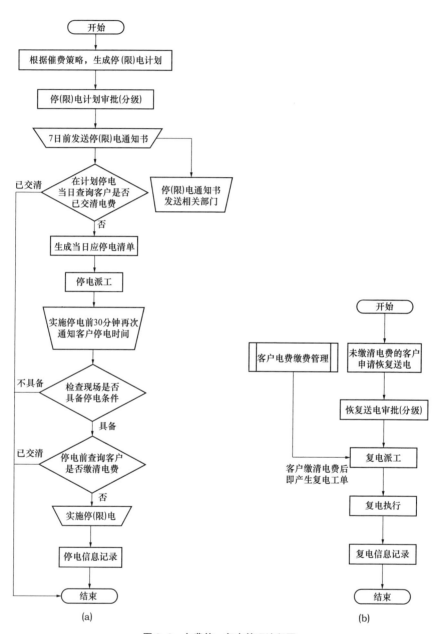

图 3-3 欠费停、复电管理流程图

（a）欠费停电管理流程；（b）复电管理流程

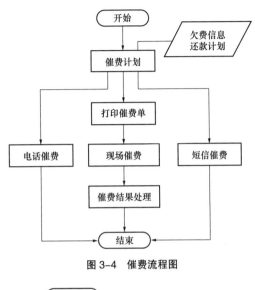

图 3-4　催费流程图

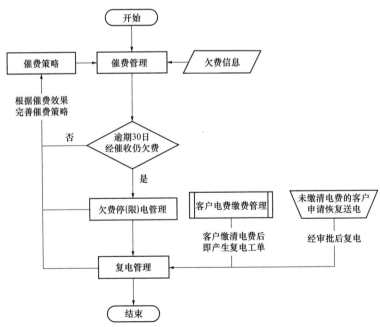

图 3-5　欠费管理流程图

3-1-87 请作出在 SG186 营销系统应用中业务费坐收的流程图。

见图 3-6。

3-1-88 请作出在 SG186 营销系统应用中卡表购电的流程图。

见图 3-7。

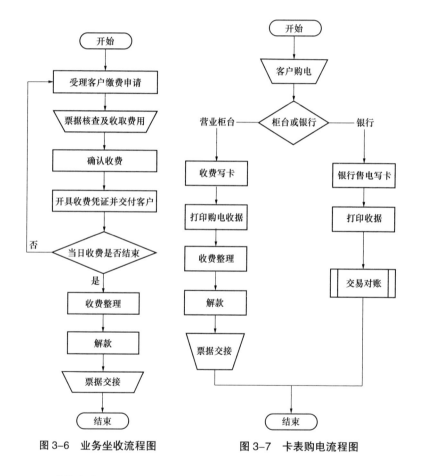

图 3-6 业务坐收流程图

图 3-7 卡表购电流程图

3-1-89 请作出在 SG186 营销系统应用中充值卡缴费的流程图。

见图 3-8。

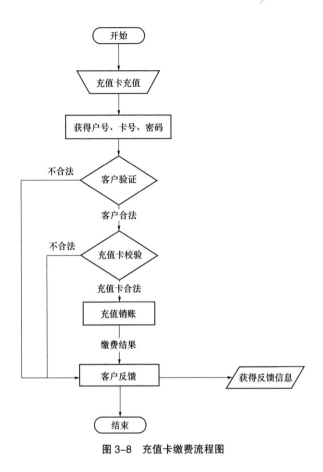

图 3-8　充值卡缴费流程图

3-1-90　请作出在 SG186 营销系统应用中走收的流程图。

见图 3-9。

3-1-91　请作出在 SG186 营销系统应用中代扣的流程图。

见图 3-10。

3-1-92　请作出在 SG186 营销系统应用中代收的流程图。

见图 3-11。

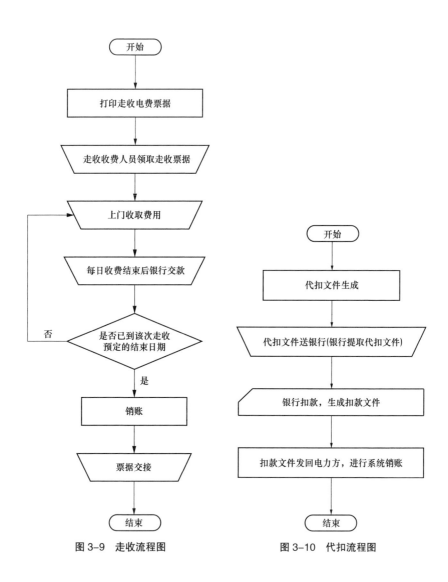

图 3-9　走收流程图　　　　　　图 3-10　代扣流程图

3-1-93 请作出在 SG186 营销系统应用中坐收的流程图。

见图 3-12。

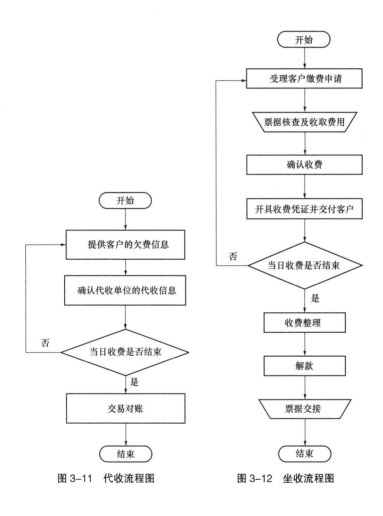

图 3-11　代收流程图　　图 3-12　坐收流程图

第二节 智能交费

3-2-1 什么是智能交费?

智能交费是整合"互联网+"、智能电能表等技术手段打造的智慧用电新模式,具有电量随时查询,交费渠道多样、余额及时提醒、复电快速可靠、办电足不出户等多项特色服务。用户可以先预存一定额度的电费后再用电,当预存的电费可用余额不足时,电费预警自动下达,系统会及时发送电费余额即将不足或已不足的预警短信提醒用户及时充值,方便用户随时掌握用电情况,及时调整用电习惯。

3-2-2 如何开通智能交费?

开通智能交费的途径如下。

(1)可以通过支付宝生活交费中的"智能交费"活动开通。

开通路径一:支付宝→生活交费→电费→新增交费账户。

开通路径二:支付宝→生活号→输入搜索"国网××电力公司"→智能交费→新增户号→输入户号。

(2)下载国家电网公司电e宝并注册开通。

开通路径:电e宝→智能交费→开通智能交费→输入户号。

(3)联系辖区客户经理上门指导,为用户办理开通。

(4)用户可携带户主身份证到管辖区域供电营业厅办理申请开通。

3-2-3 开通智能交费后,如何充值?

用户签订智能交费协议时,通过设置自动充值金额,享受余额不足自动充值的服务。

(1)开通自动充值的情况下:电力公司根据协议约定的自动充值金额从支付宝余额或银行卡中扣款。

(2)未开通自动充值的情况下:用户可通过支付宝、电e宝、掌上电力、国网商城、微信等多种电子渠道交费,足不出户查询用电情况及预存电费,及时掌握用电情况，随时调整用电习惯。

3-2-4 智能交费用户原先采用银行代扣缴电费，现开通支付宝代扣后，会不会重复扣款？

用户开通智能交费业务时，如选择了"支付宝代扣"，预存金额优先从支付宝账户自动扣款；不勾选"支付宝代扣"，将保持原有交费方式，支付宝或银行会自动按照预存金额转存到用户的电费户号里。

扣费规则是：优先抵扣用户的预存电费，如预存金额不足抵扣本月实时测算电费，系统将自动发起到银行代扣或支付宝代扣，不会重复扣款。

3-2-5 如何合理设置充值金额或预存电费？

用户应合理设置充值金额或预存金额，建议以年度最高月份电费为宜，也可以略高于上年同月份电费。

3-2-6 已交清电费，开通智能交费后为何还提示用户欠费？

原先电费按照抄表例日每月计算一次，办理了智能交费后升级为"日测算"，即每天根据智能电能表远程自动采集电量计算一次日电费，用户"交清"的电费实际是上月已出账的电费，而显示的"欠费"是本月抄表周期开始日到查询当天凌晨的未出账电费。用户及时预存，有足够余额，就不会收到欠费通知。

3-2-7 什么叫费控？

费控是费用控制，要求用户预付费，即先交费后用电。通过测算用户电费信息，对用户进行预警、停电、复电的控制。

3-2-8 什么叫远程费控？

远程费控就是在服务器上进行费用测算，测算用户自上次抄表算费后所用电费，与用户的账户余额进行比较，得到控制的策略。

测算仅用来对用户进行控制，不形成应收，应收仍以每月的抄表结算为准。

控制途径是费控系统将控制（预警，停电，复电）请求发送到用电信息采集系统，通过用电信息采集系统下发到终端电能表，用电信息采集系统将结果反馈给费控系统。

3-2-9 怎样才能成为远程费控用户？

（1）用户已安装远程费控智能电能表且已具备采集条件或者未安装远程费控智能电能表但已安装负控开关装置的，可通过费控策略调整直接调整成远程费控用户，流程操作："费控管理→费控策略管理→功能→用户费控策略调整申请"。

（2）如果用户新装，在低压居民新装、非居民新装、批量新装三个流程中，也可通过业务申请环节，在费控申请信息中填写费控相关信息。由于业扩流程的填写费控信息不是主要费控注册渠道，校验条件较少，所以业扩变更流程都未开放费控注册功能。

以上两个流程归档以后，用户即可应用远程费控。

另外可以通过"费控管理→费控策略管理→费控签约→费控注册信息查询，进行费控信息查询"。

3-2-10 哪些用户不适合成为远程费控用户？

（1）共用变压器且共同分摊线损用户。

（2）小电量用户。

（3）账务关联户（关联户为代扣充值的除外）。

3-2-11 什么是测算电费？

测算电费即费控系统将用电信息采集系统发送的当天抄表止码与上月电费结算时的抄表止码进行比较，止码差值结合用户执行电价计算得出的电费即为用户的测算电费。

3-2-12 什么是可用余额？

用户可用余额＝用户预收金额－用户欠费金额－用户测算电费

3-2-13 什么是费控策略?

费控策略是对用户实施的一整套电费控制参数,包括预警值设定、透支额度设定、用户电费代扣额度设定、预警通知方式、停电通知方式、停送电条件、停送电方式。通过对用户设置执行费控策略,实现对用户的电费控制管理。

3-2-14 远程费控用户透支额度是如何设定的?

透支额度即允许用户欠费的金额。对低压用户执行的透支额度一般设置为"0",即不允许用电用户出现欠费,一旦用电用户可用余额低于 0 元,系统将会对用户执行停电操作。

3-2-15 远程费控用户预警值是如何设定的?

预警值即对用户做出可用余额不足提醒的阈值,当用户可用余额低于预警值时,系统会触发预警机制,对用户发送预警提醒短信告知用户可用余额不足。远程费控用户预警值通常参考用户月平均电费,建议用户按照 3 ~ 5 天电费设置预警值,为用户预留足够的交费时间;预警值也可设置为"0"。

3-2-16 远程费控用户电费代扣额度是如何设定的?

对于有银行代扣电费需求的用电用户,会在签订费控协议时与用户协商确定对应的电费代扣额度。一般会向用户推荐电费代扣额度不少于月平均电费且取整。

3-2-17 短信提醒策略是什么? 如何为用户设置短信提醒?

短信提醒策略是为了对已实施电费预警的用户提供停电前短信提醒的服务功能。设定了短信提醒策略的用户将会在可用余额低于提醒阈值时收到余额不足的提醒短信。

对于有需要短信提醒的用户,当用户提出申请需求时,工作人员可在费控系统提醒策略管理功能模块内对用户设置短信提醒策略。

3-2-18 用户停电条件是什么？

当在用户成功执行预警策略且用户状态由"正常"变为"预警"的前提下，用户可用余额小于 0 元时，系统将会对用户实施停电操作。如果用户可用余额小于 0 元，但未成功执行预警策略，则系统不会对用户执行停电操作。

3-2-19 用户送电条件是什么？

当用户状态处于"停电"时，用户通过缴纳电费，使得可用余额大于 0 元时，系统将会对用户实施送电操作。

3-2-20 系统通常给用户发送的各类短信有哪些？

费控系统向用户发送短信类型及内容见表 3-1。

表 3-1 短信类型及内容

短信文本内容	短信策略	发送时间
尊敬的 ××，您的电费可用余额已于 ×× 月 ×× 日低于 ×× 元，根据协议将从 ×× 银行进行代扣，代扣户号 ×× 代扣电费 ×× 元，请您确保银行账户余额充足	预收代扣预警	执行前
尊敬的 ××，户号 ×× 已于 ×× 月 ×× 日通过银行代扣方式成功充值电费 ×× 元，最新可用余额为 ×× 元	预收代扣预警	成功通知
尊敬的 ××，户号 ××，您已透支电费 ×× 元，系统即将于〔延时时间〕后自动停电。为了您的正常用电，请尽快充值	执行停电	执行前
尊敬的 ××，户号 ××，当前电费可用余额为 ×× 元，符合复电条件，请长按电能表复位键三秒以上恢复用电	复电	复电后
尊敬的 ××，户号 ××，截止到 ×× 月 ×× 日，您的电费余额为 ×× 元，建议尽快充值	催缴预警	执行前
尊敬的 ××，户号 ××，截止到 ×× 月 ×× 日，您的电费余额为 ×× 元，建议尽快充值	余额提醒	执行前
尊敬的 ××，户号 ×× 于 ×× 月 ×× 日通过银行代扣充值电费失败，请及时通过其他方式充值，以免影响您的正常用电	预收代扣预警	失败通知

3-2-21 台区实现全费控工作的条件是什么？

台区要实现全费控，首先要实现集抄全覆盖，智能电能表具有费控功能，低压用户日均采集成功率达标，台区用户标识完善，有便捷的交费渠道。

3-2-22 费控推广前需对台区低压用户哪些方面进行清理？

费控推广前需对台区低压用户进行清理的方面如下。

（1）对台区低压用户各类标识进行清理和完善。

（2）对台区表箱进行普查，查看表箱的复电按钮处是否有复电孔，若无则需要打孔或是更换。

（3）对非全载波智能电能表必须进行更换，对未安装载波模块的载波智能电能表加装载波模块，保持通道畅通。

（4）查看智能电能表是否处于私钥状态，若处于公钥状态则需逐表提前下发密钥。

（5）对用户的表计接线进行检查，防止串户和接线错误。

（6）新装和轮换智能电能表用户必须接入用电信息采集系统。

3-2-23 费控开展过程中现场需要张贴哪些必要标识？

为了便于供电公司开展日常维护，方便用户自主管理，现场需要张贴以下几类标识：户名户号标识、复电按钮提示标识、安全警示标识、台区名称信息、客户经理和网格服务员姓名及联系电话、智能电能表自助复电方法标识。

3-2-24 集抄台区改造工艺标准是什么？

集抄台区改造工艺标准：台区集抄改造一律使用分线端子盒分接、单表位表箱组合拼装、管进板出封线。改造台区现场使用统一的网格化服务牌，粘贴统一的自助送电标识等。对于历年改造台区，不符合标准的进行二次改进。

3-2-25 电能表进出线接反如何发现？

针对电能表进出线接反问题，可采取系统－现场结合的办法进行处理。用电信息采集系统抄回的用户表码进行筛选，长期零度、长期不走字的电能表需安排人员现场排查核实，认真核对现场电能表是否存在反向有功电量示数。如要进一步核实，可采用相关仪器进行检测。

3-2-26 现场影响费控的电能表缺陷有哪些？如何处理？

影响费控功能正常应用的电能表缺陷及处理方法如下。

（1）表计未处于私钥状态：2009 年版标准智能电能表采取掌机现场下装密钥、2013 年版标准智能电能表采取更换电能表。

（2）表计电池欠压：更换电能表。

（3）表计时钟偏移：如果是电池欠压原因导致则更换电能表，如果电池功能正常则主站对时。

（4）电能表继电器断开后不能闭合：此类表计存在质量缺陷，更换电能表。

（5）表计内置表号与外置表号不一致：可能表计出厂时铭牌贴错或者表号设置错误，需对该批次电能表进行清理，确定正确表号，修改系统档案，保证现场系统表号一致。

（6）电能表通信地址与表号不一致：可能是表计厂家对省公司发放的条码规则理解错误导致表号与电力营销业务应用系统不一致。为了保证电能表采集抄通，由厂家人员现场对电能表通信地址进行修改，但是表号无法进行修改导致不一致，此类问题需将问题范围进行清理，收集出厂编号为 14 位且前两位不为 0 的智能电能表明细提交需求单，审批后统一将系统档案前两位修改为 0，其他情况的铭牌与系统档案、内置参数与铭牌等出厂编号不一致错误一律换表。

3-2-27 智能费控能给用户带来什么好处？

（1）智能电能表数据抄录全部为电脑自动化采集和系统导入，抄表数据更加透明、准确、可靠。

（2）用户可以足不出户，利用电脑和手机等上网工具方便快捷地完成电费查询与支付，无需去营业厅。

（3）专为用户开发的掌上电力为用户提供了更加详细的电量电费信息和准确的停电告知信息。

（4）完善的免费短信提醒功能，可以让用户随时随地掌握各阶段的用电量，电费异常可以及时发现及时处理。

3-2-28 成为费控用户要满足哪些条件？

（1）用户必须为电力公司的电力用户，提供户名户号信息。

（2）用户必须提供真实有效的手机号码，便于接收短信。

（3）用户使用的电能表必须为满足费控功能要求的智能电能表。

（4）工作人员确认用户的信息合格后，供用电双方签订供用电补充协议，此用户将正式成为费控用户，享受智能用电相关服务。

3-2-29 用户反映欠费停电了，供电人员如何处理？

首先查询用户是否为费控用户，如果是费控用户，则查询实时可用余额后告知用户需要交纳电费的金额。

如果用户不是费控用户，则查询用户欠费情况，告知用户因为欠费停电，需要结清欠费后复电。

3-2-30 可以选择哪些方式交纳电费？

（1）办理银行代扣交费，银行自动终端交费。以上到账一般会延时一到两天，遇节假日顺延。

（2）网络交费。如支付宝、电 e 宝、掌上电力、95598 智能互动网站、网上银行、手机银行，以上方式为实时到账。

（3）柜台交费。如各辖区供电营业厅、中百、武商、邮储等柜台交费，以上方式为实时到账。

3-2-31 电力营销业务应用系统发现当日费控用户大量未成功测算，原因有哪些？

首先，需要清楚测算流程。测算流程是用电信息采集系统将当日采集回的电能表表码推送到电力营销业务应用系统，电力营销业务应用系统再根据用电信息采集系统推送的表码进行电费计算，从而得到电费金额，然后根据预收电费测算出可用余额，再根据设定的费控策略形成相应的预警、停电、送电的测算结果。

其次，当发现电力营销业务应用系统中大量用户未成功测算时应该根据流程进行排查。通常可能有以下原因。

（1）用电信息采集系统未抄回表码。

（2）用电信息采集系统抄回表码后未成功推送到电力营销业务应用系统。

3-2-32 电力营销业务应用系统费控指令执行结果是如何记录的？

电力营销业务应用系统费控指令首先被发送到用电信息采集系统，用电信息采集系统按照营销发送过来的指令进行执行，指令执行结果将反馈到电力营销业务应用系统。指令反馈电力营销业务应用系统后，用电信息采集系统会对电能表通断电状态进行巡测，巡测后将现场实际结果直接更新到电力营销业务应用系统。

3-2-33 当用户存在冻结状态的预收电费时，测算余额与预收总余额不一致如何处理？

部分用户预收电费中存在冻结状态的预收电费，此部分冻结预收电费是不参与可用余额测算的，这就会导致用户预收总电费与测算余额对应不上，对于此种情况需要解除预收冻结，实现用户预收电费滚动结算。

3-2-34 为什么执行停电的用户不建议将电费存入银行卡或存折？

用户执行停电后，只有当电力营销业务应用系统内的可用余额大于 0 元时，电力营销业务应用系统才会发起送电指令，而银行卡或存折批扣不是实时到账的，有一个处理周期（通常超过 24h），这样就会导致用户存入电费还是未能送电，此时应该引导用户采用柜台交费、支付宝交费等实时到账的方式进行交费。

3-2-35 费控应急预案有了哪些作用？

应急预案根据紧急情况进行分类，按费控系统异常、通信通道中断、内部网络瘫痪、现场复电以及特殊欠费用户紧急复电五大类制定应急预案，明确职责，精确到人，公布关键人员联系方式，确保了风险得到有效管控。

3-2-36 对台区低压用户为报账制的单位能否实现费控？

由于报账制单位及集团用户均采用以发票实物为报账凭证，然后以拨付报账资金的方式付清电费，此类用户不宜加入费控用户进行管理。

3-2-37 用户断电以后已经交费还没有来电的原因是什么？

用户交费后没有来电的原因如下。

（1）用户交费金额不足，可以通过查询实时可用余额是否为正数，如果不是正数则表示交费金额不足。

（2）用户刚交完电费时间很短，系统还没生成复电指令，可以通过用户交费时间和费控策略执行情况进行分析，如果无复电策略且交费时间很短，可告知用户耐心等待。

3-2-38 有用户反映费控电能表交费方式变更，没有接到通知，但部分用户收到了信息，用户之间存在的差异是什么原因造成的？

有的通信公司对所属用户设置了垃圾短信屏蔽功能，供电公司向用户发送的费控相关短信可能会被自动拦截屏蔽，导致用户无法接收短信信息。

3-2-39 使用远程费控以后，营业所人员需要做哪些常规工作？

营业所人员需要做的常规工作如下。

（1）需要在上班时间经常性地查看本单位异常的用户，查看各类指令异常的情况，及时进行指令重新下发。

（2）查看未测算用户。未测算用户是用电信息采集系统数据未上传，或者用电信息采集系统档案与电力营销业务应用系统档案不一致导致未测算的用户，需要核实是否漏抄，或者检查用电信息采集系统与电力营销业务应用系统档案是否一致。

（3）对"费控管理"→"异常管理"→"功能"→"异常复核"中多次存在指令失败的用户，提交采集运维人员进行核实，分析是什么原因导致指令总失败。

（4）在"费控管理"→"综合查询"→"功能"→"费控执行信息查询"中及时查看执行中的复电指令，避免采集反馈不及时，导致后续应用复电指令错误。

（5）在"费控管理"→"综合查询"→"策略应用查询"→"某日即将停电用户明细"中查看某日即将停电户数，根据数量做好服务准备。

3-2-40 代扣充值用户在哪里可以查看代扣充值情况？

费控代扣充值用户，和电力营销业务应用系统账务代扣业务一样，每天晚上跟随账务代扣定时进行代扣文本的生成发送，待银行返回扣款结果，电力营销业务应用系统读取代扣文本后，就可知道该户代扣是否成功或失败。

在代扣文本未生成前，可在"功能费控管理"→"综合查询"→"功能"→"费控策略执行信息查询"中查看该户的策略执行状态，若是未执行状态，则代扣文本还未生成；若是执行中状态，则代扣文本已生成，此时在"电费收缴及营销账务管理"→"用户交费管理"→"代扣托收"→"代扣文件生成发送"→"文件生成发送查询"界面去查询文本状态，就可知道代扣的进展。

某一户的代扣充值情况，可以在"电费收缴及营销账务管理"→"辅助管理"→"功能"→"收费综合查询"中的"代扣充值信息"中查询。

3-2-41 预警或停电后用户交费了，用户实际可用余额怎么没有变化？是不是没有产生取消预警或者复电策略？

用户交费后，会触发基准比对，比对满足取消预警或复电条件的，会产生取消预警或复电策略。用户交费后，是否产生了取消预警或复电策略，在"费控管理"→"综合查询"→"功能"→"费控策略执行信息查询"中输入用户编号并选择指令类型，便可知是否产生取消预警或复电策略。如果看到余额没有变化，是因为正在进行基准比对，稍等再查看，即可看到最新余额。

3-2-42 今天测算的电量电费比昨天的小，实时可用余额比昨天的大，这是什么原因？

测算的电量电费，今天比昨天的小，实时可用余额比昨天的大，是因为电力营销业务应用系统在例日当天抄表算费比费控测算时间早，且用户交费了，则例日当天费控测算的电量电费就比前一天的小，实时可用余额就比昨天的大。因为费控算的是一个新的周期的电量电费。

3-2-43 国网费控策略调整注意事项有哪些？

（1）用户在进行国网费控策略调整的时候需要注意代扣值这个选项，虽然不是标＊号必填的，但是在预警方式选择代扣充值的时候，代扣值是必须要填入的。填入的代扣值如果小于月均电费，保存时会弹出提示框，点"确定"，则不保存策略方案信息，需要重新修改策略方案信息。如果点"取消"则保存策略方案信息，也就是即使代扣值小于月均电费，也保存了。

（2）另外需要注意的是可停电计量点，可停电计量点功能需要点击进去设置。

（3）低压用户的复电方式，请不要选择"安全复电"，而要选择"自动复电"，这样交费后系统将自动发送复电指令到用电信息采集系统执行。

（4）费控策略调整申请，是否协议电价，选择"否"，即按照用户当前档案电价计算电费。选择"是"，则协议电价信息需要填写正确。默认协议电价为"否"，按照档案电价计算。

3-2-44 应用费控以后，柜台收费人员收费有什么注意事项？

收费人员在收费时，如果柜台收费界面上输入用户编号后，显示的用户电费信息包含测算电量、测算电费和测算余额，则表示用户是费控用户。收费时，提醒用户的交费金额要大于或等于测算余额。用户交费后，除了结清应收和欠费外，其余都记入用户的预收账户中。

3-2-45 为什么有的用户交费后，感觉复电比较慢，复电的过程是怎么样的？

费控用户实时交费后电力营销业务应用系统余额将会变动，之后电力营销业务应用系统通过接口请求费控系统进行基准比对。费控系统比对完成形成策略通过接口反馈费控系统（如停电用户满足复电条件，形成复电策略）。

用户状态是已停电，或者停电未知，用户可用余额已经大于 0，则满足复电条件。具体流程如下。

（1）费控系统解析策略产生复电策略和复电指令，通过接口发送到用电信息采集系统请求复电。

（2）用电信息采集系统下发到终端，终端再发到电能表。终端反馈用电信息采集系统执行结果。

（3）如果此时终端执行成功，则用电信息采集系统立即通过接口反馈结果给费控系统，费控系统更新用户状态为成功，复电执行成功。

如果此时终端执行失败，则过一段时间用电信息采集系统将再次发到终端去执行，如此循环执行三次。如果三次都是失败，则用电信息采集系统通过接口反馈电力营销业务应用系统表示指令执行失败。如果用电信息采集系统执行成功，则电力营销业务应用系统查询为成功。由于循环次数不定，所以复电时间长短不定。

3-2-46 代扣充值和普通代扣有什么区别？

代扣充值和普通代扣都是通过文本传递的方式先在电力营销业务应用系统生成代扣文本，发送到银行，银行再返回销账文本，在收费系统进行销账，这两种方式的用户生成在同一个代扣文本里。

普通代扣是需要对用户每月进行抄表结算，发行电费以后再把电费以文本的形式发到银行进行代扣，扣的是电费金额。

代扣充值是费控用户的一种代扣方式，先和用户确定一个代扣协议值，比如代扣充值协议值是 50 元，那么对用户每天测算电费，当可用余额低于预警值时，就以 50 元的金额发送文本到银行进行扣款，扣除的金额返回来销账以后进入用户的预收电费里。

那么每天测算电费以后，测算余额不足的费控用户就会生成代扣文本，而不是等每个月发行电费以后再生成代扣文本。

3-2-47 用户查询可用余额和测算电费的途径有哪些？

（1）通过拨打 95598 热线电话查询。

（2）通过营业厅的自助终端查询。

（3）通过营业厅柜台查询，柜台人员在"收费综合查询"中进行查询。

（4）通过支付宝"服务窗"→"充值交费"→"余额查询"查询。"服务窗"→"我的用电"→"每日用电"提供了远程费控用户的每日用电查询。

（5）通过代收机构（银行和非银行）可以查询。

（6）通过微信可以查询。

（7）通过掌上电力和电 e 宝可以查询。

3-2-48 用户现场未停电，系统内需复电是什么原因？如何处理？

在费控系统内，用户状态是停电或停电未知，即使现场是未停电状态，费控系统也是会有复电策略产生的。原因很多，可能是费控系统外做了复电，状态未同步到费控；或者停电未成功用户交费后也需要复电。

处理方法如下。

（1）让用户交费触发或者测算触发，触发复电策略产生和执行。如复电指令执行成功，用户就会变成正常状态，与现场状态保持一致，后续不会产生新的复电策略。

（2）复电策略产生和执行失败，登记现场复电成功。用户状态也会变成正常状态，后续不产生新的复电策略。

（3）用户没有复电策略产生，现场状态和系统又不一致时，通过在用电信息采集系统中召测用户状态，如果召测成功，用电信息采集系统会将结果通过巡测接口写到费控，费控会做相应的用户状态更新。

3-2-49 什么是统一账户认证？什么是国网统一账号？

统一账户认证是打通了国家电网公司旗下多渠道的账户，包括掌上电力、电

e 宝、国网商城等。

国网统一账号是实现线上渠道间数据共享和融合的应用，为用户带来"一次注册、全渠道应用"的便捷体验。

3-2-50 掌上电力（企业版）共分为几个功能模块？

掌上电力企业版主要分为"首页、用电、服务、我的"四个功能模块。

3-2-51 掌上电力（企业版）"用电"模块包括哪些功能？

"用电"包括"切换户号、用电档案、账务信息、电量电费、用电趋势、抄表数据、电源信息、客户经理"八项功能。

3-2-52 掌上电力（企业版）"服务"模块包括哪些功能？

"服务"包括"网点查询、停电公告、用电申请、业务记录、业务办理指南、资费标准、用电知识、帮助与反馈"八项功能。

3-2-53 掌上电力如何解除用户编号与注册账户的绑定关系？

用户编号可通过如下三种途径解绑。

（1）用户通过掌上电力"我的"菜单中"户号绑定"功能删除已绑定户号后，自行解绑。

（2）通过拨打 95598 热线电话由统一账户平台解绑。

（3）通过各省公司客服中心及营业厅进行解绑。

3-2-54 掌上电力官方版支持用户通过哪些渠道进行支付，同时用户可以通过哪些方式完成支付购电操作？

主要为用户提供便捷的交费服务，支持预付费和后付费用户线上交费及电 e 宝、银联、支付宝等多种支付方式。

进入"支付购电"页面的方式有以下 3 种。

方式一，通过"首页"中"购电"快捷入口进入。

方式二，通过"电费余额"页面中的"支付购电"按钮进入。

方式三,通过"用电"中的"支付购电"功能进入。

3-2-55 掌上电力官方版的电量电费查询页面有哪些特色及功能?

(1)电量电费为用户展示最新结算月的电量电费信息。

(2)点击"历史用电",进入近 1 ~ 3 年的用电情况页面,可查看其他月份的电量电费信息及当年的年总电量电费信息,点选"年份",查看其他年份的年总电量电费和月电量电费信息。

(3)点击右上角"分享"按钮,还可将电量电费信息分享至微信好友、微信朋友圈、QQ 好友、QQ 空间等社交平台。

3-2-56 某用户想要使用掌上电力官方版进行业务申请,但是用户不知道他的用电户号,他可以通过什么途径获取户号?

(1)从各类单据获取。如电力营业厅购电发票、用户用电登记表等。

(2)拨打 95598 热线电话咨询。

(3)到电力营业厅咨询。

3-2-57 请简述电 e 宝的知识背景及目标?

电 e 宝由国网电商公司独立开发,拥有自主知识产权,集成第三方风险管控系统,具有较高安全防护能力,既是国网统一的互联网交费工具,又是独具特色的"PDF"(即"平台 + 数据 + 金融")移动互联网金融创新平台,面向用户提供一站式理财及电力特色服务,帮助用户实现"便利生活,乐享财富"的目标。

3-2-58 电 e 宝的基本功能包括哪些?

电 e 宝的基本功能包括银行卡绑定、充值、提现、转账、账单、设置、二维码扫描、付款码。

3-2-59 电 e 宝具备哪四项特色功能?

电 e 宝具备生活缴费、国网商城、电费小红包、掌上电力四项特色功能。

3-2-60 电 e 宝中的供电窗是什么？它的开发有哪些特点？

电 e 宝的供电窗类似于支付宝的服务窗和微信的公众号，是为了更好地提升电 e 宝的服务功能，为各省市电力公司专门设计的供电服务窗口。

各省市电力公司可以按照电 e 宝的标准接口，自主开发、设计各自的服务举措和个性特色，使电 e 宝成为国家电网公司和用电用户的智能交互平台，极大地提升用户黏性。

3-2-61 电 e 宝第三方支付平台的定义是什么？

电 e 宝第三方支付平台是国家电网公司自有互联网电力缴费平台，构建以"收费＋服务"为内涵的核心竞争力，提供一站式移动交费服务；是具有国家电网公司特色的供电服务和电费支付品牌；实现与掌上电力的无缝连接，最终打造集公用事业交费、电力在线服务、金融交易服务于一体的互联网交易平台。

3-2-62 电 e 宝中的电费小红包的概念是什么？它的获取方式和使用规则是有哪些？

（1）电 e 宝中的电费小红包的概念：电费小红包是由电 e 宝发行，具备国网公司特色的，以电力消费为特性的互联网支付红包，是电 e 宝提升服务品质及影响力的重要手段。

（2）获取方式：用户可通过购买、预存电费、注册新用户及抽奖等活动获取。

（3）使用规则：小红包可赠送给微信好友及通讯录朋友，支持交纳电费，但不可提现。交纳电费时最多可以使用 10 个电费小红包，且总金额上限为 200 元。

3-2-63 用户咨询电力营销人员，在使用电 e 宝的过程中，电费小红包使用未成功，红包随后也消失了。电费小红包会如何处理？

（1）由于红包全额支付电费操作导致消失的会在 30min 内会自动退回到卡包中。

（2）由于红包和银行卡混合支付操作导致消失的会同银行卡退款时间一致退回到卡包中。

（3）由于转赠操作导致消失的小红包会在2h后自动退回用户的卡包中。

3-2-64 用户使用电e宝时，如果出现银行卡盗刷问题，应如何解决？

如果用户银行卡被盗刷，银行方确认是电e宝渠道的原因，需要用户联系电e宝客服确认盗刷行为是否被风控拦截，如未被拦截，则无法追回款项；如已被拦截，需用户提供身份认证、银行卡信息等材料核实后返还给用户。

3-2-65 为什么要进行电e宝的实名认证？

不进行实名认证，会在单笔交易、当月限额等方面受限制；实名认证，能够更好地保障用户账户和资金安全，用户可享有更高的交易限额。

3-2-66 用户使用电e宝时提示快捷支付失败，应该怎么处理？

请用户核实是否已扣款，若已扣款，需提供快捷支付失败报错的提示信息、账户名、交易流水号、开户行、卡号的后四位（储蓄卡或信用卡），反馈至相关部门处理；若无扣款，重新下单支付。

3-2-67 用户在电e宝网站进行交易记录查询时，可以看到哪些信息？

用户在电e宝网站进行交易记录查询时，可以看到消费记录、充值记录、提现记录、转账记录、退款记录、理财记录。

3-2-68 用户在电e宝进行充值缴费的步骤有哪些？

（1）进入生活缴费，选择缴费类型。

（2）选择缴费地区，填写用户编号。

（3）选择支付方式。

（4）输入支付密码并确定。

3-2-69 某用户银行卡在电e宝绑定不上，请分析绑定不上的原因？

（1）绑定银行卡的银行预留手机号码、姓名需要与注册电e宝的注册手机号码、姓名保持一致，才可以绑卡成功。

（2）用户的发卡方的银行卡信息与银联中登记的信息不符，而我方绑卡时需要与银联的信息进行核对的。建议用户咨询自己的发卡方，确保银行卡在银行的信息与银联的信息一致。

3-2-70 用户可在电 e 宝中进行交易，请问交易限额是多少？

绑卡 31 天内的新用户，一般地区单日 / 单月 100 笔，单月 1000 元（对于开展电费业务推广的省公司风控规则可适当上调）；如是老用户，每月缴纳电费的笔数按照单日 50 笔、单月累计 50 笔进行控制，交费金额按照不同级别认证用户的余额支付、快捷支付限额进行控制：余额支付未认证每笔限额 1000 元，单日限额 1000 元，单月限额 2000 元；银行卡认证每笔限额 2500 元，单日限额 5000 元，单月限额 10 000 元；身份证认证每笔限额 5000 元，单日限额 10 000 元，单月限额 20 000 元，快捷支付银行卡认证每笔限额 5000 元，单日限额 10 000 元，单月限额 20 000 元；身份证认证每笔限额 10 000 元，单日限额 10 000 元，单月限额 50 000 元。

3-2-71 如因业务需要提高电 e 宝交易限额，应该如何办理？

可以向风险管控部门申请加入白名单，但需提供工作证件的影像、注册手机号（账号完成实名认证）及测试周期（测试周期不得超过 1 个月）；如已经是白名单用户，但依然提示超限额，请联系发卡方是否由发卡方限额原因导致。

3-2-72 用户在使用电 e 宝时发现短信验证码收不到，这可能是什么原因导致的？

（1）可能在绑卡过程中没有核对绑定银行卡的银行预留手机号码、姓名与注册电 e 宝的手机号码、姓名是否一致。

（2）可能是手机默认将平台短信加入黑名单，请用户从短信黑名单中还原至正常状态。

（3）可能是短信平台系统问题。

3-2-73 什么是国网商城？

国网商城是以"电"为主线，以"节能""智能"为产品特色，以电动汽车、分布式电源、电工电气等产品在线销售和配套服务为主要经营内容的网上商城，国网商城着力构建电子商务专业化、差异化、特色化核心竞争力，全面建设具有国网特色的综合电子商务生态网络。

3-2-74 95598 智能互动网站包括哪些内容？

95598 智能互动网站包括网站展现、账户管理、用电服务、智能用电小区服务、电动汽车服务、能效服务、用户监督、增值服务、网站座席业务处理、网站运营管理、网站系统管理等内容。

3-2-75 用户如何在 95598 智能互动网站查询停电公告？

用户在 95598 智能互动网站上点击停电公告标题，查看停电公告详细信息，选择所属区域、停电开始结束日期，搜索停电范围，点击"查询"。

3-2-76 95598 智能互动网站的建设，实现了哪些业务功能？

95598 智能互动网站实现了电力信息发布、网上业务受理、网上支付、用电信息查询、故障投诉举报等业务功能。

3-2-77 95598 智能互动网站的建设目的是什么？

95598 智能互动网站的建设是为了达到拓展营销服务渠道、提升业务宣传能力、提高优质服务水平、增强企业品牌认知、树立企业良好形象、适应用户服务方式多元化发展趋势的目的。

3-2-78 请简述 e 充电用户注册流程？

（1）点击"我的"菜单下"登录/注册"功能项跳转至登录页面。

（2）在登录页面点击注册跳转至注册页面（若已有 e 充电账号在此页面登录即可）。

（3）在注册页面输入手机号、密码（8～20位）并点击获取验证码后输入短信验证码即可完成注册。

3-2-79 个人用户在车联网平台交费后如何开具发票？

个人用户充值时不开具发票，实际充电后3个月内可申请开具增值税普通发票。

实名充电卡用户可关联 e 充电电子账户后通过 e 充电申请开具发票，也可在营业网点申请开具发票。

非实名制充电卡用户只能在营业网点申请开具发票。

e 充电电子账户可通过 e 充电申请开具发票。发票由国网电动汽车服务有限公司统一开具并免费邮寄。

3-2-80 用户在使用 e 充电充电时，如果遇到电卡故障或 App 故障，或者遇到充电桩离线现象，用户应该如何使用自助充电？

（1）如果用户有充电卡，有 App 账号，充电桩在线，则用户可以从充电卡、二维码、账户三种方式中任选一种充电。

（2）如果用户有充电卡，充电桩离线，则用户可以采用支付卡方式充电。

（3）如果用户无充电卡，有 App 账号，充电桩在线，则用户可采用二维码或账号方式充电。

（4）如果用户无充电卡，有 App 账号，充电桩离线，则提示用户使用其他设备充电。

3-2-81 高速充电卡和市区充电卡是否可以跨区域使用？各省市充电卡有何区别？

车联网充电卡可以在全国贴有国家电网标识的所有公共充电设施及高速充电设施充电，充电消费不存在地域区别。

各省充电卡有各自独立号段，车联网平台系统不支持跨省开卡、换卡和销卡。其他充值、充电、解灰、解锁、挂失、补卡、查询等功能均不受限制。

3-2-82 在车联网平台使用中，单位用户通过电汇方式充值应如何办理？

单位用户通过电汇方式充值的，营业网点应在完成信息录入后，向用户告知国网电动汽车服务有限公司账户信息，用户通过电汇方式支付资金。国网电动汽车服务有限公司确认资金到账后，通知用户到营业网点继续完成充值业务办理。

3-2-83 e 充电电子账户管理具有哪些功能？

e 充电电子账户由国网电动汽车服务有限公司通过车联网平台统一管理，具有充值、圈存、充电、退费、查询等功能。e 充电电子账户资金可在营业网点向关联的充电卡进行圈存，暂不可圈提。

3-2-84 e 充电的充值方式有哪些？

e 充电支持支付宝、网银、电力宝等多种方式为账户充值。

3-2-85 e 充电怎样更换手机号码？

用户更换现在的手机号，可通过手机或邮箱两种更换方式。更换成功后，需使用新手机号码重新进行登录。

3-2-86 POS 机刷卡成功，为何会出现充值失败？如何进行补录？

POS 机刷卡成功后，当用户尚未写卡，则充值失败。

电卡补录：点击平台功能菜单中的"用户服务→充值失败补录"，进行读卡操作，显示充电卡所有当日交易的失败记录信息，选中其中需要处理的记录，在操作栏下点击相关操作。打开充值补录界面，点击充值，进行写卡操作，成功后显示打印充值凭证界面。

3-2-87 简述 POS 机结算操作步骤。

POS 机需要每天进行结算，以便对 POS 机刷卡笔数与金额进行核对。操作步骤如下。

（1）按 POS 机"菜单"按键后选中"结算"菜单进行结算操作。

（2）选择打印结算单（总笔数、总金额），查看结算结果与当日凭条是否一致。

第三节　电费账务

3-3-1 什么是会计期间？

会计期间又称会计分期，指将企业经营活动划分为若干个区间，分期进行会计核算和编制会计报表，以反映企业某一个期间的经营活动成果的一种考核周期定义。供电企业通常以自然月为单位定义会计期间。

3-3-2 什么是关账？

确认一个会计期间结束，完成对该会计期间的会计核算工作的会计行为，称为关账。

3-3-3 采用期末关账和业务模式更改关账有什么区别？

采用期末关账模式时，确认关账后，新经营活动自动计入下一个会计期间，不影响当期数据，本会计期间的数据不能更改，以防止数据检查过程中，新产生的业务数据避开检查，或未统计到正确的会计期间。

业务模式更改关账时，确认关账后，经营活动终止，待本会计期间的会计事务全部处理完毕后，才能重新开启业务。

3-3-4 会计凭证的含义是什么？

会计凭证是记录经济、明确经济责任并据以登记账簿的书面证明文件。

会计凭证是会计信息最初的载体，经济业务的内容首先记录在会计凭证上。为了正确、真实地记录和反映经济业务的发生或完成情况，对于每一项经济业务都必须由经办人员或会计人员填制或取得会计凭证，并签名盖章，还要经过有关人员的审核，只有审核无误的会计凭证才能作为登记账簿的依据。

3-3-5 会计凭证分为哪几类？

会计凭证是多种多样的，可以按照不同的标志进行分类，但主要是按其用途和填制程序进行分类的，可以分为原始凭证和记账凭证两类。

（1）原始凭证。它是记录经济业务的发生或完成情况的书面证明，它是会计核算的原始资料和重要依据，是登记会计账簿重要的原始依据。

（2）记账凭证。它是会计人员根据审核后的原始凭证的经济内容确定会计分录而编制的一种凭证，是直接登账的依据。

为确保账簿记录的准确性，记账以前必须按照会计核算方法的要求，将原始凭证编制成为记账凭证，记账凭证按其反映的经济业务内容的不同，可以分为收款凭证、付款凭证和转账凭证三类。

3-3-6 什么叫原始凭证？

原始凭证又称为原始单据，是在经济业务发生或完成时填制或取得的，用以记录或证明经济业务的发生和完成情况，明确责任，具有法律效力的书面证明，是进行会计核算的原始资料，如电费发票、电费结算清单、用电业务单等。凡是不能证明业务已经执行或完成的书面文件，如供用电合同等，均不能作为原始凭证，而只能作为相应原始凭证的附件。

3-3-7 原始凭证审核的合法性审核依据有哪些？

合法性审核是根据国家有关财经政策、法令、制度和单位的合同、计划等审核经济业务是否符合有关规定，出具的电费发票和报表信息等有无弄虚作假现象，电费收缴过程中有无违法乱纪、贪污舞弊等行为。

3-3-8 记账凭证如何编制？

记账凭证是会计人员根据审核的原始凭证，运用会计科目和借贷记账法编制的，并据以登记账簿的会计凭证。每项经济业务发生以后，首先取得或填制原始凭证，会计部门再根据原始凭证编制记账凭证。

3-3-9 什么叫收款凭证？

是指用于记录现金和银行存款收款业务的会计凭证。

3-3-10 什么叫付款凭证？

是指用于记录现金和银行存款付款业务的会计凭证。

3-3-11 什么叫转账凭证?

是指用于记录不涉及现金和银行存款业务的会计凭证。

3-3-12 什么叫借贷记账法?

指以"借""贷"为记账符号的一种复式记账法。"借"表示增加还是"贷"表示增加,取决于账户的性质和结构。借贷记账法的记账规则为:有借必有贷,借贷必相等。

3-3-13 什么叫电费二次销根方式?

指营销系统第一次销根收费(含现金)均记入过渡科目"在途货币资金",此时只产生营销凭证,不产生财务会计凭证。银行到账确认即为营销第二次销根,营销系统以银行对账信息为准,将已到账的电费资金冲减,财务此时才产生实收凭证,月末如有"营销已收银行未收"的电费资金,虽然营销已进行第一次销根,但财务仍以银行实际到账资金核减应收账款,双方欠费或预收会存在差异。

3-3-14 实收电费资金分类核算的账务管理内容有哪些?

(1)电力营销收取的资金:包括正常应收电费、违约金、预收电费和已核销电费坏账。因此,电费资金的分类核算包括电费实收、预收、违约金和坏账回收核算。

(2)营销部电费管理部门负责签收审核各收费单位的收费日报、现金进账单及支票回单,按资金分类表逐笔编制收款凭证。对收取的应收票据,应及时登记并销账后送交财务部门。

(3)对回收的已核销的电费坏账单独纳入电费坏账核算。

3-3-15 什么叫实收电费(或营业收费)集成?

营销根据当日电费实收业务,按电费账户每日汇总资金数据生成凭证,按收费方式汇总实收、预收、调尾、违约金等生成实收分类汇总数据,财务据此进行现金流量辅助核算后,集成至财务系统,生成财务总账凭证。

3-3-16 现金交款单的填写项目包括哪些?

（1）交款日期：填写现金存款的当天日期。

（2）收款人的开户名称、账号和开户行。

（3）款项来源，如电费、高可靠性费用等。

（4）交款人：填写存款人的个人姓名。

（5）金额大（小）写：填写存款的现金金额。

（6）人民币币别和数量：填写实际存款的各类币别数量及金额。

3-3-17 日常账务核对工作有哪些?

（1）接手到账资金：获得银行提供的纸质文档或电子文档格式的对账单，录入对账单。或者根据双方约定的规则，直接通过银行系统获得对账单。

（2）账目核对：根据单号、金额、借贷明细、结算方式等核对银行日记账与银行提供的对账单的关联关系，不符账项与银行核实后人工调整一致。

核对到账资金与营销业务应用系统销账及实收日报单是否一致，对于已到账未在营销业务应用系统销账的，及时登记销账，记录到账金额和到账时间，重新统计审核实收日报单；对于营销业务应用系统已销账而资金未到账的，按未达账进行跟踪处理；对于营销业务应用系统销账与银行到账资金不符的，查明原因，通知相关人员纠正错误。

账目核对一致的，在营销业务应用系统内确认平账，对于系统未确立关联关系的部分，由人工进行处理。同时，清理相关原始凭证，提供会计制作记账凭证。

（3）未达账处理：协调催费人员、客户付款银行、供电公司收方银行共同查明原因，及时追回当笔电费资金。对于确实无法到账的，可采用换票和退票两种方式进行处理。

退票处理，将锁定的电费解锁，同时通知客户重新缴费；换票处理，通知客户按上次缴费金额重新缴费，重缴时不需退回发票和重开发票，只需记录换票原因、换票时间等。

3-3-18 电费账务核对的基本要求有哪些？

（1）应收、实收、未收的账务核对，主要依据发生制，保证应收、实收、未收的账务处理与实际营销业务一致。

（2）应收、实收、未收的数额应满足：未收＝应收－实收。

（3）电费会计每月与财务资产部进行核对，建立日常核对机制，确保每月电费应收、实收、未收账营销与财务数据具有一致性。

3-3-19 电费财务核对的重点是什么？

电费会计每月与财务部门进行账务核对，主要核对每月电费应收、实收、未收的准确性。

（1）应收核对的重点包括主营业务收入及各项代征价外费用。

（2）实收核对的重点包括进账核对和资金分类核算。

（3）未收核对的重点包括余额、欠费的核对及差异原因分析。

3-3-20 电费账务管理的内容有哪些？

电费账务管理包含电费资金账户管理、电费账务审核管理、电费收入核算、电费资金回收等内容。具体环节有：电费收入与资金回收的确认、电费的对账管理、发票与印章的管理、监督与检查，以及涉及电费资金等业务报表、凭证和台账。

通过加强电费账务管理，确保供电企业的收入与资金回收及时，并提供真实、准确、完整的财务信息。

3-3-21 电费交账后的审核流程有哪几步？

电费交账是指电费出纳或对账员定期向电费会计移交相关凭证的过程。其审核流程如下。

（1）电费会计应核对实收金额与所附原始单据、银行进账单据的一致性。

（2）电费会计应核对进账金额、销账金额等与系统的一致性。

（3）电费会计应核对实收电费、预收电费、电费违约金等与系统的一致性。

（4）交接单上应有接收人和移交人签字。

3-3-22 电费账务处理分为哪几类？

电费账务处理主要分为应收电费核算、实收电费核算、预收电费核算、坏账处理、差错处理、电费违约金账务处理及暂存款的处理等。

3-3-23 电费账务清核的内容包括哪些？

电费账务清核包括电费应收、实收、预收、未收的审核及管理，根据不同业务，编制相应的会计分录，记录明细账和总账，跟踪每笔资金的到账情况，确保电费业务会计处理的真实性、合理性和及时性，实现电费账证相符、账账相符、账实相符。

3-3-24 电费账务资料包括哪些？

电费账务资料主要包括电费财务账簿、记账凭证、电费收入等相关报表及相关说明等。电费会计应加强对账务资料的管理，保证其安全和完整。

3-3-25 电费资金账户管理有何要求？

（1）电费资金账户的开设或变更，由电费管理部门根据实际工作需求提出，由财务部门按照账户管理开设审批流程进行报批。

（2）电费资金账户纳入财务部门统一管理。

3-3-26 营销账务管理的工作要求有哪些？

严格执行电费账务管理制度；按照财务制度规定设置电费科目；建立客户电费明细账，做到电费应收、实收、预收、未收电费台账及银行电费对账台账等电费账目完整清晰、准确无误，确保电费明细账及总账与财务账目一致。

3-3-27 电费对账管理的内容包括哪些？

供电企业发生电力销售行为随之产生后续的电费回收管理过程，而涉及电费对账的管理，其电费对账管理内容包括以下内容。

（1）电费管理部门按照电费结算时点及时统计电费，确认收入。

（2）电费管理部门按日审核各收费单位上报的收费日报、现金进账单及支票回单，确保实收电费明细与银行进账单数据的一致性、各类发票及凭证与报表数据的一致性。

（3）电费管理部门每日核对各代收电费单位的收费数据，监控代收电费单位将电费资金及时足额入账，确保银行对账单金额、营销管理信息系统实收金额、财务入账金额三者一致。

（4）月末，营销部门、财务部门严格执行电费应收、实收、未收的内部对账制度，做到总账与各明细账逐项核对相符，达到电费账证相符、账账相符、账实相符。

（5）电费会计编制"银行余额调节表"，并对电费在途资金进行统计、分析，及时清理未达账项。

3-3-28 试述日常营销账务处理中的作业规范。

日常营销账务处理指营销会计事务中的日常业务记录工作，主要涉及应收管理、实收管理、预收管理及对账管理工作，一般由电费管理部门的业务人员处理。

（1）日常业务的会计分录可在营销业务应用系统内产生应收、实收电费时自动生成，也可在某时间段内按照会计事务分类，以电费汇总报表为依据手工填制。一个会计期间内凭证可选择在期间内按业务量多少分多次制作，也可选择在会计期末统一生成。

（2）电费账务应准确清晰，按财务制度建立电费明细账，编制实收电费日报表、日累计报表、月报表，严格审核，稽查到位。

（3）每日应审查各类日报表，确保实收电费明细与银行进账单数据一致、实收电费与进账金额一致、实收电费与账务账目一致、各类发票及凭证与报表数据一致。不得将未收到或预计收到的电费计入电费实收。

（4）客户同时采用现金、支票与汇票支付一笔应收电费的，应分别进行账务处理。

3-3-29 银行账户管理的基本原则是什么?

根据《银行账户管理办法》(银发〔1994〕225号)的规定,银行账户管理应遵守以下基本原则。

(1)一个基本账户原则。即存款人只能在银行开立一个基本存款账户,不能多头开立基本存款账户。存款人在银行开立基本存款账户,实行由中国人民银行当地分支机构核发开户许可制度。

(2)自愿选择原则。即存款人可以自主选择银行开立账户,银行也可以自愿选择存款人开立账户。任何单位和个人不得强制干预存款人和银行开立或使用账户。

(3)存款保密原则。即银行必须依法为存款人保密,维护存款人资金的自主支配权。除国家法律规定和国务院授权中国人民银行总行的监督项目外,银行不代任何单位和个人查询、冻结、扣划存款人账户内存款。

3-3-30 电费账务人员如何审查各类日报表?

电费账务人员每日应审查各类日报表,确保实收电费明细与银行进账单数据一致、实收电费与进账金额一致、实收电费与财务账目一致、各类发票及凭证与报表数据一致。不得将未收到或预计收到的电费计入电费实收。

3-3-31 因用电客户多缴造成退费或退预收电费的,应提供的退费资料有哪些?

(1)书面退费申请(个人客户需要本人签字,单位客户加盖财务专用章)及审批资料。

(2)有效的身份证及复印件,单位客户应提供营业执照复印件。

(3)电费退费应提供原始电费发票,预收退费应提供最后一次交费的电费发票(或预收凭证)复印件。

(4)涉及机构代收的,需提供相关的代收费凭证。

3-3-32 什么叫资金退费集成?

退预存费、误划款、营业费等业务,需经过财务营销业务双审批流程。营销发起退费申请流程,完成线上线下审批后,提交财务,财务根据手续齐全的相关资料进行退费处理,并将退费成功信息反馈至营销系统,营销进行退费业务处理,生成记账凭证。

3-3-33 错收电费分为哪几种情况,产生的原因是什么?

错收电费分为多收电费、少收电费和电费串户三种情况。产生的原因如下。

(1)多收(少收)电费产生的原因是抄表错误或收费员疏忽的原因向客户多收(少收)的电费。

(2)电费串户产生的原因包括两种情况:用户将电费存进了其他账户,而不是专门用途的电费专用账户;张冠李戴将 A 户的电费误存入 B 户。

3-3-34 营销部门如何进行电费账务管理的监督与检查?

(1)营销部门依据电费财务管理考核制度,定期对电费财务管理情况进行监督与检查。

(2)营销部门定期检查电费应收、实收、欠费数据。

(3)营销部门定期检查电费未达账项的处理情况。

3-3-35 电费收取稽核的主要内容有哪些?

(1)电费回收情况的真实性、欠费台账的完整性;电费呆账、坏账核销是否符合规定,案销账存制度执行情况。

(2)重点欠费大户的欠费原因及电费回收措施分析。

(3)用户缴费渠道及其比重,大用户分次划拨制度执行情况。

(4)电费收取是否做到日清月结,实收电费日报表,日累计报表,月报表准确性。

(5)预防电费风险预警制度执行情况及相关措施。

(6)欠费用户停(限)电程序履行情况。

（7）电费违约收取是否符合规定，有无擅自减免情况。

（8）每月电费如何通知用户缴纳，用户所欠电费是否催缴到位。

3-3-36 电费账务稽核的主要内容有哪些？

（1）电费账户的设置和管理情况。

（2）是否实现电费账务的日结日清，所有实收电费是否及时销账，营业厅收费和走收电费是否及时解款到银行，营销与财务如何进行电费核对，走收电费管理（包括票据、资金、销账管理流程）是否到位。

（3）电费应收、实收、预收、未收台账的完整性、准确性。

（4）电费发票、凭证及账单的管理是否规范，是否建立领用和缴销登记制度，是否建立票据使用情况报表。

（5）电费现金管理是否符合财务管理制度。

（6）陈欠电费管理是否到位，营销与财务所掌握的陈欠电费是否一致，对当年清欠计划的落实是否到位。

3-3-37 供电企业的票据是如何定义的？

供电企业的票据定义为电费专用发票、电费收据和电费增值税专用发票。

3-3-38 什么是票据批号？

票据批号是票据在印刷时的批次号。同一批次的所有票据应印制相同的票据批号。

3-3-39 什么是票据印刷编号？

印刷编号即票据的流水号码，对同一批次的票据印刷编号是唯一的，但不同批次的票据印刷编号可能存在重复的情况。

3-3-40 《国家电网公司抄核收工作规范》对电费票据管理有何要求？

严格电费票据管理。设置专人负责电费票据的申请印制、申领及库管工作；未经税务机关批准，电费发票不得超越范围使用；严禁转借、转让、代开或重复出具电费票据；增值税电费发票开具须专人负责，并按财务制作规定做好申领、缴销等工作；票据管理和使用人员变更时，应办理票据交接登记手续。

3-3-41 请简述电费票据的作用有哪些？

（1）作为记录经营活动的证明。电费发票、预缴电费收据等票据完整记载了电能销售经济行为，盖有供电企业印章，载有经办人信息，还具有监制机关、字轨号码、发票代码等，具有法律证明效力，是确认电能销售或预售真实性及有效性的重要依据。

（2）作为税务稽查依据。发票开具后，票面载明的征税对象名称、数量、金额为计税提供了原始可靠依据，也为计算应税所得额、应税财产提供必备资料，是税务稽查入口和重心。

（3）加强财务会计管理的手段。发票是会计核算的原始凭证，正确地填制发票是正确地进行会计核算的基础。供电企业正确填写开具的发票，是电力客户支付电费后进行会计核算的必要凭据。

3-3-42 请简述电费票据管理的意义有哪些？

开展电费票据管理的意义在于真实、准确地记录电费票据使用情况，确保供电企业的电费票据开具过程的正确、严谨且符合税法政策，防止重复出票产生的经济纠纷；确保电费票据能被无遗漏地管理监控，防范票据流失，杜绝因电费票据遗失造成供电企业的经济风险；合理规划电费票据的用量及印制计划，降低废票比例，避免过量印制、使用及存储造成的浪费。

3-3-43 发票的基本内容有哪些？

（1）发票的名称、号码、联次及用途，用户名称，用户银行及账号，商品名称或经营项目，计量单位、数量、单价、大小写金额，开票人，开票日期，开票单位（个人）名称（章）等。

（2）有代扣、代收、委托代征税款的，其发票内容应当包括代扣、代收、委托代征税种的税率和代扣、代收、委托代征税额。

（3）增值税专用发票还应当包括购货人地址、购货人税务登记号、增值税税率、税额、供货方名称、地址及其税务登记号。

3-3-44 试述增值税专用发票与普通发票的区别。

增值税专用发票是我国为了推行新的增值税制度而使用的新型发票，与日常过程中所使用的普通发票相比，有如下区别。

（1）发票的印制要求不同。根据新的《税收征管法》第二十二条规定："增值税专用发票由国务院税务主管部门指定的企业印制；其他发票，按照国务院税务主管部门的规定，分别由省、自治区、直辖市国家税务局、地方税务局指定企业印制。未经前款规定的税务机关指定，不得印制发票"。

（2）发票使用主体不同。增值税专用发票一般只能由增值税一般纳税人领购使用，小规模纳税人需要使用的，只能经税务机关批准后由当地的税务机关代开；普通发票则可以由从事经营活动办理了税务登记的各种纳税人领购使用，未办理税务登记的纳税人也可以向税务机关申请领购使用普通发票。

（3）发票的内容不同。增值税专用发票除了具备购买单位、销售单位、商品或者服务的名称、商品或者劳务的数量和计量单位、单价和价款、开票单位、收款人、开票日期等普通发票所具备的内容外，还包括纳税人税务登记号、不含增值税金额、适用税率、应纳增值税额等内容。

（4）发票的联次不同。增值税专用发票是四个联次，第一联为发票联，第二联为抵扣联，第三联为记账联，第四联为其他联；普通发票则只有二联，第一联为发票联，第二联为存根联。

（5）发票的作用不同。增值税专用发票不仅是购销双方收付款的凭证，而且可以用作购买方抵扣增值税进项税额的凭证；而普通发票除运费、收购农副产品按法定税率作抵扣外，其他的一律不予作抵扣用。

3-3-45 开具电费票据有何规定？

（1）在开具票据时，必须按号码顺序填开，要求填写项目齐全，内容真实，字迹清楚，多联票据一次打印，内容完全一致，并在票据上加盖收费专用章。

（2）对于填开票据后，发生差错需要调换的，必须收回原票据并作废或冲红，并根据差错情况重新开具票据。

（3）严禁转借、转让、代开或重复出具电费票据。

（4）未经税务机关批准，电费发票不得超越范围使用。

（5）如果用户的电费发票遗失，可根据用户提供的有效证明，查明情况后，向用户提供原发票存根复印件或电费结算清单。

（6）必须确认用户缴清电费后才能将增值税发票交给用户。

3-3-46 发票开具时应注意哪些事项？

（1）发生经营业务确认营业收入时开具发票，未发生经营业务一律不准开具发票。

（2）在开具发票时，应按号码顺序填开。

（3）在开具发票时，发票上所示的项目要全面、完整、准确、真实，各项目内容填写齐全、内容正确无误。

（4）客户名称（单位或个人）应该填写全称，不能任意简化或更改。

（5）全部联次一次开具，上下联内容、金额、税额一致。

（6）在开具发票时，字迹要清晰、不得涂改发票。

（7）发票不得虚开、代开，如果虚开、代开，当事人必须承担一切后果。

（8）任何单位和个人不得转借、转让、代开发票；未经税务机关批准，不得拆开整本发票使用；不得自行扩大专业发票使用范围。

（9）对规定的"机开发票"严禁使用手工填写。

3-3-47 电费普通发票开具过程中应注意哪些事项？

（1）凡不属于电力产品收入的科目，不得使用电费发票开具或列入电费发票内代开。

（2）电费普通发票由各使用单位或班组在用电客户缴清款项时向用电客户开具。

（3）电费普通发票一般由系统读取数据自动打印，应按不同的用电客户类型，分别开具高、低压电费普通发票。

（4）收费员开具发票时，应当按照规定的时限、顺序，逐栏将全部联次一次性如实开具，均应加盖"发票专用章"和填制人签章。

（5）如客户本次实交金额小于本次应收金额，则计入部分收款，系统部分销账，不足部分转入欠费，不得开具电费发票，根据客户要求按实际交款数额开具"交款凭证"。

（6）客户预存资金时，开具收款凭证，待月末结算电费后，方可向客户开具电费发票。

3-3-48 常见发票打印出错处理的方法是什么？

（1）系统中已打印，实物发票未使用（由于网络不通畅或打印机色带问题）。

解决办法：做已打印发票的状态维护，取消已打印的发票，还原用户的打印记录及该票号的使用状态为未使用。

（2）系统中已打印，实物发票破碎（打印机卡纸）。

解决办法：做已打印发票的状态维护，作废已打印的发票；然后做发票补打，重新打印。

（3）系统中已打印，实物发票也正常打印，但系统中票号与实物发票不一致（打印的时候上错发票了）。

解决办法：在系统中做票据号码的调换，调换以实物发票为准，实物发票的票号是哪个就在系统中以哪个票号来调换。

（4）系统中票号比实物多。

解决办法：系统中未使用的发票比实物多，将未使用的发票进行作废。

（5）系统中发票比实物少。

解决办法：将多出的实物发票进行作废（系统外解决）。

（6）收费员 A 收费的时候拿了 B 收费员的实物发票。

解决办法：

第一步：将 B 收费员这段票号从系统中转移到 A 收费员。

方法 1：收费员 B 将发票退给营业所结算员，由结算员分配收费员 A。

方法 2：由收费员 B 直接做票据个人转移至 A 收费员（平级转移）。

第二步：做票据错位维护。

3-3-49 增值税专用发票的开具范围是什么？

纳税人销售货物或者应税劳务，应当向索取增值税专用发票的购买方开具增值税专用发票，并在增值税专用发票上分别注明销售额和销项税额。属于下列情形之一的，不得开具增值税专用发票：

（1）消费者个人销售货物或者应税劳务的。

（2）销售货物或者应税劳务适用免税规定的。

（3）小规模纳税人销售货物或者应税劳务的。

3-3-50 增值税专用发票开具的要求有哪些？

（1）项目齐全，与实际交易相符。

（2）字迹清楚，不得压线、错格。

（3）发票联和抵扣联加盖财务专用章或者发票专用章。

（4）按照增值税纳税义务的发生时间开具。

对不符合上列要求的增值税专用发票，用电客户有权拒收。

3-3-51 试述电费增值税专用发票开具的注意事项。

（1）需开具增值税专用发票的用电客户必须具备一般纳税人资格，需提供税务登记证副本及复印件、单位名称、税号、开户银行及账号等资料。开票时，必须严格按照国税局有关规定审核客户的一般纳税人资格证及税务登记证（副本）原件，认真审查客户资格证的年审期限，核对税票应税金额，应与缴费凭证一致。

（2）用电客户持电费普通发票换开电费增值税专用发票时，要求客户必须退回原开具的电费普通电费发票，供电企业不得同时向客户开具电费普通发票和电费增值税专用发票。

（3）多个用电客户合用一套总表的，其中部分客户需要开具电费增值税专用发票的客户，可持由转供方和被转供方共同认可的月用电量和电费的确认函（需加盖双方公章方可有效）及增值税销货清单、税务登记证副本，经税务部门同意后，到供电企业开具增值税专用发票。

（4）具备一般纳税人资格的用电客户，按《国家税务总局关于农村电网维护费征免增值税问题的通知》（国税函〔2009〕591号）的规定，开具的增值税专用发票不包含农村电网低压维护费。

（5）增值税专用发票大写金额只能是本期电费发生额（扣减居民生活用电电费）。预收电费、违约使用电费等非增值税应税收费的营业外收费项目，不得开具电费增值税专用发票。

（6）增值税专用发票抵扣有效期为开具之日起180日内。因此，开具增值税专用发票时应告知用电客户。

3-3-52 根据国家税法的规定，哪些企业可以在供电企业换取增值税发票？

根据国家税法的规定，企业经过国家税务局审核后，具备增值税一般纳税人资格，按照供电企业的规定向供电企业提出申请、提供增值税一般纳税人税务登记副本者，并已经按照供用电合同的约定按期缴纳电费的企业可以在供电企业换取增值税发票。

3-3-53 什么是增值税电子发票业务？

营销部门将客户的纳税信息纳入客户档案管理；负责提供需开具发票的元数据、电费结清标志；营业厅提供电子发票查询、下载、打印服务。财务部门负责提供各类商品（电费、业务费）的税率；根据营销部门提供的发票元数据与税务机关交互生成电子发票文件，并对发票进行管理；对外提供查询、下载等服务。

3-3-54 什么是电子发票？

（1）电子发票是个人或企业线上获取用于抵税、报销的凭据。

（2）用电客户（企业、个人）可通过电力营业网点办理业务并及时获得电子发票打印服务，也可以通过其他互联网渠道（95598 智能互动网站、电 e 宝等）查询下载电子发票并自行打印。

3-3-55 什么是电子发票实时开具？

主要是针对业务费、违约窃电电费、用户退补电费、滞纳金等应收电费的开票处理。在应收数据发行后根据相应的"商品税率信息"进行价税分离，产生发票数据并实时推送给电子发票平台，电子发票平台接收到数据后会实时和税控系统对接，进行电子发票的开具。实时开具电子发票的过程会耗费一定的时长，当电子发票平台开具成功后会将结果反馈至营销业务应用。

3-3-56 供电企业如何购领增值税专用发票。

供电企业增值税专用发票的领购统一由财务部门税票专管员负责；增值税专用发票实行属地化管理，各供电企业向隶属地国家税务局统一购领；供电企业通过营销系统将增值税用户的各项信息按月导入税控系统，通过税控系统开具增值税专用发票。

3-3-57 需要开具电费增值税发票的客户需要办理哪些手续？

用户需要开具电费增值税发票的，应提前向供电企业提出申请，并提供税务登记证（副本）原件及复印件、银行开户名称、开户银行和账号等资料。由业务受理人员将具有增值税一般纳税人资格的用户信息输入营销系统，经审核确认后，从申请当月起开具电费增值税发票，用户申请以前月份的电费发票不予调换或补开增值税发票。因工作差错造成开具票据类型错误的，由责任人员收回普通电费发票并系统中作废或冲红后予以补开。

3-3-58 发票使用部门对领用及使用的票据应如何进行保管？

按照《中华人民共和国发票管理办法》的规定，发票使用部门对领用的发票应进行登记并妥善保管，建立发票发放签收制度。对作废发票，必须各联齐全，每联均应盖上"作废"印章与发票存根联一并保存完好。对已开具的发票存根联和发票登记簿，应当保存五年，保存期满，报经税务查验后销毁。

3-3-59 简述电费票据销毁的流程。

（1）首先，由供电企业的电费票据填开及保管部门对需要销毁的电费发票进行清理，并分类登记造册，将清理结果书面报送本企业的财务部门。

（2）然后，由财务部门根据票据保管期限的要求，按照税务机关票据销毁的规定，填报"发票清理销毁（申请）表"一式三份，并携带公章、需销毁的票据及明细清单、使用过的最后一份及其后一份空白电费发票复印件，到供电企业的主管税务机关查验后，送达销毁地点办理销毁手续。

3-3-60 电费票据销毁有何规定？

（1）电费票据保存期满，由财务部门报经税务机关查验后销毁，不得擅自损毁。

（2）已开具的发票存根联和发票登记簿，应当保存5年。保存期满，报经税务机关查验后销毁。开具发票的电子数据应当以电子储存介质完整保存5年。

（3）电费发票存根及空白发票需销毁时，要进行分类整理、登记造册，填制"发票清理销毁（申请）表"，经主管税务机关查验批准后，送到指定的地点销毁，销毁现场须有2名以上发票管理人员进行监督销毁。

（4）对于保管期满但未结清的债权债务原始凭证和涉及其他未了事项的原始凭证，不得销毁，而应当单独抽出立卷，保管到未了事项完结时为止。

3-3-61 增值税专用发票的作废管理有何要求？

一般纳税人在开具专用发票当月发生销货退回、开票有误等情形，收到退回的发票联、抵扣联符合作废条件的，按作废处理；开具时发现有误的，可即时作废。

作废专用发票须在防伪税控系统中将相应的数据电文按"作废"处理，在纸质专用发票（含未打印的专用发票）各联次上注明"作废"字样，全联次留存。

3-3-62 发票遗失应如何处理?

根据《中华人民共和国发票管理办法实施细则》规定,使用发票的单位和个人应当妥善保管发票。发生发票丢失情形时,应当于发现丢失当日书面报告税务机关,并登报声明作废。如果供电企业发生空白发票遗失时,应严格按照相关规定进行处理,除此之外还应立即向主管领导汇报。

3-3-63 请详细描述增值税专用发票遗失后应如何处理?

(1)一般纳税人丢失已开具专用发票的发票联和抵扣联,如果丢失前已认证相符的,购买方凭销售方提供的相应专用发票记账联复印件及销售方所在地主管税务机关出具的"丢失增值税专用发票已报税证明单",经购买方主管税务机关审核同意后,可作为增值税进项税额的抵扣凭证;如果丢失前未认证的,购买方凭销售方提供的相应专用发票记账联复印件到主管税务机关进行认证,认证相符的凭该专用发票记账联复印件及销售方所在地主管税务机关出具的"丢失增值税专用发票已报税证明单",经购买方主管税务机关审核同意后,可作为增值税进项税额的抵扣凭证。

(2)一般纳税人丢失已开具专用发票的抵扣联,如果丢失前已认证相符的,可使用专用发票联复印件留存备查;如果丢失前未认证的,可使用专用发票联到主管税务机关认证,专用发票联复印件留存备查。

(3)一般纳税人丢失已开具专用发票的发票联,可将专用发票抵扣联作为记账凭证,专用发票抵扣联复印件留存备查。

3-3-64 电费会计变更交接后的注意事项有哪些?

(1)会计工作交接完毕后,交接双方和监交人在移交清册上签名或盖章。同时,应在移交清册上注明:单位名称、交接日期、交接双方和监交人的职务、姓名、移交清册页数以及需要说明的问题和意见等。

(2)接管人员应继续使用移交前的账簿,不得擅自另立账簿,以保证化零为整记录前后衔接,内容完整。

(3)移交清册一般应填制一式三份,交接双方各执一份,存档一份。

3-3-65 电费会计变更时交接资料有哪些要求？

（1）提供重要营销数据、电费业务处理相关资料。

（2）提供电子资料的相关密码、权限。

（3）银行存款账户余额要与银行对账单核对相符，如有未达账项，应编制银行存款余额调节表调节相符。

（4）债权债务的明细账户余额要与总账有关账户的余额核对相符。

（5）印章、收据、发票以及其他物品等必须交接清楚。

（6）编制交接清单和明细，清理完毕后，由监交人员和交接双方签字确认。

3-3-66 电费会计变更，交接要求包括哪些？

（1）整理应该移交的各项资料，对未了事项写出书面材料。

（2）编制移交清册，列明应当移交的会计凭证、账簿、会计报表等内容。

（3）交接表要写清楚，保证交接表所列内容与事实相符。

3-3-67 暂存款的管理规定有哪些？

（1）暂存款必须定期清理，逐笔找出暂存原因。

（2）对找出原因的暂存款项（如因差错返款、业务费转销电费、业务退费、客户重复缴费、我方未达账等），应分类进行管理，履行相应的审批流程，及时转销电费或退费。

（3）电费会计按转销电费或退费的性质，及时做相应的账务处理。

3-3-68 电费印章的管理要求有哪些？

严格电费印章管理。设置专人负责电费专用印章管理工作，并严格在规定的范围使用；印章领用、停用以及管理人员变更时，应办理交接登记手续。

3-3-69 怎样更换预留印鉴？

各单位印章使用日久发生磨损，或者改变单位名称、人员调动等原因需要更换印鉴时，应填写"更换印鉴申请书"，由开户银行发给新印鉴卡。单位应将原印鉴盖在新印鉴卡的反面，将新印鉴盖在新印鉴卡的正面，并注明启用日期，交开户银行。在更换印鉴前签发的支票仍然有效。

3-3-70 库存现金控制的目的是什么？具体措施主要有哪些？

库存现金控制的目的是保证库存现金的安全完整。具体措施如下。

（1）核定库存现金限额。

（2）不得坐支现金。

（3）现金收入及时入账。

（4）做到日清月结。

（5）严防白条抵库。

3-3-71 账有银无、银有账无造成的原因是什么？清理要求有哪些？

未达账项是账有银无、银有账无的主要原因，即供电企业与银行对账时，出现企业账户余额与银行账户余额不相符，从而形成了未达账。共有四种形式，清理要求如下。

（1）单位已收，银行未收款项。电费会计应查看银行回单进账日期，如进账日期为下月日期或本月月底的与银行核对是否在下月初进账。如没有，则通知电费管理人员查明原因。

（2）单位已付，银行未付款项。电费会计应咨询银行是否漏划，或放在下月初划出。如没有，则由付款单位查明原因。

（3）银行已付，单位未付款项。电费会计应立即咨询银行查出原因，并做相关处理。

（4）银行已收，单位未收款项。电费会计应通知电费管理人员查明原因，并做相关处理。

3-3-72 什么是账销案存资产？

账销案存资产是指企业通过清产核资经确认核准为资产损失，进行账务核销，但尚未形成最终事实损失，按规定应当建立专门档案和进行专项管理的债权性、股权性及实物性资产。

3-3-73 请叙述电费坏账核销的认定条件。

（1）电费债务单位被宣告破产的，应当取得法院破产清算的清偿文件及执行完毕证明。

（2）电费债务单位被注销、吊销工商登记或被政府部门责令关闭的，应当取得清算报告及清算完毕证明。

（3）电费债务人失踪、死亡（或被宣告失踪、死亡）的，应当取得有关方面出具的债务人已失踪、死亡的证明及其遗产（或代管财产）已经清偿完毕、无法清偿或没有承债人可以清偿的证明。

（4）涉及诉讼的，应当取得司法机关的判决或裁定及执行完毕的证据；无法执行或债务人无偿还能力被法院终止执行的，应当取得法院的终止执行裁定书等法律文件。

（5）涉及仲裁的，应当取得相应仲裁机构出具的仲裁裁决书，以及仲裁裁决执行完毕的相关证明。

（6）与债务人进行债务重组的，应当取得债务重组协议及执行完毕证明。

（7）电费债权超过诉讼时效的，应当取得债权超过诉讼时效的法律文件。

（8）清欠收入不足以弥补清欠成本的，应当取得清欠部门的情况说明及企业董事会或总经理办公会等讨论批准的会议纪要。

（9）其他足以证明债权确实无法收回的合法、有效证据。

3-3-74 请叙述电费坏账核销的办理程序。

（1）供电企业内部相关业务部门提出销案报告，说明对账销案存资产的损失原因和清理追索工作情况，并提供符合规定的销案证据材料。

（2）供电企业内部审计、监察、法律或其他相关部门对资产损失发生原因及处理情况进行审核，并提出审核意见。

（3）供电企业财务部门对销案报告和销案证据材料进行复核，并提出复核意见。

（4）供电企业销案报告报经总经理办公会等决策机构审议批准，并形成会议纪要（单项资产备查账簿账面金额在 5000 万元以上的，报国家电网公司总部核准）。

（5）根据本单位决策机构会议纪要、上级单位核准批复及相关证据，由供电企业负责人、总会计师（或主管财务负责人）签字确认后，进行账销案存资产的销案。

（6）财务销案后在电力营销业务系统中进行核销登记。

3-3-75 请简述退费、调账的处理原则。

退费、调账是收费差错处理与考核的关键环节，关系到电费资金的准确安全，在业务处理中应始终坚持以下原则：

（1）谁收谁退原则：退费、调账必须由当事人核准确认差错后处理，确保处理正确，防止错退、错调电费（业务费）引起的差错风险。对于银行或其他机构代收引起的差错，应由代收机构核准并出具书面说明后，由供电企业代收对账员统一审核后，以代收机构身份处理。

（2）原资金结算形式退费原则：确认退费、调账后，收费人员应查明收取当笔费用的资金结算形式，在审批流程通过后按原资金结算形式将错收费用退还给客户，以防止出现支票、POS 机刷卡缴费后通过现金退费等违规套现行为。

（3）确认到账后处理原则：对于采取支票等非现金方式错缴的电费，应在确认资金到账后方能进行退费处理，防止出现空套现象。

（4）严格审批手续原则：若退费调账不经审批手续，则随时可能出现新欠费，导致过去实收不准、考核不准，被利用为虚假上报回收指标完成的工具。因此，严格的审批流程是十分重要的，通过审批流程，还可以对收费差错予以精确考核。

（5）客户确认原则：在办理退款、调账时，应确认客户身份证明，要求客户在退款凭证上签字，已为客户开具发票的还应收回原发票（或开具红字发票由客户签字确认）。

3-3-76 请简述营销系统中"票据错位维护"操作的作用、菜单位置及操作过程。

"票据错位维护"功能的作用是当 SG186 营销系统记录的票据打印信息与实际不符时，按实际打印信息更正票据编号。菜单位置："电费收缴及营销账务管理"→"营销账务管理"→"票据管理"→"票据错位维护"，界面内分为单张维护和批量维护两项功能。

操作过程如下。

（1）单张维护：选择"票据类型""票据版本编号"，输入"打印日期"，点击"查询"按钮显示所有票据信息。选中错位票据记录，在"错位号码"处输入正确的票据编号，点击"确认"按钮完成单张票据错位维护。

（2）批量维护：选择"起始日期""截止日期""票据类型"和"票据版本编号"，点击"查询"按钮显示票据信息。选中错位票据记录，在"票据维护起始号码""票据维护截止号码"输入正确的票据号码，点击"确认"按钮完成批量票据错位维护。

3-3-77 在开展实时代收电费对账工作时，为什么要及时处理单边账？

在代收电费期间，SG186 营销系统实时记录代收费信息，但当出现系统通信故障等原因引起代收费信息无法正确反馈到 SG186 营销系统时，只有在日终对账且处理了单边账后，正确的实收信息才能反映到 SG186 营销系统中。在单边账处理之前，即出现代收方、电力方和用户方三者的缴费信息不一致时，容易引起用户不满，出现服务投诉；或者电力方催费人员错误地判断欠费情况，延误了催费工作，对供电企业不利。因此，供电企业代收电费对账人员应清楚地认识对账工作的重要性，及时处理不平账项。

3-3-78 什么叫未达账项？

未达账项是指由于企业与银行取得凭证的实际时间不同，导致记账时间不一致而发生的一方已取得结算凭证且已登记入账，而另一方未取得结算凭证尚未入账的款项。分为银行未达账（在途资金）、企业未达账（暂收不明款）两种。

3-3-79 什么是银行未达账？出现银行未达账时，如何处理？

银行未达账是某一个自然月内，供电营业所在 SG186 营销系统销账解款后，所产生的实收电费资金到了月末日（自然月的最后一天）电费专用账户上未到达的电费资金，叫作银行未达账，称为"企业已收、银行未收"。

出现银行未达账时，协调催费人员、客户付款银行、供电企业收方银行共同查明原因，及时追回当笔电费资金。对于确实无法到账的，可采用退票和换票两种方式处理。退票处理，将实收电费还原欠费状态，同时通知用电客户重新缴费并收回开具的发票；换票处理，通知用电客户按上次缴费金额重新进账，重缴时不需退回发票和重开发票，只需登记换票原因、换票时间等记录。

3-3-80 什么是单边账？出现单边账应如何处理？

在收费柜台刷卡收费操作中，可能会出现两种情况：一种是银行卡扣款成功但 SG186 营销系统未销账；另一种是银行卡扣款不成功而 SG186 营销系统已销账的情况，这就叫作单边账。

出现单边账时，系统均会出现提示。柜台操作人员应在 SG186 营销系统内进行单边账处理：

处理一：若银行卡扣款不成功，处理后为未收的，可重新收费并打印 POS 机收费发票。

处理二：若银行卡扣款成功，单边账处理后为客户补打发票。若打印不出交易凭条信息的，则补打凭条，与存根联一并保存。

第四节　电费风险预警及防范

3-4-1 开展电费风险调查应遵循什么原则？

根据不同客户电费风险因素的特点，对客户群进行分类，明确各类客户信息所包含数据项，通过周期性的数据采集，获取完整、准确、规范的客户信息。

3-4-2 电费政策性风险有哪些?

（1）产业政策调整使某些行业被列为限制、淘汰类企业，导致企业限产、停产。

（2）由于金融危机，导致各行业流动资金困难，支付能力弱。

（3）国家电价政策的调整对企业刚性支出造成影响。

（4）国际市场需求变化，导致相关企业生产经营萎缩。

（5）土地、矿产资源价格大幅升降，导致相关企业关停并转。

（6）企业改制相关政策的变化而导致债权债务关系发生变化。

（7）房地产投资、买卖政策的变化，导致行业低迷。

（8）税收政策的变化、惠农政策的实施对企业造成影响。

3-4-3 电费经营性风险有哪些?

（1）一次能源市场供求关系变化导致相关企业生产经营困难。

（2）成长期及衰退期产品的生产企业。

（3）停产户产品未改变再启动企业，合同约定变更。

（4）计量故障和轮换、业务变更等事宜导致争议性电费。

（5）抄表、核算错误导致的电费少计、漏计未能及时更正，导致追诉时效逾期。

（6）损毁计量装置引起电费流失。

（7）高危及重要客户由于重大安全事故和不法经营行为而导致巨额赔偿、罚款。

（8）违章用电、窃电导致电费隐形流失。

（9）应收电费余额过大导致电费滞缴及形成客户旧欠电费。

3-4-4 电费管理性风险有哪些?

（1）电费回收组织体系不完善，政令不畅通。

（2）资金管理和保证电费资金安全措施不健全。

（3）抄核收管理不规范、电价政策执行不到位。

（4）电费考核办法不完善，激励和约束机制不到位。

（5）营销人员责任心差、风险意识薄弱、缺乏危机感，用电服务不到位。

（6）供电企业人员贪污、截留、挪用电费。

3-4-5 电费法律性风险有哪些？

（1）《中华人民共和国电力法》规定供电企业在对欠费客户采取停、限电措施时必须在欠费 30 天并要经过多次催缴无效后才可进行，客观上可能方便个别客户的恶意逃费，造成恶意客户拖欠两个月电费的后果。

（2）电费担保行为中的循环担保。

（3）质押、低压标的物的处分权模糊。

（4）供用电合同实效性无法获得法律支持。

（5）产权归属与运行维护责任不清晰、停限电操作不规范，引起法律纠纷。

3-4-6 造成电费回收风险的外部因素有哪些？

（1）国家宏观经济政策的调控对客户产生影响。

（2）与市场经济相适应的体制和制度建设尚未成熟。

（3）日益加剧的市场竞争对客户的影响。

（4）客户需求变化对供电企业的挑战。

3-4-7 造成电费回收风险的内部因素有哪些？

（1）供电企业基础管理薄弱。

（2）供电企业内部管理不善。

（3）没有建立完善的风险管理机制。

（4）管理者和员工普遍缺乏风险意识。

3-4-8 请简述实现电费担保的意义。

在我国各种法律法规不断健全完善的今天，充分利用法律武器保护供电企业自身的利益，是供电企业在市场经济环境下开展经营活动的迫切需要。《中华人民共和国担保法》为保障债权的实现提供了一系列行之有效的措施，利用《中华人民共和国担保法》实行电费担保，对于解决电费回收难、降低供电企业的经营风险是非常必要的，也是保障电费债权的一种有效途径，具有很重要的现实意义。

3-4-9 根据《中华人民共和国担保法》的规定，担保方式有哪几种？

根据《中华人民共和国担保法》的规定，担保方式有保证、抵押、质押、留置和定金五种方式。

3-4-10 什么是保证？

保证是指保证人和债权人约定，当债务人不履行债务时，保证人按照约定履行债务或者承担责任的行为。

3-4-11 保证的方式有哪些？

保证分为一般保证和连带责任保证两种。

（1）一般保证：当事人在保证合同中约定，债务人不能履行债务时，由保证人承担保证责任的，为一般保证。

（2）连带责任保证：当事人在保证合同中约定保证人与债务人对债务承担连带责任的，为连带责任保证。

3-4-12 根据《中华人民共和国担保法》，保证人资格是如何规定的？

根据《中华人民共和国担保法》第七条的规定，保证人必须是具有清偿能力的法人、其他组织或公民。

下列法人或其他组织禁止作为保证人：

（1）国家机关不得作为保证人，但经国务院批准为使用外国政府或者国际经济组织贷款进行转贷的除外。

（2）学校、幼儿园、医院等以公益为目的的事业单位、社会团体不得为保证人。

（3）企业法人的分支机构、职能部门不得为保证人，但企业法人的分支机构有法人书面授权的，可以在授权范围内提供保证的除外。

（4）任何单位或个人不得强令银行等金融机构或者企业为他人提供保证。

3-4-13 根据《中华人民共和国担保法》规定，保证合同的主要内容有哪些？

根据《中华人民共和国担保法》规定，保证合同的主要内容如下。

（1）被保证的主债权种类及数额。

（2）债务人履行债务的期限。

（3）保证的方式。

（4）保证担保的范围。

（5）保证的期间。

（6）双方认为需要约定的其他事项。

3-4-14 什么是抵押？

抵押是指债务人或者第三人向债权人以不转移占有的方式提供一定的财产作为抵押物，用以担保债务履行的担保方式。

3-4-15 《中华人民共和国担保法》对可以作为抵押物的财产是如何规定的？

根据《中华人民共和国担保法》第三十四条规定，抵押物必须是法律规定可以用作抵押的物，下列财产可以抵押。

（1）抵押人所有的房屋和其他地上定着物。

（2）抵押人所有的机器、交通运输工具和其他财产。

（3）抵押人依法有权处分的国有土地使用权、房屋和其他地上定着物。

（4）抵押人依法有权处分的国有的机器、交通运输工具和其他财产。

（5）抵押人依法承包并经同意抵押的荒山、荒沟、荒丘、荒滩等荒地的土地使用权。

（6）依法可以抵押的其他财产。

3-4-16 《中华人民共和国担保法》对不得作为抵押物的财产是如何规定的？

根据《中华人民共和国担保法》第三十七条规定，下列财产不得抵押。

（1）土地所有权。

（2）耕地、宅基地、自留地、自留山等集体所有的土地使用权。

（3）学校、幼儿园、医院等以公益为目的的事业单位、社会团体的教育设施、医疗卫生设施和其他社会公益设施。

（4）所有权、使用权不明或者有争议的财产。

（5）依法被查封、扣押、监管的财产。

（6）依法不得抵押的其他财产。

3-4-17 抵押合同的主要内容有哪些？

（1）被担保的主债权的种类和数额。

（2）债务人履行债务的期限。

（3）抵押物的名称、数量、质量、状况、所在地、所有权权属或使用权权属。

（4）抵押担保的范围。

（5）当事人认为需要约定的其他事项。

3-4-18 什么是质押？

质押是指债务人或者第三方将其动产或权利移交债权人占有，作为债权履行的担保。

3-4-19 质押合同的主要内容有哪些？

根据《中华人民共和国担保法》第六十五条规定，质押合同的内容如下。

（1）被担保的主债权种类、数额。

（2）债务人履行债务的期限。

（3）质物的名称、数量、质量、状况。

（4）质权的担保范围。

（5）质物移交的时间。

（6）当事人认为需要约定的其他事项。

3-4-20 破产清算的两种方法是什么？

（1）供电企业申请清算。对资不抵债、无力清偿到期债务的企业，如其要无限期拖延债务，迟迟不向法院申请宣告破产，则作为债权人的供电企业应主动向法院申请宣告债务人破产清算债务，并提供供用电合同、电费欠账清单、担保与抵押的证据等材料。

（2）破产企业申请清算。企业主动申请破产清算债务，供电企业要关注法院受理案件的公告、立案时间，破产案件的债务人、债务数额，申报电费债权的期限、地点，第一次债权人会议召开的日期、地点，以便做好准备，充分行使法律赋予债权人的各种权利。

3-4-21 如何防范为逃债而假破产客户的欠费？

（1）在证据确凿的情况下，积极向法院反映实际情况，争取使法院不受理逃债企业的破产申请，使其逃债计划流产。

（2）对破产企业的隐匿、私分财产等逃债行为，根据《中华人民共和国民法通则》《中华人民共和国企业破产法》，向法院提起确认之诉；或根据《中华人民共和国合同法》提起撤销权之诉，请求法院确认其行为无效并追回财产。

（3）对已破产又在其基础上组建新企业，但实际仍受原企业控制，应根据民法诉其欺诈，请求法院宣告其破产无效，由新企业对原有债务承担连带责任。

3-4-22 如何对被注销企业的欠费进行追讨？

因违法或不参加年检等原因被注销，本应进行清算偿债程序而未进行，却又在被注销企业基础上通过合并、分立等方式成立新企业的欠费用户，可请求法院宣告其合并、分立无效，并由新企业负责偿还欠费。

3-4-23 什么是代位权？

代位权是指因债务人怠于行使到期债权，对债权人造成伤害的，债权人可以向人民法院请求以自己的名义代位行使债务人债权的权利。

3-4-24 代位权在电费债权中发生的条件是什么？

（1）根据供用电合同的约定，用电人已延迟给付电费。

（2）用电人对第三人享有债权。

（3）用电人有怠于行使自己债权的行为，已经对电费的给付造成损害。

3-4-25 供电企业行使代位权应注意哪些问题？

供电企业行使代位权，应以自己的名义行使代位权，并无须征得用电人的同意。代位权的形式，也可以使供电企业的债权得到一定程度的保护。需注意的是，供电企业在行使代位权时，必须向人民法院作出请求，而不能直接向第三方行使代位权。代位权的形式范围以用电人所欠电费为限。

3-4-26 什么是抵销权？

抵销权包括法定抵销权和约定抵销权。

（1）法定抵销权：当事人互负到期债务，该债务的标的物种类、品质相同的，任何一方可以将自己的债务与对方的债务抵销。

（2）约定抵销权：当事人互负债务，标的物的种类、性质不同，经双方协商一致，也可以抵销。

3-4-27 请简述法定抵销权和约定抵销权的区别。

法定抵销权和约定抵销权的区别如下。

（1）当事人互负债务。法定抵销权要求债务均已到期，而约定抵销权则不加限制。

（2）债的标的物的种类、性质。法定抵销权要求相同，而约定抵销权则不要求。

（3）享有条件。法定抵销权是基于法律规定而享有，无须经过双方协商；而约定抵销权是基于双方的协商一致而享有。

3-4-28 供电企业在运用抵销权时应注意哪些问题？

供电企业在清欠难度较大时，要多渠道、全方位创造条件，适用法定抵销权或约定抵销权。

（1）对于法定抵销权，供电企业只需通知欠费客户即可；自通知到达该客户时，双方债务即告抵销；法定抵销不得附条件或期限。否则，不产生抵销债务的效力。

（2）对于约定抵销，应注意科学地选择标的物，尽量选择那些价值较稳定、易于变现、不易毁损或可为我所用的标的物，并科学地评估其价值。

另外，依照法律规定或按照合同性质不得抵销的，不得运用法定抵销权。

3-4-29 什么是支付令？

支付令是根据《民事诉讼法》第189条规定的民事诉讼中的督促程序。

3-4-30 什么是督促程序？

督促程序是指法院根据债权人的给付金钱和有价证券的申请，以支付令的形式催促债务人限期履行义务的程序。

3-4-31 在电费债权中申请支付令的条件是什么？

（1）必须是请求给付金钱或汇票、支票以及股票、债券、可转让的存单等有价证券的。

（2）请求给付的金钱或有价证券已到期且数额确定，并写明了请求所根据的事实、证据的。

（3）债权人与债务人没有其他债务纠纷的，即债权人没有对待给付的义务。

（4）支付令能够送达债务人的。

3-4-32 什么是起诉？

起诉是指公民、法人或者其他组织因自己的民事权益受到分割或者发生争议，而向人民法院提出诉讼请求，要求人民法院行使国家审判权予以保护的诉讼行为。

3-4-33 什么是仲裁？

仲裁是指争议双方在争议发生前或争议发生后达成协议，自愿将争议交给第三方作出裁决，双方有义务执行的一种解决争议的方法。

3-4-34 供电企业起诉欠费客户应注意哪些问题？

（1）证据收集。供电企业应首先做好证据收集。

（2）法院的选择。双方实现在合同中约定了管辖法院的，应到该法院起诉；若无事先约定，应由欠费客户住所地或供用电合同履行地法院管辖。

（3）申请财产保全措施，申请诉前财产保全和诉讼财产保全。

（4）在程序上要保证所提请求没有超过诉讼时效。

（5）把握法院调解的时机。根据具体情况可以做出适当让步，与欠费客户达成和解协议，以便欠费问题在合作的基础上能较为顺利地解决。

（6）欠费客户拒不履行生效判决的，应及时向有管辖权的法院申请强制执行。

3-4-35 供电企业对欠费客户申请仲裁时应注意哪些问题？

（1）签订仲裁协议。必须由双方协商一致，签订仲裁协议，在仲裁协议中要选定仲裁委员会、约定仲裁事项、表示请求仲裁的意思。

（2）证据的收集。要熟悉该仲裁委员会的仲裁规则，与对方约定仲裁庭的组成方式。

（3）在程序上要保证所提请求没有超过仲裁时效。

3-4-36 请作出客户电费信用风险预警的流程图？

见图3-13。

3-4-37 结合你的工作实际情况，谈谈开展电费风险因素调查时应调查哪些内容。

（1）客户的缴费能力和缴费时间。

（2）客户的资金周转、货币回笼的情况。

（3）是否发生过违章用电、窃电问题或阻碍扰乱电力生产建设秩序，破坏或危害电力设施事件。

（4）供用电合同的签订和履约情况。

（5）客户设备的预试、定校、轮换情况；是否存在用电安全隐患，对电力系统或其他客户是否造成影响。

（6）了解客户经营管理；企业规模、生产能力、产品销售情况，发展能力和发展潜力等。

（7）了解客户对交纳电费的重视程度。

（8）了解客户的银行存款、信用和负债情况。

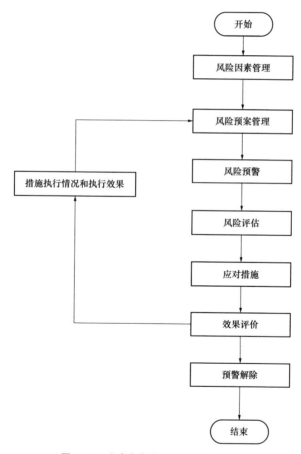

图 3-13　客户电费信用风险预警流程图

3-4-38 保证电费资金安全的管理要求有哪些?

为确保电费资金安全,应分别设置电费核算与收费岗位,不得兼岗;抄表及收费人员不得以任何借口挪用、借用、贪污电费资金;收费网点应安装监控和报警系统,将收费作业全过程纳入监控范围。

3-4-39 什么是电费安全风险?

电费安全风险是指在电费管理过程中,因国内外经济形势变化、抄核收管理不规范、电价政策执行错误、社会代理收费机构拒收客户现金缴纳电费等原因,引起的电费纠纷、电费差错、电费欠收等风险。

3-4-40 什么是欠费风险?

欠费风险是指因用电企业关停、破产、重组、转制,客户经营状况不良,客户流动资金紧缺,客户转租,政府拆迁等原因引起的电费不能及时回收等风险。

3-4-41 抄表段管理可能造成电费回收风险的因素有哪些?

(1)未按规范确定抄表周期,抄表周期安排不合理。

(2)未按规定编排抄表例日,或未经审批随意调整抄表例日。

(3)对新装用户,未建、错建或漏划入抄表段。

(4)对变更用户,误销、误调整抄表段。

(5)抄表段内用户抄表顺序与实际抄表路线不符,未进行抄表顺序编排或调整。

3-4-42 抄表段管理不规范对电费回收会产生哪些风险?

(1)发生漏抄、串抄、错抄引起电量差错。

(2)引发电费差错。

(3)易造成抄录电量与用户实际使用电量不符,导致电量电费确认方面的纠纷。

(4)影响电费及时回收。

3-4-43 如何防范抄表段管理不规范造成的电费回收风险?

（1）规范抄表周期。

（2）确定抄表例日。

（3）合理划分抄表段。

（4）新户分配或调整抄表段应及时。

（5）根据实际抄表路线,对抄表顺序进行编排和优化调整。

3-4-44 现场抄表可能造成电费回收风险的因素有哪些?

（1）未按抄表例日抄表,提前或滞后于抄表计划日。

（2）抄表准备、抄表数据超过时限规定,与现场换表等其他业务流程冲突。

（3）抄表不到位、估抄、漏抄、串抄、错抄引起电量差错。

（4）未及时发现用户生产经营规模及用电性质变更。

（5）对现场异常情况不能及时发现、准确处理。

（6）对采用集抄、现场管理系统等自动化方式抄表的用户未定期开展现场核对与维护工作。

（7）自动抄表系统在采集、集中、传输、导入过程中发生数据差错。

（8）因现场抄表环境复杂、计量装置安装不规范引起抄表差错。

3-4-45 现场抄表不规范对电费回收会产生哪些风险?

（1）抄录电量与用户实际使用电量不符,导致电量电费确认方面的纠纷。

（2）用户电量一段时期或长期未抄录,引起电量电费损失。

（3）引发电费差错。

（4）用户生产经营规模及性质变更未得到及时处理而造成电量电费错误。

（5）影响电费及时回收。

3-4-46 如何防范现场抄表不规范造成的电费回收风险?

（1）制订合理抄表计划。

（2）按照抄表计划进行抄表。

（3）抄表数据准备齐全。

（4）核对表计信息并准确抄录表码。

（5）对抄表数据进行复核。

（6）对抄表异常进行处理。

（7）远程抄表时要注意核对周期。

（8）规范工作流程，避免在抄表例日进行换表等其他业务。

（9）有关抄表数据信息应及时告知用户。

3-4-47 抄表质量可能造成电费回收风险的因素有哪些？

（1）未定期开展抄表质量随机跟踪抽（检）查。

（2）未建立抄表质量考核制度。

（3）对抄表质量监管不到位。

3-4-48 抄表质量不高对电费回收会产生哪些风险？

（1）造成用户电量一段时期或长期得不到抄录，引起电量电费损失。

（2）发生抄表差错后一次性追补电量电费，易引起用户投诉、拒交电费。

（3）造成用户投诉增加，影响企业服务形象。

3-4-49 如何防范抄表质量造成的电费回收风险？

（1）建立抄表质量随机跟踪抽（检）查制度。

（2）建立抄表质量考核制度，实行月度考核通报。

（3）对当月高压用户抄表中发生动态变更进行逐户审核，复核无误后方可提交电费结算数据。

（4）各级稽查人员接到抄表、核算人员转办的质量核查业务工作单后，必须在规定时限内完成核查工作并出具核查反馈意见。

（5）加强营业普查工作，将自查、互查列为常态工作。

3-4-50 电费计算参数管理可能造成电费回收风险的因素有哪些？

（1）未建立电费计算参数设置管理规范。

（2）电费计算参数标准代码不符合有关规定。

3-4-51 电费计算参数管理不规范对电费回收会产生哪些风险？

（1）易造成较大数量同类用户的电费差错。

（2）因电价标准执行错误易被物价部门处罚。

（3）易造成与用户在电量电费确认方面的纠纷，发生用户以电费计算差错为由拒绝交纳电费的情况。

3-4-52 如何防范电费计算参数管理不规范造成的电费回收风险？

（1）建立电费计算参数管理规范和工作标准。

（2）电费计算参数的变更应有严格的管理权限，明确修改、审核、审批等工作职责，由网省公司统一管理，并有操作记录备查。

（3）通过技术手段对相关电费计算参数的关联性进行校核。

（4）电费计算参数调整后，应对电量电费进行试算并对各类用户的计算结果进行重点抽查。

3-4-53 电量电费计算不正确对电费回收会产生哪些风险？

（1）易造成较大数量用户的电费差错，影响企业形象。

（2）因电价执行错误被物价部门处罚。

（3）易发生用户电量电费确认纠纷，用户拒绝交纳电费。

（4）影响电费的正常回收。

3-4-54 电量电费审核可能造成电费回收风险的因素有哪些？

（1）电费发行后仍存在电量电费差错。包括抄见零电量、电量突增突减、功率因数异常、变线损异常、基本电费异常、总表电量小于子表电量、分时电量异常、超容用电、业务变更不符合规定等。

（2）异常管理不规范，即对电量电费审核中发现的异常，未根据异常类型及时发送异常工作单到相关部门进行处理。

（3）审核时限超过工作标准规定。

（4）电费发行后，统计电费日报表、月报表等数据有误。主要是：电费程序异常错误，或网络连接超时；在做退补电量电费操作后，没有重新统计相关报表；电费发行后，统计电费日报表、月报表后未进行关账，容易产生另账电费，影响报表正确性。

3-4-55 电量电费审核不准确对电费回收会产生哪些风险?

（1）发生电费差错，影响正常缴费周期。

（2）易造成与用户在电量电费确认方面的纠纷。

（3）报表差错，影响电费账务。

3-4-56 如何防范电量电费审核不准确造成的电费回收风险?

（1）制定核算管理工作标准，加强对核算内容和时限的控制，通过技术手段对相关电费计算参数的关联性进行校核。

（2）合理设置核算岗位，集中开展电费核算业务工作，对电价政策调整、数据编码变更，营销管理信息系统软件修改，营销管理信息系统故障等事件发生后，应对电量电费进行试算，并对各类用户的计算结果进行重点抽查审核。

（3）制定零度户管理办法，对非正常情况出现的零度户，要逐户认真分析，出具异常工作单，督促相关单位，按照有关规定处理。

（4）严格执行《国家电网公司营业抄核收工作管理规定》。

3-4-57 电费退补可能造成电费回收风险的因素有哪些?

（1）未按电价调整文件等办理政策性调价退补电费。

（2）非政策性退补不符合有关规定。主要包括对因计量误差、计量接线错误未按照规定的计算时间和电量退补相应电费；对因违约用电、窃电等原因未按有关规定追补电量电费和违约使用电费。

3-4-58 如何防范电费退补不正确造成的电费回收风险?

（1）退补处理采用流程管理，包含退补电量电费申请、审核和发行，并根据退补电量电费额度设置不同岗位的审批。

（2）加强退补电量电费的审核。审核《违章（约）用电、窃电处理决定》，并根据违约、窃电时间、容量核对追补电量、追补电费和违约使用电费。

（3）对政策性调价退补电费，严格按照政策规定办理。

（4）加强核算人员的业务技能培训及政策学习。

3-4-59 坐收收费可能造成电费回收风险的因素有哪些？

（1）收费差错风险：收取了假币、虚假票据；由于走收电费未锁定，造成用户重复缴费；收错电费，造成用户真实欠费未得到反映。

（2）电费资金安全风险：营业所收费过程中的电费资金安全风险；收费工作结束后，解款过程中的电费资金安全风险和解款人员的人身安全风险；私自将电费资金挪用截留形成的电费资金安全风险；在日终解款后，收取的用户现金由于当日不能存入银行而形成的电费资金安全风险。

3-4-60 坐收收费对电费回收会产生哪些风险？

（1）电费资金受到损失，收费人员人身受到伤害、个人经济受到损失。

（2）走收用户重复缴费，造成电费资金与应收数据不一致，易发生电费资金被截留，与用户产生纠纷。

（3）因错误收费误销用户欠费，造成用户真实欠费未及时反映，引起用户电费纠纷，造成欠费难以追缴的电费回收风险。

3-4-61 走收结算方式可能造成电费回收风险的因素有哪些？

（1）因收费差错造成的电费风险。走收过程中，由于走收人员对假币辨别能力不强或验钞设备过于陈旧，不能识别假币。

（2）电费资金安全风险：现场收费结束后，走收人员到银行解款过程中的电费资金安全风险和人身安全风险；走收人员私自将电费资金挪用截留形成的电费资金安全风险。

（3）票据安全风险。走收人员领取已打印好的应收费清单和电费发票进行收费的过程中，票据遗失。

3-4-62　走收结算方式对电费回收会产生哪些风险？

（1）造成企业电费资金、个人经济受到损失。

（2）造成收费人员人身伤害，影响电费回收。

3-4-63　代收可能造成电费回收风险的因素有哪些？

（1）代收费网点发生错交电费，导致把 A 用户电费错交至 B 用户的电费上。

（2）代收费网点发票管理不善。

（3）非金融机构代收电费结束后，电费资金未及时归集，导致资金被挪用截留。

3-4-64　代收对电费回收会产生哪些风险？

（1）导致系统中显示用户仍是欠费状态，造成欠费停电和用户投诉。

（2）非金融机构代收资金未及时归集，造成资金风险；发票管理混乱，造成阴阳票差错，引起纠纷。

3-4-65　代扣可能造成电费回收风险的因素有哪些？

（1）合作方录入信息系统错误。用户签约时信息准确，受理银行在录入系统时发生错误；用户已经签订代扣协议，但是供电方营销系统用电用户缴费信息未同步更新，致使电费代扣不成功。

（2）合作方信息系统运行不正常。合作方由于系统升级、网络原因，不能满足供电方代扣要求，出现重扣、错扣、漏扣或未扣，导致用户存折有足额资金但扣款不成功。

3-4-66　代扣对电费回收会产生哪些风险？

（1）容易造成交费纠纷，导致用户投诉。

（2）未真实反映用户欠费情况，可能形成电费呆账、坏账，产生欠费风险。

3-4-67　卡表购电可能造成电费回收风险的因素有哪些？

（1）购电费资金风险。由于卡表购电流程执行不到位，用户电费资金未进入营销系统但售电系统已写卡，形成电费账外账，或者购电资金被截留挪用，造成电费资金安全风险。

（2）售电系统安全风险。由于没有采用较高的安全等级造成售电系统中用户电卡表售电信息被篡改，由于操作错误电卡表设置存在问题，致使电卡表计费信息与实际使用情况不一致，造成用户欠费但卡表未停电。

（3）设备故障风险。因卡箱设备发生故障，不读卡或非正常停电造成用户损失。

（4）管理风险。用户用电情况变更，因日常监督管理不到位，造成预付电费与实际结算电费相差太大，影响电费回收。

3-4-68 卡表购电对电费回收会产生哪些风险？

（1）引起电费回收风险增加，造成电量电费纠纷，甚至造成电费损失。

（2）购电价过高占用用户大量流动资金，用户存在异议，购电价过低导致用户欠费，电费回收风险加大。

3-4-69 负控预付费可能造成电费回收风险的因素有哪些？

（1）设备运行风险：收费成功后，预付费参数无法到达负控终端，用户设备跳闸；通信联络失败，用户实时负荷、电量无法监控。

（2）系统安全风险：预付费系统服务器主机故障，数据存储设备故障；数据库管理系统故障，数据文件损坏；系统操作密码泄露，机房被人为破坏。

（3）欠费风险：用户已安装负控预付费设备，但是未与用户签订预付费购电协议；预付费购电协议未明确用户发生违约行为后，电力企业电费回收的方式方法。

（4）预结算单价偏差风险。

3-4-70 负控预付费对电费回收会产生哪些风险？

（1）由于负控设备通信失败，实时负荷数据无法采集，无法对用户进行负荷控制，造成电费欠费风险。

（2）用户预付费后，由于与用户终端联系失败，导致用户设备自动断开，造成用户经济损失，用户与电力企业之间形成经济纠纷。

（3）预付费系统服务器主机故障、数据库文件损坏，导致预结算数据丢失，购电记录遗漏。

（4）未与用户签订预付费购电协议，则无法通过负控设备对用户进行负控预付费操作，对电费欠费风险无法防范；预付费购电协议中条款不清，无法保证预付费缴费方式正常执行到位，存在电费欠费风险。

（5）购电单价偏差容易激化供用电矛盾，造成用户投诉。

3-4-71 如何防范负控预付费造成的电费回收风险？

（1）对已安装负荷控制装置的用户，要求采取以供用电合同方式签订预付费协议，实行预付费交费方式。

（2）对用户交纳的金额，做预收处理，并打印电费收据，根据用户用电类别正确制定购电单价，折算成预结算电量，进行电能量采集控制管理。

（3）建立负控设备定时巡查制度，随时检测用户负控设备通信是否正常，确保设备正常运行。

（4）实行负控设备购电应急处理制度，加强与用户联系。

3-4-72 电子特约委托可能造成电费回收风险的因素有哪些？

电子特约委托可能造成电费回收风险的因素有：电子托出方式传输数据不完整。电子托收方式下，数据在传输过程中可能由于网络、系统原因，导致对方发送、接收数据不完整，扣款、入账不完整。

3-4-73 电子特约委托对电费回收会产生哪些风险？

（1）数据传输不畅或不完整导致电费不能正常回收。

（2）用户投诉和电费纠纷。

3-4-74 分次划拨可能造成电费回收风险的因素有哪些？

（1）未签订分次划拨协议。

（2）协议签订不规范。

（3）分次划拨执行不到位。

3-4-75 分次划拨对电费回收会产生哪些风险？

（1）未签协议或协议条款不清，用户支付能力下降或恶意欠费，供电方无法对恶意欠费用户采取有效措施，导致电费回收风险。

（2）无法保证自己合法权益，形成新的呆账、坏账电费。

3-4-76 如何防范分次划拨造成的电费回收风险？

（1）与用户签订分次划拨协议，并在协议中明确分次划拨次数、时间和金额等。

（2）制定分次划拨预警跟踪制度。供电营业单位对电费划拨结果进行跟踪，未划拨成功的及时通知用户补充划扣，并根据情况按划拨协议对用户采取相应措施。

（3）制定合同履约担保制度。供电方在用电方拖欠电费时运用担保方式请求保证人承担清偿电费债务责任，或直接以定金充抵电费，或运用抵押、质押担保方式优先受偿。

3-4-77 电费资金账户管理可能造成电费回收风险的因素有哪些？

（1）过多设置电费账户，形成电费账外账。

（2）电费账户未按照规定的职能和权限开设、管理电费账户，供电所和收费人员私自设置账户。

3-4-78 电费资金账户管理对电费回收会产生哪些风险？

（1）由于供电所或收费人员私自设置电费账户，电费资金账户失去监督，造成电费资金归集不及时、利用率不高。

（2）易发生电费资金被截留挪用或电费损失。

3-4-79 如何防范电费资金账户管理造成的电费回收风险？

（1）制订电费资金账户管理办法，严格电费资金账户的开立，规范电费资金账户的管理。

（2）各地市公司、各银行只能开设一个电费归集账户，各县市公司及下级单位不能单独开设电费资金账户。

（3）电费归集账户由省公司统一管理，严格执行"收支两条线"原则。隔日退费资金从财务经费资金渠道列支，不得坐支实收电费资金。

（4）加强对电费账户资金的监管，分析进出资金流，开展电费二次销账。

（5）与财务部门联合开展对各单位电费账户的检查和清理，及时清理账外账，取缔私设的电费账户。

3-4-80　票据管理可能造成电费回收风险的因素有哪些？

（1）发票管理不善、丢失。由于没有发票管理制度或者有发票管理制度而没有很好地执行、监督，导致发票丢失、发票虚开等风险，例如，发票管理不善造成空白发票丢失；已经开具的发票在传递途中遗失；纸质发票未及时作废或收回，造成发票重复开具、发票金额与实收金额不一致；机构代收等第三方开票监督不力。

（2）增值税发票虚开。由于增值税发票通过税控系统打印，其发票数据未通过与营销业务应用的接口文本传递，中间环节存在可能被篡改的可能，造成营销业务应用数据与税控系统数据不一致的风险，例如，手工修改增值税发票信息与实际不符的；虚开增值税发票；开具增值税发票的用户不符合开具条件的。

3-4-81　票据管理对电费回收会产生哪些风险？

（1）发票管理混乱或监督不力，造成空白发票丢失；对第三方开票监督不力，造成阴阳票等差错；实收金额与发票金额不一致。

（2）造成国家税收损失，引发人员犯罪。

3-4-82　如何防范客户欠费造成的电费回收风险？

（1）推广使用电卡表、负控预购电等预付费缴费方式。

（2）建立电费回收预警与用户信用等级制度。根据用户的不同信用等级采取相应的催收手段，经催收仍不交费的，可严格按照规定的程序采取停止部分或全部供电。

（3）建立与政府有关部门的沟通机制，及时收集拆迁信息掌握拆迁去向。

（4）全面掌握《中华人民共和国电力法》和《中华人民共和国合同法》的有关规定，正确运用不安抗辩权、抵押、质押担保等法律程序，及时收电费。

（5）正确引导舆论，避免将物业与业主之间的矛盾焦点转移到供电企业，公用电单独计量，尽量实行卡表购电。

3-4-83 电量电费计算可能造成电费回收风险的因素有哪些？

（1）电费计算程序的计算规则不符合电价政策有关规定。

（2）电价代码选错，主要包括：电价代码与用户用电性质、电压等级、用电设备容量等不相符；未按照各项代征款的征收范围和标准确定代征款等。

（3）表计方面计费参数选错，主要包括电能表表位数错误、计算倍率或铭牌倍率与实际不符，异常修改用户电能表抄见起、止码等。

（4）电价政策方面计费参数选错，主要包括：定比定量标准录入错误；未按照电价政策规定或供用电合同约定，选择基本电费收取标准和方式；未按《功率因数调整电费办法》选择考核标准值；变损参数选错、变压器技术规范代码与变压器型号不对应；变、线损分摊信息设置错误；分时标记选错等。

（5）擅自增加或减少国家电价政策规定的收费项目。

（6）用户新装、换表、业务变更等各类用电变更业务处理不规范，业务传票处理或归档不及时。

（7）电量电费计算时限超过工作标准的规定。

3-4-84 如何防范电量电费计算不正确造成的电费回收风险？

（1）制定电费计算程序工作标准和管理要求，当电费计算程序修改、更换新营销管理信息系统或营销管理信息系统故障等事件发生后，应对电量电费进行试算，并对各类用户的计算结果进行重点抽查审核。

（2）建立电费程序异常的应急方案和处理机制，要求电费核算中心在电费计算时，一旦发现问题应在第一时间上报省公司及时处理。

（3）加强电价管理，制定用户电价管理办法。

（4）制定营销业务变更管理办法，明确分级管理程序和职责。

（5）加强营销员工的电价政策等业务技能培训，正确理解电价政策，严格按照电价文件规定的价格执行。

（6）建立电费计算工作质量考核办法，严格各项业务流程的时限管理，加强核算人员的责任心教育。

3-4-85 如何防范坐收收费造成的电费回收风险？

（1）完善电费坐收制度，电费收取做到日清月结，编制实收电费日报表、日累计报表、月报表，不得将未收或预收电费计入电费实收，确保实收电费与银行进账单数据的一致性、与进账金额的一致性，各类发票、凭证与报表数据的一致性，并及时进行交接签字确认。

（2）完善资金管理制度，日终解款后，继续收取的用户现金，专门保管，当日未能进账的现金及票据应按人员分别存放入单位保险柜，保险柜实现双锁双人管理。

（3）增加营业厅硬件配置，配备监控设备、银行专用验钞机。

（4）与银行和押运公司签订三方协议，实现营业网点现金解款上门服务，由押运公司武装押运资金到达银行，规避现金进账风险。

（5）收费员收费时实行唱收唱付，发现错误及时纠正。

（6）用户以电汇、转账支票方式缴费时，应在确认资金已到账的情况下方可收费。

（7）引导用户采用银行储蓄批扣的方式交纳电费

3-4-86 如何防范走收结算方式造成的电费回收风险？

（1）完善电费走收制度，电费收取应做到日清月结，实现走收电费资金定时定点缴存，当日存入电费账户，交接现金解款回单、票据进账单、未收电费发票等凭证，及时进行销账处理。

（2）增强走收人员装备，配备便携式验钞机、移动收费终端、保安器具，确保资金和人身安全。

（3）针对不同地区，加强资金归集进度监管，对走收资金实行按期及时存入银行，避免一次性存入电费造成的风险。

（4）定期清理票据，确保账、款一致；定期检查农村地区走收情况，坚决查处私设账户以及公款私存等违规情况。

（5）引导用户采用银行储蓄批扣的方式交纳电费。

（6）加强营业厅收费人员的业务技能培训和安全教育。

3-4-87 如何防范代收造成的电费回收风险？

（1）必须与代收单位签订代收协议，明确双方在电费代收工作中的责任，对代收用户范围及金额进行约定。

（2）代收单位应及时返回供电方缴费用户的用户编号、收费金额、收费时间、是否打印发票、收费网点、缴费方式等信息。

（3）代收单位未给缴费用户出具电费发票的，可凭缴费凭证补打发票。

（4）应及时与代收单位进行交易对账，核对缴费数据，如果有单边账应及时处理完毕。

（5）对非金融机构代收点在签订代收协议时，收取一定的业务保证金。

3-4-88 如何防范代扣造成的电费回收风险？

（1）开展代扣缴费业务时，应在与银行签订的代扣协议中明确双方工作中的职责。

（2）用户在未终止与某一银行的代扣协议之前，供电单位不受理该用户与其他银行再办理代扣申请。

（3）加强用户电费储蓄资料管理，对供电方受理的储蓄账户开通及变更应由他人进行资料复核，对储蓄资料维护权限实行电费中心集中管理。

（4）仔细检查核对代扣发起和返回数据，发现异常及时联系银行方处理，防止多扣、漏扣及错扣电费。

（5）用户银行账户余额不足时，银行应按代扣协议的要求采取放弃扣款。

（6）因用户账户信息错误、资金不足等原因扣款不成功时，应及时通知用户。

（7）代扣用户电费发票，可凭缴款依据和有效身份证明打印。

3-4-89 如何防范卡表购电造成的电费回收风险？

（1）建立电卡表管理制度，规范电卡表的购买、校验、使用与售电系统管理。

（2）完善卡表预付费操作流程，购电操作中必须先在营销系统中收取电费，出具电费收据，凭电费收据办理购电事宜；明确办理卡表新装、卡表换表、读写异常换卡、读入异常换表、卡表清零等业务后，需要分别处理预置电量、剩余电量、购电信息。

（3）加强电卡表的安全管理，加强营销信息系统和售电系统权限管理，确保用户信息一致。

（4）定期对电卡表用户现场抄表巡视核对，发现异常及时处理。

（5）规范购电协议，明确卡表购电的方式、预警以及相关事宜。

（6）加强对预售电单价与用户实际用电平均电价差异的跟踪分析，及时做出修正。

3-4-90 如何防范电子特约委托造成的电费回收风险？

（1）采用特约委托方式缴费的用电用户，应与供电部门、银行之间签订特约委托缴费的协议。

（2）多个用电用户可以通过一个银行账号进行托收。

（3）加强增值税发票管理，用户的增值税发票需凭相关凭证到电力指定柜台换取。

（4）未托收成功，重新托收或转入其他收费方式。

（5）采取电子托收结算方式，对扣款成功用户的电费发票应该通过邮寄、银行转送或通知用户到指定地点领取。

3-4-91 如何防范票据管理造成的电费回收风险？

（1）建立健全发票管理、使用的工作标准，明确发票流转途径各环节的工作要求，加强财务对发票管理的监督职能。

（2）统一电费票据制作应统一电费管理，对印刷厂交货的新票据，应认真查验入库。

（3）按照财务制度进行库房管理，对各类已使用票据和空白票据及时分类入库，库房防火、防潮、防盗条件达到票据存放要求。

（4）票据使用部门应指定专人按需申请领用和签收，定期移交空白发票和已使用票据。

（5）电费普通发票均应在加盖"财务专用章"或"发票专用章"和打印收费内容后有效。

（6）票据使用部门对领用的电费票据应进行登记并妥善保管，建立电费票据发放签收制度。作废发票必须各联齐全，每联均应盖上"作废"印章，和发票存根一起保存完好，不得丢失。

（7）按期对票据使用进行盘点，保证实收资金、账务报表、营销业务系统与票据开具数据相符。不定期对票据使用和管理情况进行检查。

（8）票据委托银行、超市等第三方开具的，应执行与票据使用部门同样的领用、开具、核销的管理程序，并按约定及时进行票据的移交。

（9）对丢失和被盗票据及时采取报案、登报作废等措施。

（10）建立健全增值税发票管理办法，加强增值税发票使用的检查与考核，强化从业人员的增值税专业知识培训，定期与当地国税部门联系，及时掌握一般纳税人资格变更情况。

? CHAOBIAO HESUAN
SHOUFEI YEWU ZHISHI WENDA

抄表核算
收费业务知识问答

第四章
电力市场与智能电力营销

第一节　电力市场基本知识

4-1-1　什么是电力市场？

电力市场是指采用经济、法律等手段，本着公平竞争、自愿互利的原则，对电力系统中发电、输电、供电和用户等环节组织协调运行的管理机制、执行系统和交换关系的总和。也就是说，电力市场是以电力这种特殊商品作为交换内容的专门市场，是买卖双方进行电力商品交换的场所。

4-1-2　电力市场具有哪些基本特征？

电力市场的基本特征如下。

（1）电力市场具有开放性和竞争性。

（2）电力市场具有计划性和协调性。

（3）电价是电力市场的核心内容。

4-1-3　电力市场基本要素的含义是什么？

（1）电力市场主体。电力市场主体是指进入电力市场的，有独立经济利益和财产、享有民事权利和承担民事责任的法人或自然人。

（2）电力市场客体。市场客体是指市场上买卖双方交易的对象。

（3）电力市场载体。市场载体是市场交易活动得以顺利进行的必要条件，是市场主体对市场客体进行交易的物质基础。

（4）市场价格（电价）。电价是电力商品的货币表现，是电力市场中传递供求变化最敏感的信号，是供求双方关心的焦点。

（5）电力市场运行规则。为了保证电力市场的有序运行，必须制定严密的市场运行规则并严格按照规则执行。

（6）电力市场监管。市场监管是指市场交易双方以外的组织或个人，按照市场管理和运行规则，对从事交易活动的市场主体行为所进行的监察、督导和管制活动。

4-1-4 简述电力市场最基本的原则是什么，它主要体现在哪些方面？

（1）公平。指对所有参与者平等地对待，权利平等，没有歧视和特殊保护。

（2）公正。指市场规则，包括市场准入、竞争与退出规则、定价机制和监管法规等无偏向。

（3）公开。指有关市场交易必要信息的公开。

4-1-5 简述国外电力市场运作模式的分类。

国外电力市场运作模式可归纳为两大类。

（1）沿用发电、输电、配电、售电垂直一体化管理模式，局部进行有限改革。采用这种模式的国家和地区有法国、日本、印度以及英国的苏格兰、美国的部分州。

（2）引入竞争，在发电、售电环节解除或放松管制。采用这种模式的国家和地区有英国、新西兰、阿根廷和美国加利福尼亚州（简称加州）。

4-1-6 什么是电力市场营销？

电力市场营销简称电力营销，是以满足人们的电力消费需求为目的，通过电网企业一系列市场运作，使客户使用的电力商品安全、可靠、合格、经济，并得到满意的服务，同时使电网企业实现开拓市场、占领市场为目的的一切经营活动。

4-1-7 请简述市场营销的特点。

（1）客户导向。客户导向是指企业经营活动的出发点是客户需求，所有的营销活动都必须以满足客户需求为目的的理念。

（2）目标市场。目标市场是指把总体市场细分为多个需求特征的子市场，再选择其中一个或几个子市场进行有针对性的营销。

（3）整体营销。整体营销是指企业在从事市场经营活动时应利用多方位的综合性策略。

（4）利益远景。利益远景是指企业应以追求长期利益为自己的理念，而不是短期或眼前的利润。

4-1-8 什么是客户让渡价值？

客户让渡价值是客户购买总价值与客户支付总成本之间的差额，即客户让渡价值 = 客户购买总价值 − 客户支付总成本。

（1）客户购买总价值。指客户购买某一商品与服务所期望获得的一组利益，包括商品价值、服务价值、人员价值和形象价值等。

（2）客户支付总成本。指客户为购买该商品所消耗的时间、精神、体力以及所支付的货币资金等，包括货币成本、时间成本、精神成本和体力成本等。

4-1-9 简述市场细分的必要性与意义。

市场细分的必要性：客户需求的差异和企业资源的有限要求必须对市场进行细分。

市场细分的意义：有利于选择最有效的目标市场；有利于集中资源投入目标市场；有利于市场营销策略的调整。

4-1-10 市场细分的作用包括哪些？

（1）有利于发现市场营销机会。

（2）有利于掌握目标市场的特点。

（3）有利于制订和调整营销战略。

（4）有利于企业更有效地使用企业资源，提高企业经济效益。

4-1-11 简述电力市场营销的特点。

（1）电力需求预测是电力市场营销的重要内容。由于电力产品产供销同时进行，不能大批量存储，造成电力生产和需求在时间、空间和数量上存在矛盾，所以电力需求预测准确是开展电力市场营销的前提。

（2）电力市场营销组合具有特殊性。电力产品的特殊性及电力生产的特殊性，决定了电力市场营销组合的特殊性。

4-1-12 影响电力需求的因素主要有哪些？

（1）国民经济发展的影响。电力需求发展与经济水平是密切相关的。一个国家经济发展越快，电力需求增长就越快，反之亦然。

（2）自然因素的影响。主要指气候条件、地理环境因素等。

（3）人口因素的影响。人口与电力需求之间是正相关关系。

（4）居民收入水平。居民收入水平越高，居民电力需求越大。

（5）电力替代品的影响。天然气、石油、煤炭和太阳能等一次能源对电力具有替代作用，特别是这些能源的价格将抑制或刺激电力需求的产生。

（6）电价水平。电价水平高，将抑制电力需求，电价水平与电力需求之间是负相关关系。

（7）节电政策的影响。节电政策力度越大，电力客户节电效果越明显。

4-1-13 什么是电力市场分析，有哪些特点？

电力市场分析是指对获得的社会经济发展信息、用电需求信息、典型客户用电情况等采取各种分析方法，对市场变化趋势、特点及异常进行分析，寻找电力市场发展变化规律及趋势，发现问题并提出改进措施，为电网企业进行电网投资建设、经营计划与营销策略制定提供有效的辅助决策依据。

电力市场分析具有准确性、时效性、实用性等特点。

4-1-14 简述钢铁、水泥、铝、化学和煤炭行业的用电特点。

（1）钢铁行业用电特点：用电设备供电可靠性要求高，生产规模大、耗电量多，生产设备运行时间连续，轧钢设备用电影响电力系统稳定运行，负荷率较高。

（2）水泥行业用电特点：对供电可靠性要求较高，用电量大，负荷率高。

（3）铝行业用电特点：用电设备可靠性要求高，负荷率高，用电量大，功率因数较低，高次谐波污染大。

（4）化学行业用电特点：供电可靠性要求高，用电量大，电力负荷平稳、负荷率高，对电设备性能要求严格。

（5）煤炭行业用电特点：对电气设备有特殊要求，井下电压等级逐渐升高，自然功率因数较低，负荷率较低，供电可靠性要求高。

4-1-15 电力市场的主体必须具有哪些特征？

（1）合法性。电力市场主体必须依法登记注册，有一定的组织结构和独立的财产，能以自己的名义享有一定权利和承担一定义务的电力商品生产者、输送者、经销者和消费者。

（2）独立性。电力市场主体必须是依法自主经营、自负盈亏、独立核算的经济组织。

（3）盈利性。电力市场主体必须研究成本核算，进行投入产出比较，如果长期亏损即失去市场主体的有效资格。

（4）平等性。所有的电力市场主体在市场经济活动中是平等的，都有权在市场上进行公平竞争。

4-1-16 根据实际情况，我国电网企业市场营销现状中存在的问题有哪些？

（1）缺乏科学完整的市场营销体系。由于电能产供销同时完成的特殊性，加上电网企业成立时间较短，我国电网企业尚未完全摆脱以生产为中心的管理模式，尽管电网企业市场意识不断增强，建立了相应的市场营销组织机构，加强了市场营销管理。但总体来说，仍处于起步阶段，电网企业缺乏规范的市场营销流程、工作标准和考核体系，工作中心局限于电能销售，缺乏全盘整体规划，营销管理模式还不能迅速对市场变化及时做出反应，影响了市场营销整体效果。

（2）缺乏总体策划和创新。电网企业要把营销活动开展得生机勃勃，离不开总体策划和创新，尤其重要的是这种策划必须是围绕电网企业总体经营战略目标而展开的一系列营销计划，近年来我国经济快速发展，但受国际环境、国家产业结构调整、节能减排等多种因素影响，电力供需形势变化迅速，在供过于求与缺电之间来回波动。电网企业由于对电力市场分析研究不深入，缺乏对电力市场需求变化的总体策划，一旦情况发生变化，常常表现为被动地应对，更谈不上营销策略创新。

（3）缺乏高素质市场营销队伍。高素质市场营销人员的缺乏，是制约电网企业市场营销创新与发展的重要因素。由于长期以来人员配备总是优先满足安全生产需要的传统观念和近年来营销业务量大幅度上升，造成营销人员比例明显偏低。加上电网企业对营销人员在业绩考核、职业发展规划、激励机制等方面存在诸多问题，营销部门缺乏对高素质人才的吸引力，人才问题更加突出。

4-1-17 简述电力市场调研的内容。

（1）对电力客户需求的调研。

（2）对电力通路的调研。

（3）对电力商品本身的调研。

（4）对电力价格的调研。

（5）对电力市场环境的调研。

4-1-18 请作出电力市场调研的流程图。

电力市场调研过程一般由预研、市场调研设计、实施（资料收集）和调研结果处理四个阶段组成，见图4-1。

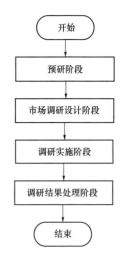

图4-1 电力市场调研流程图

4-1-19 结合国内外的电力市场情况，请说出有哪几种运营模式，并分析各种运营模式的优缺点？

电力市场有以下四种运营模式：

（1）垄断模式。政企不分，发电、输电、配电、售电垂直一体户管理，电力商品交易仅出现在终端销售环节，电价受国家严格监控，电价结构不合理，资产负载率高，没有竞争机制，效率下降。该模式的优点为：促进大型发电厂以及大型输电网的建设，容易获得规模效益，并具有较强的社会义务承担能力。

（2）单一卖家模式。发电领域引入竞争机制，在输电、配电、售电领域仍实行垄断经营。单个买电机构（电网企业），负责从不同的发电企业买电，发电厂不允许将电力直接卖给终端用户。该模式的优点为：降低了电价成本，发电厂竞价上网。缺点是：终端用户和配电公司不能选择供电者，有可能将因输配电环节管理低效而增加的成本加在用户身上。

（3）批发竞争模式。输电网开放，电网经营企业作为主要购电者并提供有偿服务。发电领域引入竞争机制，发电厂所发电力可卖给电网经营企业，也可与配电公司或大用户直接交易。配电公司可选择电网经营企业，也可选择发电公司，但必须销售给其专营区内的用户，配电网不开放；电价买卖双方根据电能供求变化情况协商。该模式的优点为：允许配电公司直接选择独立发电厂的方式扩大了竞争范围。缺点是：对绝大多数终端用户供电仍是垄断专营的。

（4）零售竞争模式。输配电网都向客户开放，输配电公司收取输配电服务费。配电业务与售电业务分开，用户可根据电价及服务质量资源选择零售商，与零售商签订供用电合同或向发电商购电。零售公司不拥有配电网，只是通过向客户提供服务来获得利润。该模式的优点为：市场价格成为灵敏的经济信号，用户享受到优质、廉价的电能产品。

4-1-20 结合我国的现状，分析我国电力市场主要存在的问题。

（1）合理的电价机制仍有待完善。电力价格市场化改革正在推进，按照成本加收益的确定的独立、合理的输配电价在 2009 年有实质性的推进，但上网单价无法反映资源稀缺程度、市场供求关系和环境成本，销售电价无法反映用户真实用电成本，交叉补贴的情况仍然存在。作为市场竞争的核心因素，电价形成机制必须进一步完善。

（2）电力法规修改滞后。我国已出台《电力监督管理条例》等法规和多个改革文件，但尚未从法制的角度对现有法律进行相应的修订，使得电力相关法律建设滞后于市场化改革的要求。

4-1-21 什么是电力促销？电力促销的原则有哪些？

电力促销是指供电企业通过人员推销、广告、公共关系等多种促销方式的组合，传递电力信息，帮助与说服电力客户购买电力产品。

电力促销的原则如下。

（1）遵守电力法律法规。

（2）满足电力客户需求。

（3）建立广泛的促销网络。

4-1-22 电力促销的流程图是怎样的？

见图 4-2。

4-1-23 企业该如何选择适当的客户关系类型？

如果企业在面对少量客户时，提供的产品或服务边际利润水平相当高，那么它应当采用"伙伴型"的客户关系，力争在满足客户需求的同时，自己也能获得丰厚的回报；但如果产品或服务的边际利润水平很低，客户数量极其庞大，那么企业会倾向于采用"基本型"的客户关系，否则它可能因为售后服务的较高成本而出现亏损；其余的类型则可由企业自行选择或组合。

一般说来，企业对客户关系进行管理或改进的趋势，应当是朝着为每个客户提供满意服务，并提高产品的边

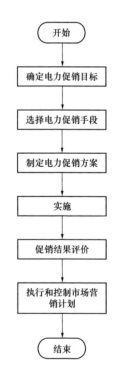

图 4-2 电力促销流程图

际利润水平的方向转变。

4-1-24 现代企业市场营销的变量正在传统的"4P"基础上增加围绕客户的"4C",试说明其具体含义。

具体含义如下。

（1）Customers' Needs and Wants（客户需求和要求），基于 Product（产品和服务）。

（2）Cost to Customers（客户购买产品的代价），基于 Price（价格）。

（3）Convience（客户方便程度），基于 Place（产品的销售和运输渠道）。

（4）Communication（与客户的交流），基于 Promotion（媒体宣传和客户联系）。

4-1-25 全面营销涉及哪几个方面?

全面营销涉关系营销、整合营销、内部营销和社会责任营销四个方面。

4-1-26 市场营销组合的内容包括哪几个策略?

市场营销组合的内容包括产品策略、定价策略、渠道策略和促销策略四个策略。

4-1-27 目标营销战略的决策过程包括哪几个步骤?

目标营销战略的决策过程包含三个重要步骤：一是市场细分；二是目标市场选择；三是市场定位。

4-1-28 简述营销竞争的五种力量。

影响竞争的五种力量：潜在竞争力量、同行业现有竞争力量、买方竞争力量、供货者竞争力量和替代品竞争力量。

第二节 智能电力营销探索与实践

4-2-1 什么是智能电力营销?

智能电力营销是指将互联网、移动通信等技术与电力营销业务高度融合,满足开放电力市场环境下服务对象需求,能够实现能量流、信息流、业务流在电网企业、市场、客户间智能化传输和处理的系统。

4-2-2 简述我国电力营销的三个发展阶段及其主要特征。

电力营销的三个发展阶段及其主要特征如下。

(1)电力生产阶段(1952年—1996年上半年):以生产为中心,较少研究电力市场需求,表现形式是"重发、轻供、不管用"。

(2)电力推销阶段(1996年下半年—1999年初):在重视电力生产的同时注重销售,通过电价优惠、广告、公关等手段促进电力销售。

(3)市场营销阶段(1999年末以后):以市场需求为导向,以满足客户需求为中心,引导客户消费,并取得经济效益和社会效益。

4-2-3 简述我国现代电力营销阶段的主要形成过程。

进入20世纪90年代,随着我国经济发展,电力企业逐渐由生产型向经营型转变。

(1)1997年国家电力公司正式挂牌成立。国家电力公司逐步剥离政府管理职能,成为经营型、具有社会公益性质的企业。

(2)1999年4月,国家电力公司首次设立市场营销处。同年10月国家电力公司提出"构筑面向21世纪的国家电力公司电力营销战略",明确指出国家电力公司应树立以市场需求为导向,以满足客户需求为中心,以引导客户消费,并取得经济效益和社会效益相统一的电力营销观念。

(3)2002年12月,国家电力公司按"厂网分开"原则组建了两大电网公司(国家电网公司、中国南方电网有限责任公司)、五大发电集团和四大电力辅业集团。国家电网公司成立后,电力营销的职能和地位得到进一步凸显,推进电力营销进入以市场为导向的现代电力营销阶段。

4-2-4 简述现代电力营销的主要目标。

现代电力营销以客户满意为宗旨,突出强调客户的市场主体地位。其目标包括:

(1)对电力需求的变化做出快速反应,实时满足客户的电力需求。

(2)在帮助客户节能高效用电的同时,追求电网企业的最佳经济效益。

(3)提供优质的用电服务,与客户建立良好的业务关系,提高客户满意度,打造电网企业市场形象、提高终端能源市场占有率等。

4-2-5 电网企业经营活动应满足什么要求?

电网企业经营活动首先要从了解客户的需要、诉求和行为出发,以客户满意度为最终评价标准,围绕客户的需求设置营销机构、配置企业资源等。

4-2-6 简述美国电力营销组织及业务。

美国电网发展成熟,电力公司数量众多,营销模式和组织结构差异较大。大多数公司会设立客户服务部(也叫客户关系部或客户关怀部),致力于向客户提供满足其需求的电能、相关服务和电力解决方案,包括后续的服务工作、客户奖励以及其他一些特别的服务。

电力营销业务如下。

(1)电网安全是其营销工作重点,供电可靠性成为衡量电力公司工作最主要的标尺。

(2)考虑节电、错峰避峰和环保,美国电力公司出台了各类电价政策,如电动交通工具充电优惠、客户合表优惠、季节性电价优惠和时段性电价优惠等。

(3)电力公司还强调社会责任,如南加州爱迪生电力公司 2013 年 21.6% 的电力供应就属于可再生能源。

4-2-7 简述日本电力营销主要业务及营销手段。

日本电力营销业务包括电价和费率计算、合同事务、远程抄表和增供扩销等。

日本电力公司提供的多种营销手段如下。

（1）设置差别电价，引导高峰负荷分流。

（2）对全电气化住宅实行优惠政策，提高售电量。

（3）提供免费的蓄能空调设备，通过客户安装后使用的电费完成回收。

另外，高效电磁炉、紧凑型热能存储罐系统、新型自动售货机（在夏季通过自动节能控温可实现负荷削峰800MW）、热泵热水器和钠硫电池等设备的研发也极大提高了电能在终端能源消费中的比例，拓展了电力销售市场。

4-2-8 简述英国电力营销主要业务及主要特色。

英国电力营销工作内容包括报装接电、装表抄表、收费查询预约、断电通知、故障处理、供电恢复和电能质量等。

电力营销的主要特色如下。

（1）具有多样、可选的销售电价方案。

（2）电力公司对居民客户实行标准电价（即两部制电价）或昼夜电价（即夜间低电价，针对蓄热取暖客户），允许支付电费的时间尺度和结算方式也灵活多样。

（3）创新售电合同。

（4）对客户提高能源效率给予奖励。

4-2-9 简述法国电力营销组织及主要特色。

法国电力公司营销部下设大用户部、中小企业和居民户部两大部门。八个地区级营业机构下设营业所，从事客户接待、促销、收费等工作。

电力营销的主要特色如下。

（1）抄表、抢修工作由配电网公司负责，并对所有售电公司开放。

（2）收费不设现金台，均通过银行、信用卡等方式托收。

（3）考核电力公司主要指标是客户满意率，并通过社会中介机构评价其服务质量，定期向社会公布。

（4）电价由国家控制，按照容量和电压等级对客户进行分类，电力公司对电价只有建议权。

（5）电力公司实行电、气一体化经营，具有强大的营销技术支持系统。

4-2-10 简述国外电力营销主要工作内容。

国外电力公司很少设置电力营销部门，通过客户服务部、配电网公司、第三方公司等合力完成电力营销工作，与营销紧密结合的技术工作融于各技术部门。国外电力营销工作主要是在保证高供电可靠性的基础上，通过电价盈利并调整市场需求，向客户提供电能相关服务和解决方案，同时鼓励客户节能和使用绿色能源，对于抄表、收费、计量、抢修等工作由企业内部相关部门或专业外包公司承担。

4-2-11 简述国内电力营销工作面临的机遇与挑战。

随着经济社会的发展及电力体制改革的深入，电力营销工作机遇与挑战并存。

（1）"互联网＋"以及新技术和能源革命为拓展市场带来新的机遇，各类新业务（分布式电源、电动汽车充换电等）、新市场（表后代维❶、四表合一❷等）、新领域（电力金融、数据服务）有待进一步开发。

（2）经济持续下行，产业转型难度不减，天然气等清洁能源竞争加剧，市场化带来优质客户减少、市场份额下降的严峻挑战，电网企业经营发展面临前所未有的压力。

（3）电网企业的社会责任进一步凸显，企业在保障新能源发展、促进节能减排、拉动经济增长、带动产业升级等方面责无旁贷。

4-2-12 简述"互联网＋"主要内容。

"互联网＋"是智能终端、网络技术与服务创新的集聚融合。它基于通信技术和移动互联的发展，大跨度地实现了传统产业与新兴产业的协同创新；线

---

❶ 表后代维指产权分界点后线路—设备由用户自行委托相关机构代理运维。

❷ 四表合一指依托用电信息，可以采集到水、热、气的用量。

上线下一体化的资源优化配置和商业模式的再造，充分发挥互联网在生产要素配置中的集成和优化作用，将互联网的创新成果深度融合于经济社会各个领域之中。

4-2-13 简述"互联网+"对营销服务模式的影响。

（1）移动互联网改变了人们的生活方式，体验经济时代已经来临。随着各行业服务水平的提升及生活水平的提高，客户对电力需求和供电服务质量要求不断增高，不再满足"用上电"，而是要"用好电"，供电服务需要达到先进的服务水平才能满足客户深度诉求。

（2）电网企业对大量终端客户的特性探究不深，对加快办电速度、提高供电稳定性、减少停电损失等深层次服务问题分析不足，对用电市场及客户消费需求、心理预期、用电潜力分析不够，电力市场开发的深度和广度需要加强。

（3）随着对电网企业进行监管的部门越来越多，监管的范围不断扩展，监管手段不断强化，电网企业的生产经营活动越来越受到新闻媒体的关注。同时由于新媒体的发展，一个热点事件，6h就可能形成新闻热点，12h内就可能传遍全国。因此，服务工作中稍有不慎，就可能会引起严重后果和舆论风波。

由此可见，"互联网+"时代下增高的客户需求，增强的政府监管和社会监督力度，必将推动电网企业开创"互联网+"下的创新、开放、融合的新型营销服务模式。

4-2-14 简述新技术对电力市场的影响。

依托坚强电网和现代管理理念，利用高级量测、高效控制、高速通信、快速储能等新技术，实现了市场响应迅速、计量公正准确、数据采集实时、收费方式多样、服务高效便捷的目标，将有力推动构建电网与客户能量流、信息流、业务流实时互动的新型供用电关系。通俗地说，就是通过借助新技术智慧地掌控和支配电力，令客户的用电生活变得灵动、聪明，让客户成为用电生活的主人，成为节能减排、低碳生活的参与者和获益者。

4-2-15 简述新技术对营销业务的影响。

新技术推动传统电网模式下的电力营销业务由隔离分散向协同创新方向发展。在技术引领与业务融合的双重推动下，将产生诸如大规模可再生能源并网、电动汽车充电站（桩）管理、互动营销等新的业务领域，电力营销业务将呈现出融合创新特征，业务体系将发生重要变革。

4-2-16 简述"大云物移智"新一代信息技术的内容及给营销业务带来的优势。

"大云物移智"指大数据、云计算、物联网、移动互联网、人工智能。"大云物移智"等新一代信息技术的广泛应用，为实时处理营销海量数据提供了有效的支撑手段。通过提供安全可控的数据共享环境，降低数据使用门槛，提高信息获得的实时性和准确性，在公司内部形成数据的公开透明、平等共享机制，开展全业务状态、市场变化趋势、客户需求分析，提升管理服务效率。

4-2-17 简述电力产业变化的趋势。

电力产业变化的三大趋势：分散而断续的发电、日益廉价的蓄电、智能化用电。它们相互渗透，每个趋势都存在无限商机。

整个中国电力产业正在进行一场重大变革，各类企业和投资者纷纷进入这个潜力无穷的市场，而消费者必将受益，且扮演更主动和自主的角色。

4-2-18 作为全面深化改革中重要的一环，电力体制改革需要重点解决哪些问题？

（1）还原电力商品属性，形成由市场决定电价的机制，以价格引导资源有效开发和合理利用。

（2）构建电力市场体系，促进电力资源在更大范围内优化配置。

（3）支持清洁能源发展，促进能源结构优化。

（4）逐步打破垄断，有序放开竞争性业务，调动社会投资特别是民间资本积极性，促进市场主体多元化。

（5）转变政府职能，进一步简政放权，加强电力统筹规划。

4-2-19 售电市场开放后，电网企业及电力市场的变化趋势是怎样的？

售电市场放开后，符合条件的社会售电公司、节能公司、经济技术开发区甚至发电企业都可能成为售电主体，将呈现百花齐放、爆发式增长局面。电网企业也将从原来的单一买方、单一卖方逐步转变为输配电服务商和参与售电竞争的个体，与社会上其他售电主体形成良性竞争格局。价格和服务将成为用电客户选择售电服务商的主要因素。小水电、新能源、节能火电机组、甚至核电将依靠成本优势，降低售电价格，市场空间不可避免被挤占。各地交易中心的相继挂牌成立，也将推动电力体制改革更加深入。

可以预见，在今后的市场竞争中，以优质服务抢占、争夺和守住售电市场将会是一场长期的、艰巨的、关系着电网企业生存发展的攻坚战。电网企业要避免被管道化，必须掌控市场的主导权。在新形势下，电力营销将面临重新功能定位、转型升级、模式再造等一系列问题。

4-2-20 简述我国"十三五"发展纲要"绿色发展"的目标。

随着第三次工业革命的兴起，互联网与新能源成为推动社会经济发展和人类社会文明的重要驱动力。利用信息通信和电力电子技术，打造智能用电服务体系，构建坚强智能电网，与互联网高度融合，构筑能源生态服务环境，应对全球气候变化挑战，是我国"十三五"发展纲要"绿色发展"的目标。

4-2-21 什么是智能用电？

智能用电是指依托智能电网和现代管理理念，利用高级计量、高效控制、高速通信、快速储能等技术，实现市场响应迅速、计量公正准确、数据实时采集、收费方式多样、服务高效便捷，构建智能电网与客户电力流、信息流、业务流实时互动的新型供用电关系。

智能用电通过智慧地掌控和支配电力，令用电生活变得灵动、聪明，让客户成为用电生活的主人，成为节能减排、低碳生活的参与者和建设者。智能用电是构建坚强智能电网的重要支柱和六大环节之一，是实现坚强智能电网各项功能的基础和物理载体，是建设坚强智能电网的着力点和落脚点。

4-2-22 什么是智能电网？

智能电网是以坚强的电网框架为基础，以通信信息平台为支撑，具有信息化、自动化、互动化的特征，包含发电、输电、变电、配电、用电和调度各个环节，覆盖所有电压等级，实现成为"电力流、信息流、业务流"高度一体化融合的现代电网。智能电网不仅仅意味智能化控制，也包括对电网运行信息智能化处理和管理。

智能电网是通过智能化控制，实现精确供能、对应供能、互助供能和互补供能，将能源利用效率和能源供应安全提高到全新水平，降低环境污染与温室气体排放，提高能耗。电网企业通过技术与具体业务的有效结合，使智能电网在企业生产经营过程中切实发挥作用，最终达到提高运营绩效的目的。

4-2-23 什么是智慧城市？

智慧城市是运用信息和通信技术手段感测、分析、整合城市运行核心系统的各项关键信息，建立可观、可量测、可感知、可分析、可控制的智能化城市管理与运营机制，包括城市的网络、传感器、计算资源等基础设施，以及在此基础上，通过对实时信息和数据进行分析而建立的城市信息管理与综合决策支撑等平台。

智慧城市能够利用信息化的技术，充分感知城市各种用能需求，做出智能响应，包括零碳能源开发、配置和消纳，是一座绿色的、可持续发展的城市。智慧城市具有网络化、智能化、服务化和协同化四个典型特征。

4-2-24 什么是全球能源互联网？

全球能源互联网是以特高压为骨干网架（通道），以输送清洁能源为主导，全球互联泛在的坚强智能电网。将由跨国跨洲骨干网架和涵盖各国各电压等级电网的国家泛在智能电网构成，连接"一极一道"和各洲大型能源基地，适应各种分布式电源接入需要，能够将风能、太阳能、海洋能等清洁能源输送到各类用户，是服务范围广、配置能力强、安全可靠性高、绿色低碳的全球能源配置平台。

全球能源互联网实质是"特高压电网＋智能电网＋清洁能源"，特高压电网是关键，智能电网是基础，清洁能源是根本。其中特高压实现了能源的远距离、大规模配置，智能电网可以将电源、电网、负荷与储能融合成一个综合性的智慧能源系统，从而保障清洁能源的开发和利用。

4-2-25 什么是能源互联网？

能源互联网是以电力系统为中心，智能电网为骨干，互联网、大数据、云计算及其他前沿信息通信技术为纽带，综合运用先进的电力电子技术和智能管理技术，实现横向多源互补、纵向源－网－荷－储协调的能源与信息高度融合的下一代能源体系，同时具有扁平性、面向社会的平台性、商业性和用户服务性。

能源互联网是能源和互联网深度融合的新型能源系统，互联网思维和技术的深度融入是其关键特征。实现多能源系统之间的协同优化管控，其应用场景除了电网，还延伸至智慧社区、智慧能源管理等领域；实现用户利用能量的便捷化、一体化、互动化，能够形成灵活多样的技术管理和商业运作模式。

能源互联网具有"开放、互联、以用户为中心、分布式、共享、对等"六方面新内涵，开放是能源互联网核心理念，主要体现在开放互联的多类型能源、开放对等接入的各种设备与系统、开放加入的各种参与者和终端用户、开放的能源市场和交易平台、开放的能源创新创业环境、开放的能源互联网生态圈、开放的数据与标准等。

4-2-26 简述智能用电、智能电网、智慧城市、全球能源互联网、能源互联网之间的联系。

智能用电是智能电网的组成部分，智能电网是建设能源互联网的物理架构基础，实现能量流、信息流、业务流双向互动的基础平台；智慧城市是智能电网、全球能源互联网、能源互联网的重要载体，全球能源互联网是能源互联网发展的高级阶段和必然选择。

4-2-27 面对能源经济发展的新变化，中央确立了"四个革命、一个合作"的能源发展国策，具体指什么？

"四个革命、一个合作"即推动能源消费革命，抑制不合理能源消费；推动能源供给革命，建立多元供应体系；推动能源技术革命，带动产业升级；推动能源体制革命，打通能源发展快车道；全方位加强国际合作，实现开放条件下能源安全。

4-2-28 2016 年 2 月 29 日，国家发展和改革委员会、国家能源局、工业和信息化部联合发文《关于推进"互联网＋"智慧能源发展的指导意见》（发改能源〔2016〕392 号）的目的是什么？

旨在着眼能源产业全局和长远发展需求，以"互联网＋"为手段，以智能化为目的，促进能源和信息深度融合，推动能源互联网新技术、新模式和新业态发展，为实现我国从能源大国向能源强国转变和经济提质增效升级奠定坚实基础。

4-2-29 简述国家电网公司积极响应国家能源战略所部署的重点工作。

（1）国家电网公司积极响应国家能源战略，大力构建能源互联网的下游。

（2）分布式电源、储能服务、电动汽车充换电、能效服务、需求响应等新业务不断壮大。

（3）表后代维、四表合一、智慧家庭、电力金融等延伸与跨界业务潜力巨大。

（4）各类营销应用系统中蕴藏着海量的客户数据，价值无限，科学合理地开发利用，必将创造更大的经济、社会、环境综合价值。

4-2-30 基于上述电力营销工作面临的机遇和挑战，国网湖北省电力有限公司提出了什么？

提出了"智能电力营销"理念，具体如下。

（1）以大营销体系为基础，以管理与技术创新为根本手段，优化整合现有电力营销要素，利用互联网思维，推动营销业务从线下往线上整合，构筑自动、开放、精益、高效的电力营销模式，实现生产力和生产关系的协调发展、营销服务和客户需求的和谐统一。

（2）从发展内生要求向参与外部竞争转变，强化对客户需求和生态系统的引领，在新型能源终端消费市场中保持主体地位，将能源服务真正变为一种开放的社会化服务。

4-2-31 简述智能电力营销的内涵。

智能电力营销充分运用现代信息技术和用电技术，依托"一型五化"（指客户导向型、业务集约化、管理专业化、机构扁平化、管控实时化、服务协同化）大营销体系，通过技术革命和管理创新，推进组织机构和制度体系、技术支持平台、队伍建设的协调发展和智能融合，实现营销全业务的信息化、自动化和互动化。随着"大云物移智"新一代信息技术的广泛应用，以及电力体制改革的深入，智能电力营销建设将逐步从提升内部管理向参与外部竞争转变，并着力推动能源互联网下游资源的整合，打造"入口＋平台"能源服务生态系统，推进能源专业化服务转为能源社会化服务。

4-2-32 智能电力营销具有什么特征？

智能电力营销具有高度开放、互联、互动的特征。

4-2-33 简述智能电力营销开放特征的具体内涵。

开放是智能电力营销的基本保障。资源高度共享需要开放式的生产模式和组织方式，作为社会资源的组织者和整合者，必备开放特征。构建开放统一、竞争有序的组织运行体系，促进客户和各类用电设备广泛交互、与电网双向互动，实现智能电力营销中各利益相关方的协同和交互。

主要体现在以下几个方面。

（1）开放的能源市场和交易平台，能量自治单元实现对等接入，民主运营。

（2）打破电网"单极"格局，形成远程输送与本地供应结合的市场新形态。

（3）开放的数据资源与技术标准等。

4-2-34 简述智能电力营销互联特征的具体内涵。

互联是智能电力营销的基本形态。广泛互联带来了电网公共服务资源的高效开发和广泛配置，也使多元化、综合化的能源服务商业模式成为可能。

主要体现在以下几个方面。

（1）分布式电源、微电网、虚拟电厂等新型能量单元与电网之间的能量及经营互联。

（2）新型产销者之间及其与新型能量单元间的能量共享互联。

（3）能源网与交通、建筑、金融、互联网等行业的融合互联。

4-2-35 简述智能电力营销互动特征的具体内涵。

互动是智能电力营销的基本要求。扁平、高效、协同的组织管理模式必备互动特征，构建智能电力营销，需要各方相互配合、密切合作，得益于自由交易市场的建立，将真正建立一套高效、联动的立体化需求侧管理机制，持续优化新型能源利用体系的运转效率。

主要体现在以下几个方面。

（1）能源网与产销者之间的互动。

（2）能源网与售能公司间的互动。

（3）微电网、售能公司与终端产销者之间的互动。

4-2-36 简述智能电力营销的核心内容。

智能电力营销的核心是以需求及市场导向为中心、以技术为推动，推进"互联网＋"与业务深度融合，构建能源服务的"入口＋平台"，完成能量流、信息流、业务流在电网企业、市场、客户间的智能化互动，构筑能源服务生态系统，实现能源服务由"垄断型网络运营服务商"向"平台型能源服务商"的转变。

4-2-37 请画出智能电力营销总体架构图。

见图 4-3。

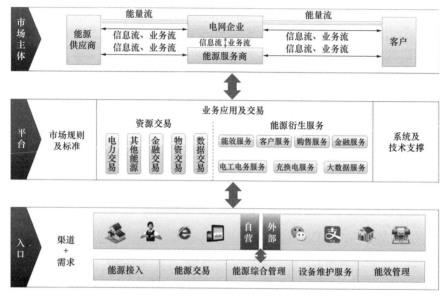

图 4-3　电力营销总体架构图

4-2-38 简述智能电力营销总体架构。

智能电力营销由"生态系统入口 + 生态系统平台 + 市场主体"构成。

（1）生态系统入口是一切市场主体与市场的连接点，类似百度的搜索引擎，是每一个市场主体进行市场活动、实现价值交换的起点。生态系统入口由需求和渠道两个要素构成。

（2）市场主体通过入口，可以完成并享受所需能源服务。

（3）生态系统平台不是一个物理意义上的平台，而是一个跨专业、跨业务领域的所有资源及服务的聚集地。将汇集能源生产、交易、配送、消费、市场动态、运营效能等海量资源信息，并聚合多元的生产者、消费者以及起中介作用的其他主体，类似淘宝的电商服务商城。其核心为电网企业，并聚集了各类能源服务商，承接从入口导入的各种服务需求。

4-2-39 请简述构建生态系统平台市场规则及标准具体体现在哪些方面？

电网企业想要主导"入口＋平台"的建设，就需要积极引领各市场参与者，共同建立和维护良好的市场秩序，具体体现在以下三个方面。

（1）市场规则标准化。必须倡导平等开放的原则，明确规范不同市场主体接入的准入条件、行为标准、数据准则和问题协同等平台交互机制。这些规则的制定不以某个或某类市场主体的意志为转移。标准一旦制定，应对所有市场参与者透明、公开，便于市场主体自主运用平台资源，挖掘现有资源的新价值。

（2）标准执行透明化。市场参与者自觉按市场规则理清边界，规范地组织生产、消费、交易、交流，积极防范和化解平台中出现的各种风险，随时接受市场监督。

（3）实时优化市场规则。尊重市场良性发展的意愿和规则，支持那些有利于市场价值提升的新领域、新业务、新需求、新商业模式接入到平台，围绕新诉求不断优化平台的交互规则。

4-2-40 要从市场规则及标准、系统及技术支撑和业务应用及交易三方面着手，请简述构建生态系统平台的系统及技术支撑具体体现在哪些方面？

应用"大云物移智"等新一代信息技术，构建技术架构柔性统一、信息数据全量一致、业务应用创新涌现的综合信息平台，实现在"互联网＋"下的"云、网、端"基础支撑，具体体现在以下三个方面。

（1）提升企业运营效率。通过数据分析应用，移动互联应用，优化业务流程，提升流转效率；利用云计算手段，提升海量信息处理能力，辅助业务决策；借助移动作业终端，提升现场作业工作效率。

（2）整合服务渠道构建能源入口。利用移动互联网，整合线上线下渠道，提供便捷高效的交互方式，提升客户需求响应速度并提供无缝的客户体验。

（3）创新商业模式。借助大数据分析，挖掘客户个性化需求；拓展基于大数据分析处理的增值服务；借助物联网技术拓展智慧家庭服务；应用移动互联网技术打破属地化服务边界。

4-2-41 构建生态系统平台要从市场规则及标准、系统及技术支撑和业务应用及交易三方面着手，请简述业务应用及交易具体体现在哪些方面。

充分接入各类市场交易能量资源及服务，促进能量流、信息流、业务流顺畅交互，承载不断发展的能源互联网与市场之间广泛、充分连接的服务诉求，具体体现在以下三个方面。

（1）支撑各种能源形式的接入。各种新能源、储能系统与传统电网实现广泛互联，并实现热能、电能、化学能等不同能量形式在能源互联网中相互转化、存储、调剂，形成多能源互补。

（2）支撑各种市场主体的接入。允许能源生产商、能源服务提供商、能源消费者、第三方监管机构等各类市场主体按照既定的规则接入平台，透明、平等地获取和利用平台资源。

（3）支撑各种资源的充分共享。实现能量流的充分共享和全互动，并用信息流来智慧地管理流动中的能量，用业务流优化资源配置，最大化地发挥资源价值，使能源互联网的"价值环"的效能全面凸现。

4-2-42 推进智能电力营销建设两个阶段的主要任务是什么？

推进智能电力营销建设，主要分为初级和高级两个阶段。

（1）初级阶段的主要任务是对内推进"数字营销"建设，实现营销业务信息化、自动化、互动化，促进营销体系和技术支持平台的协调发展和智能融合，构建适应"一型五化"（客户导向型、业务集约化、管理专业化、机构扁平化、服务协同化、市县一体化）和客户需求的营销新模式。

（2）高级阶段的主要任务是对外积极应对体制改革和技术变革，打造"入口＋平台"能源服务生态系统。

4-2-43 简述推进智能电力营销建设进程初级阶段的主要目标。

智能电力营销初级阶段的主要目标：利用技术手段对营销作业层、管理层、决策层实施全面数字化、智能化改造，推进营销抄表自动化、核算集约化、收费社会化、工单电子化、稽查智能化和服务网格化工作，全面构建"互联网＋"下的电力营销O2O（线上全天候受理、线下"一站式"办理）服务模式，营销全业务实现"自动化、信息化、互动化"。

4-2-44 简述推进智能电力营销建设进程高级阶段的主要目标。

智能电力营销高级阶段的主要目标：贯彻落实国家能源发展战略，通过强化对客户需求和生态系统的引领，拟在充满活力的新型能源终端消费市场中保持主体地位。其核心在于将能源服务真正变为一种开放的社会化服务，并用互联网技术不断提升其效率。

4-2-45 智能电力营销建设的初级阶段分为几个时期？各有什么特点？

根据阶段目标和营销现状，初级阶段分为两个时期实施。

（1）重点建设期（2014—2016年）。营销组织架构调整到位；技术支持系统支撑有力；营销队伍素质和装备管理水平不断提升；营销"六化"（营销抄表自动化、核算集约化、收费社会化、工单电子化、稽查智能化和服务网格化）全面实现，电力营销O2O服务模式基本形成。

（2）调整完善期（2017—2018年）。组织及技术架构与业务体系深度融合；"互联网＋"模式以及新技术普及应用；电力营销O2O服务模式不断深化，营销作业方式和服务水平持续优化。

4-2-46 智能电力营销建设的高级阶段分为哪几个时期？各有什么特点？

根据市场竞争水平和模式成熟水平，将智能营销建设高级阶段分为四个时期：起步成长期、持续震荡期、产业成熟期和生态形成期。

（1）起步成长期：该阶段的主要特征是出现竞争态势，参与者数量和实力有限，没有实用化商业模式，市场活跃度较低。该阶段要实现的目标是掌握先机，最大程度集聚合作伙伴，创新商业模式，确立能源服务入口地位，形成能源服务平台的雏形。

（2）持续震荡期：该阶段的主要特征是有实力的市场参与者大量涌入，新商业模式层出不穷，市场异常活跃。该阶段要实现的目标是稳步推进，为平台不断吸纳新血液，巩固入口的地位。

（3）产业成熟期：该阶段的主要特征是市场中形成固定的参与主体，商业模式基本成熟，市场进入新稳态。该阶段要实现的目标是实现长期、稳定的盈利，进一步确定在能源服务市场中的优势地位。

（4）生态形成期：该阶段的主要特征是终端能源存储、消费从电力全面扩展到其他可与电能相互转换的能源领域。该阶段要实现的目标是能源服务的"入口＋平台"全面形成，终端能源服务市场实现完整产业布局。

4-2-47 简述智能电力营销建设的初级阶段的建设内容。

分类开发实施电力营销的决策、管理和作业层技术装备建设，用以覆盖省、市、县、所四级营销业务管理执行及营销管理信息化系统和支撑平台。构建高效运作的业务体系，支撑业务工作决策、执行、监督、考核的闭环管理，实现营销管理纵向管控到底，横向全面融合的目标。

（1）决策层。依托营销基础数据服务平台、营销业务管理平台建设，整合市场发展、经营活动、客户服务、资产运行等数据信息，建立健全覆盖政策、市场、营销业绩、工作质量的"三库一模型"（主题库、数据库、图表库和分析模型），运用分析与辅助决策系统工具，及时、有效地展现业绩、问题，实现营销业务全智能分析决策、全过程风险管控、全方位考核评价。

（2）管理层。在持续推广、深化应用全业务信息化系统的基础上，强化营销业务管理平台下的工作标准管理、业务管控及考核评价，通过信息化手段推行业务执行的目标控制、过程控制、检查监督和纠偏改进，按照"业务流转自动、基础管理规范、统计分析实时"要求，打造"业务全过程闭环运行、风险全天候在线监控、信息全流程规范统一、资产全寿命周期管理、分析全方位实时展现"的"五全"管理平台。

（3）作业层。创新营销作业方式，优化作业技术手段，全面推行营销作业"六化"，增强管控能力，提高工作效率和经营质量。

4-2-48 简述智能电力营销建设的高级阶段的建设内容。

（1）构建多元化和综合化的能源服务商业模式。在新的战略定位下，作为平台型能源服务商，电网企业的业务内容将更加多元化、综合化，具体表现为提供更多类型的服务、吸引更多类型的客户、拓展更多类型的收入，并以更加整合的渠道（入口）承载其业务。

（2）构建资源共享和开放协作的生产组织模式。电网企业作为能源服务领域多边群体的连接者，通过共享其入口获取的客户需求及积累的客户数据，吸引并组织合作伙伴建立能源服务生态系统，共同向客户提供能源服务，并逐步与其他生态系统开展合作，进一步提升服务能力。

（3）构建机构扁平和协同高效的组织管理模式。随着服务半径和服务内容的拓展，客户需求日益多样化，组织必须更加敏捷。在尽可能缩短管理链条的基础上，拓展管控的广度、力度、速度和柔韧度。同时，面对市场竞争，必须围绕客户体验进行协同流程的设计，建立以客户为中心的高度协同工作机制和工作流程。

4-2-49 简述智能电力营销的核心内容。

智能电力营销的核心内容就是以客户为中心的"入口＋平台"营销方式，其发展和深化需要尽可能缩短管理链条，围绕客户体验进行协同流程的设计，建立以客户为中心的组织机构和高度协同的工作机制。国家电网公司全面开展的"三集五大"（指人力资源、财务、物资集约化管理，大规划、大建设、大运行、大检修、大营销体系）建设，构建"一型五化"的大营销体系和"五位一体"协同机制，实现了营销组织机构科学高效、制度体系先进合理，有力推动和保障了智能电力营销的建设和发展。

4-2-50 智能电力营销体制大营销体系建设的目的是什么？

大营销体系建设，旨在适应智能电力营销发展新形势，以客户和市场为中心，坚持集约化、扁平化、专业化方向，进一步创新管理模式，变革组织架构，优化业务流程，建成"客户导向型、业务集约化、管理专业化、机构扁平化、服务一体化、市县协同化"的"一型五化"大营销体系，推进"一口对外"（指统一口径、一致对外）的高效协同服务机制建设。通过建立24h面向客户的统一供电服务体系，形成业务过程管控、服务实时响应的高效运作机制，持续提升供电服务能力、市场拓展能力和业务管控能力，提高营销经营业绩和客户服务水平。

4-2-51 智能电力营销体制的保障作用有哪些？

（1）保障智能电力营销业务与系统的高度融合。

（2）保障智能电力营销新技术应用和新业务发展。

（3）保障智能电力营销服务能力和水平的提升。

（4）保障智能电力营销专业化队伍的建设。

4-2-52 简述智能电力营销体制保障智能电力营销业务与系统高度融合的具体内容。

（1）优化了营销资源配置。计量检定配送、95598热线电话、电费账务处理、营销自动化系统建设及业务应用管理的全面集中管控，在更大范围内优化整合了营销资源，提高了营销资源的配置效率与标准。

（2）强化了营销管控能力。通过对营销关键指标、营销全业务及营销服务的集中在线稽查与监控，可及时发现营销工作的薄弱环节，及时堵塞经营漏洞，使营销质量、服务质量持续改进。

（3）有利于增供扩销和堵漏增收。"营配调"（指营销、配电网、调度）一体化运作、统筹业务报装和配电网建设与改造，更好地满足了客户用电需求，优化了业务流程，缩短了业扩报装周期，减少了计划检修停电时限；统一了配电网线损管理主体，有利于降低管理线损和技术损耗。

4-2-53 简述智能电力营销体制保障智能电力营销新技术应用和新业务发展的具体内容。

智能电力营销体制保障智能电力营销新技术应用和新业务发展的具体内容如下。

（1）激励智能营销技术发展。组织架构明确并加强了国家电网公司总部、省（直辖市）直属科研单位对营销业务支撑功能，加大了营销政策、关键技术、关键设备的研究。着力构建"互联网＋电力营销"智能互动用电服务创新体系，应用大数据、云计算、物联网、移动终端等互联网技术和理念，互联网和新技术在智能电力营销中的应用不断普及和深入。

（2）打造智能用电服务体系。规定了国家电网公司总部、省公司、市公司营销组织对于电动汽车智能充换电服务网络建设、节能服务体系建设、分布式电源接入、光纤到户、智能小区等新型业务的管理职责，强化了省、市、县公司组织支撑，使智能用电服务体系架构逐步完整。

（3）实现大数据集中共享。分层向上集约报装、计量、电费等业务，实现了资源大范围优化共享，为拓展业务领域、发挥集约效应、节约经营成本奠定了基础，为智能电力营销先进技术支撑提供了有力保障。

4-2-54 简述智能电力营销体制保障智能电力营销服务能力和水平提升的具体内容。

（1）提升供电服务能力。强化了服务协同化，突出对客户的服务职能，明确了营销部与运营检修等部门之间工作界面，推进营销、农电、客户服务中心等专业整合，按照客户服务的要求和职责，提供更全面、更专业的服务。通过整合服务资源，规范故障报修流程，减少了停电次数、缩短停电时间，满足客户供电需求，确保供电到户、服务到户。

（2）为客户提供精准服务。依托互联网服务渠道的不断拓展，建立起客户关系管理，对电力客户端实现分析、评价、识别，实现了差异化营销策略，提高电力营销服务的针对性和有效性，使客户充分感受到专属、快捷的服务体验。

（3）强化业务协同配合。与运营检修、发展策划、物资、对外联络、纪检、电力调度控制、运营监控等部门建立例会制度、会商制度，合力协调解决智能电力营销建设中的难题，实现信息共享、分工协作的"一口对外"服务模式，使客户服务响应更加迅速，服务效率明显提高。

4-2-55 简述智能电力营销体制保障智能电力营销专业化队伍建设的具体内容。

（1）缓解营销缺员矛盾。压缩了管理层级，整合了营销管理和业务执行，避免了管理、业务人员的重复配置，提高了执行效率；通过整合配电网和营销的 24h 值班资源，压缩运行值班人员，运行效率大幅度提升。

（2）提升队伍整体素质。通过结构性培养"一岗多能"的营销一线人才，打造一批复合型、高素质人才队伍；以"专而精"为原则，加强对营销人员的培训，提高营销员工整体素质，分门别类建设起与智能电力营销新体系相匹配的高素质营销梯级人才队伍，打造职业化营销队伍。

4-2-56 简述"五位一体"协同机制内容。

"五位一体"协同机制是围绕职责、流程、制度、标准、考核等要素，以业务流程为核心，职责体系为保障，制度标准为准则，对流程进行梳理，实现流程相关要素的整合，促进企业绩效提升，保障"三集五大"高效运转的管理机制。

五个要素间的逻辑关系如图 4-4 所示。

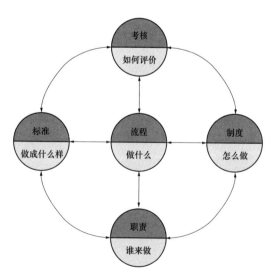

图 4-4 五个要素间的逻辑关系

其中，流程是所有业务运转的"脉络"，是连接其他各要素的主体和纽带。"五位一体"协同机制全面系统地表述了每个岗位"要做什么？如何做？标准是什么？谁来做？如何评价？"等岗位员工亟须明确的问题。通过建立与流程动态匹配的岗位职责体系，分解制度条款，将流程环节逐一落实到岗位上，实现岗位职责的清晰界定，制度标准的有效落地，创新流程绩效管理、完善全员量化考核评价体系，推动公司各管理体系协同运转、持续优化。

4-2-57 简述"五位一体"协同机制的优点。

（1）实现多管理体系协同运转。整合职责、流程、制度、标准、考核等各管理体系，便捷实现各体系管理和调整。建立各体系间的关联关系，各体系间既可动态引用又可动态修改，单体系调整会非常便捷地体现到其他体系中。如新印发一项制度，通过拆分匹配，可以快速落实到流程、岗位。

（2）实现机制"自完善"。通过开展各类定量、定性分析，分析流程与岗位的匹配度，验证岗位设置的科学性；通过流程与制度、标准的匹配度分析检验制度、标准是否存在重复、遗漏的情况；基于风险控制要求，对流程实施风险评估，发现问题，持续改进，促进体系"自完善"。

（3）快速适应组织机构变化。若组织岗位发生变化，只需修改岗位、岗位与流程的匹配关系，便可动态导出新岗位的岗位手册。若管理要求发生变化，只需将新的管理要求匹配到流程环节，便可快捷落实到岗位，各级人员就能够快速了解所要遵循的全部管理要求。

4-2-58 "五位一体"协同机制功能的主要内容有哪些？

"五位一体"协同机制是一种创新的管理体系，旨在通过多体系融合、多部门协同，实现对企业整体业务和管理的管控。主要内容如下。

（1）提高企业管理水平。

（2）动态改进岗位职责。

（3）更好落实岗位责任。

（4）引导流程岗位优化。

（5）服务其他管理体系。

4-2-59 "五位一体"协同机制保障的主要内容有哪些？

（1）提升优质服务水平。

（2）明晰岗位职责分工。

（3）规范营销班组管理。

（4）优化业务流程体系。

（5）使体系运转更流畅。

4-2-60 什么是充换电设施？

充换电设施，是指与电动汽车发生电能交换的相关设施的总称，一般包括充电站、换电站、充电塔、分散充电桩等。

4-2-61 充换电设施用电报装业务分哪几类？

充换电设施用电报装业务分为以下两类。

（1）居民客户在自有产权或拥有使用权的停车位（库）建设的充电设施。

（2）其他非居民客户（包括高压客户）在政府机关、公用机构、大型商业区、居民社区等公共区域建设的充换电设施。

4-2-62 充换电设施竣工验收过程重点是什么？

验收过程重点是检查是否存在超出电动汽车充电以外的转供电行为，充换电设施的电气参数、性能要求、接口标准、谐波治理等是否符合国家或行业标准。

4-2-63 如遇雷电、大雨等恶劣天气，电动汽车能进行充电吗？

如遇雷电、大雨等恶劣天气，在非露天的充电设施上，电动汽车是可以进行充电的。但是为保证充电人员和设备的安全，建议先不要充电，等大雨天气过后再进行充电。充电时因空气湿度较大，宜将充电机先接通电源，待机工作一段时间后再开始对电动汽车充电。

4-2-64 什么是充换电网络?

充换电网络是由充换电设施组成的,通过智能电网、物联网和交通网的"三网"技术融合,实施网络化、信息化和自动化的"三化"管理,实现对电动汽车用户跨区域全覆盖的服务网络。

4-2-65 国家电网公司关于电动汽车充换电设施建设投资如何规定?

客户充换电设施受电及接入系统工程由客户投资建设,其设计、施工及设备材料供应单位由客户自主选择;公司在充换电设施用电申请受理、设计审查、装表接电等全过程服务中,不收取任何服务费用,并投资建设因充换电设施接入引起的公共电网改造。对应用覆盖率达到一定规模的居住区,新建低压配电网,保证电动汽车充换电设施用电需求。

4-2-66 充换电站通过储能电池向电网送电有哪些注意事项?

充换电站通过储能电池向电网送电必须按照公司分布式电源要求办理相关手续,并采取专用开关、反孤岛保护装置等措施。

4-2-67 客户报装充换电设施,应提供哪些资料?

(1)居民低压客户:需提供居民身份证或户口本、固定车位产权证明或产权单位许可证明、物业出具同意使用充换电设施的证明材料。

(2)非居民客户:需提供身份证、固定车位产权证明或产权单位许可证明、停车位(库)平面图、物业出具允许施工的证明等资料。

(3)高压客户:在非居民客户提供资料基础上,还需提供政府职能部门批复文件等证明材料。

4-2-68 充换电设施报装环节的时限有哪些要求?

(1)答复供电方案工作时限:自受理之日起,低压客户1个工作日,高压客户15个工作日内完成。

(2)设计审查工作时限:受理设计审查申请后10个工作日内完成。

(3)竣工检验工作时限:受理竣工检验申请后,低压客户1个工作日,高压客户 5 个工作日内完成。

（4）装表接电工作时限：非居民低压客户 1 个工作日，高压客户 5 个工作日内完成。

4-2-69 充换电设施报装客户签订的合同形式有哪些？

居民低压客户采取背书方式；其他客户签订供用电合同。

4-2-70 充换电设施执行什么用电价格？

国家出台充换电设施用电价格政策前，居民低压客户以及居民社区配套充换电设施用电执行居民生活电价，其他客户执行国家规定的目录销售电价。国家明确充换电设施用电价格政策后，按国家规定电价政策执行。

4-2-71 如何确定电动汽车充换电设施的供电电压等级和供电方式？

根据《国家电网公司业扩供电方案编制导则》规定，确定电动汽车充换电设施的供电电压等级和供电方式如下。

（1）低压供电：电动汽车充换电设施总额定输出功率在 100kW 及以下的，可采用低压供电，其中 50 ～ 100kW（含 50kW），采用 0.4kW 专用线路供电；10 ～ 50kW（含 10kW），采用 0.4kV 公用线路供电；10kW 以下的，采用 0.22kV 公用线路供电。

（2）高压供电：电动汽车充换电设施总额定输出功率在 100kW 以上的，宜采用高压供电，优先选择高压侧计量。

4-2-72 加快居民区电动汽车充电基础设施建设的主要思路是什么？

（1）加强现有居民区设施改造。按"适度超前"原则，对专用固定停车位（含一年及以上租赁期车位），按"一表一车位"模式进行配套供电设施增容改造，每个停车位配置适当容量的电能表。对公共停车位，应结合小区实际情况及电动车用户的充电需求，开展配套供电设施改造，合理配置供电容量。

（2）规范新建居住区设施建设。新建居住区应统一将供电线路敷设至专用固定停车位（或预留敷设条件），预留电能表箱、充电设施安装位置和用电容量，并因地制宜制订公共停车位的供电设施建设方案，为充电基础设施建设安装提供便利。新建居民区停车位配套供电设施建设应与主体建筑同步设计、同步施工。

4-2-73 什么是自用充电基础设施（简称自用桩）？

自用桩指购买和使用电动汽车的个人，在其拥有所有权或使用权的专用固定停车位上建设的充电桩及接入上级电源的相关设施。

4-2-74 什么是公用充电基础设施（简称公用桩）？

公用桩指物业服务企业或充电基础设施运营商等单位，在居民区公共区域建设的为全体业主提供服务的充电桩及接入上级电源的相关设施。

4-2-75 现有充换电服务有哪些？具体包括哪些业务？

（1）线上服务。充换电网络线上服务是通过车联网平台的e充电、微信公众号等互联网线上渠道，为客户提供的服务。

（2）现场服务。充换电设施现场服务是充换电设施通过采用自助或人工形式，为电动汽车客户提供的本地充换电服务。

（3）电话客服。充换电网络95598热线电话包括业务咨询、故障报修、投诉、意见等。

（4）营业网点服务。包括充电卡业务、业务咨询及增值服务等。

4-2-76 什么是分布式电源并网点？

对于有升压站的分布式电源，并网点为分布式电源升压站高压侧母线或节点；对于无升压站的分布式电源，并网点为分布式电源的输出汇总点。

4-2-77 什么是电能替代？

电能替代是指在终端能源消费环节利用电能替代燃煤（薪柴）、燃油（气）的能源消费方式。鼓励优先利用清洁电能（水力发电、风力发电、光伏发电）进行替代。

4-2-78 根据实施主体发挥作用的不同，电能替代项目可分为哪三类？

根据实施主体发挥的作用的不同，电能替代项目可分为公司主导推动、公司带动推广和社会自主实施三类。

（1）公司主导推动是指公司营销人员在业扩报装、用电检查中挖掘跟踪以及公司投资建设的替代项目。

（2）公司带动推广是指通过公司推介成熟技术、展示示范成果和宣传政策引导，以及公司提供电网配套服务的替代项目。

（3）社会自主实施是指因技术进步带动新型用电技术、设备替代传统化石能源的替代项目。

4-2-79 电能替代工作管理包括哪些具体内容？

电能替代工作管理包括市场调研、项目储备、项目实施、替代电量统计认定、电量核查、宣传培训、考核与考评等内容。

4-2-80 创新发展电能替代的工作要求有哪些？

创新发展电能替代的工作要求如下。

（1）加强组织领导，细化工作措施。

（2）积极探索创新，提升推广成效。

（3）注重队伍建设，强化激励考核。

4-2-81 《关于创新推进电能替代推动构建全球能源互联网的意见》的工作目标是什么？

工作目标是实现国家支持政策新突破，内外部协同推进机制更完善，替代领域和规模更广、更深，确保全年完成替代电量 1000 亿 kWh，任务目标上不封顶。

4-2-82 推进北方地区冬季电采暖的目标和措施有哪些？

（1）加快京津冀重点地区"煤改电"工程实施，确保按期完成政府确定的任务目标。

（2）因地制宜推广分散电采暖和电锅炉集中取暖，在北方城市热网末端推广电蓄热锅炉补热等项目。

（3）实施张家口可再生能源示范区供暖。

4-2-83 综合能源服务业务有哪些基本原则？

（1）坚持市场化运作。

（2）坚持客户导向。

（3）坚持因地制宜。

（4）坚持创新推动。

4-2-84 为什么说市场调研是实施电能替代的重要基础工作？

市场调研主要是利用大数据分析等技术，搜集、整理电能替代市场信息，了解电能替代技术应用情况，挖掘替代潜力，为公司开展电能替代、制订精准营销策略提供客观、准确支撑。

4-2-85 如何对电能替代项目进行储备管理？

基层营销人员通过全面筛选、市场调查、推介宣传，将有实施意向的替代项目列为潜力项目，并将项目信息录入电能服务管理平台电能替代项目储备库，再进行统一规范管理。

4-2-86 电能替代项目实施包括哪些内容？配套电网建设投资如何规定？

电能替代项目实施包括配套电网建设、业扩报装服务、试点示范工程建设。由电能替代项目引起的红线外供配电设施建设，应按照公司《关于进一步提升业扩报装服务水平的意见》（国家电网办〔2015〕1029 号）要求，由公司投资建设。

4-2-87 简述发展电能替代的工作基本原则。

（1）坚持电力体制改革方向和创新驱动发展相结合。支持电能替代用户与各类发电企业开展直接交易；深度融合智能电网技术、新一代大数据信息技术，以创新驱动电能替代发展。

（2）坚持政府主导和电网推动相结合。政府主导，电网推动，社会参与。

（3）坚持统筹规划和示范引领相结合。电能替代纳入各地能源发展规划、城市总体规划和城镇化建设；优化配套电网建设改造项目，大力实施典型示范项目。

（4）坚持市场化运作和发挥技术优势相结合。吸引社会资本和力量，组建促进电能替代产业联盟；发挥公司科研、产业资金技术优势，实施电能替代关键技术和装备的集中攻关行动。

4-2-88 电能替代的重点领域有哪些？

（1）居民采暖领域。在学校、商场、办公楼等热负荷不连续的公共建筑，大力推广碳晶、石墨烯发热器件、发热电缆、电热膜等分散电采暖；在供热（燃气）管网无法达到的老旧城区、城乡接合部或生态要求较高区域的居民住宅，推广蓄热式电锅炉、热泵、分散电采暖。

（2）生产制造领域。在生产工艺需要热水（蒸汽）的各类行业，逐步推进蓄热式工业电锅炉应用；在金属加工、铸造、陶瓷、岩棉、微晶玻璃等行业，以及产品具有高附加值的行业，积极推广电窑炉；在采矿、食品加工等企业生产过程中的物料运输环节，以及港口船舶散货运输码头，推广电驱动皮带传输；结合高标准农田建设和推广农业节水灌溉，推进机井通电；在农业生产、农副产品加工、蔬菜大棚养殖存储等领域，推广电供暖、热泵、光热供暖、电蓄冷等技术。

（3）交通运输领域。电动汽车充换电设施；靠港船舶使用岸电和电驱动货物装卸；动机场运行车辆和装备"油改电"（指通过多台高压电机和无级调速液力耦合减速器改变钻机传统的柴油机驱动方式，将柴油机并车驱动改为交流电动机并车驱动）。

（4）电力供应与消费领域。清洁能源消纳、城市大型商场、办公楼、酒店、机场航站楼等建筑推广应用热泵、电蓄冷空调、蓄热电锅炉等。

（5）家庭电气化等其他领域。加强电空调、电冰箱、电磁炉、电热水器等家用电器的普及使用。

4-2-89 创新推进电能替代的重点任务有哪些？

创新推进电能替代的重点任务有统筹规划引领电能替代、全力推动替代领域创新、推动工作机制创新、全面推进工作机制创新、拓宽市场化发展方向、加大支持政策争取力度、完善标准体系促进产业化发展、强化电能替代项目常态化管理、鼓励开展商业模式创新实践、整合资源扩大宣传效应。

4-2-90 如何提升大型公共建筑电能替代规模？

（1）针对医院、商场、宾馆、城市综合体等客户的用能特点，精准推广热泵、电蓄热（冷）、电厨炊技术，对新建建筑力争与主体工程同步设计、同步建设、同步投运，积极推动实施电能替代升级改造，促进能效提升。

（2）对学校、体育场馆、营业厅、政府机关等非连续性供暖客户，充分发挥电采暖可以分时、分区精准控制的优势，推广碳晶、电热膜、空气源热泵等技术，降低客户用能成本。

（3）对企事业单位食堂、城市餐饮客户，大力推广电厨炊、电火锅等。

4-2-91 电能替代如何促进工业制造企业转型升级？

电能替代应抓住国家大力推进供给侧结构性改革的机遇促进工业制造企业转型升级：

（1）在冶炼、金属铸造加工、玻璃及陶瓷烧制等客户聚集区，规模化推广电弧炉、电窑炉，推动形成京津冀、长三角、东北老工业基地等先进制造产业集群。

（2）针对纺织、服装、橡胶、木材加工等企业生产的用热（气）环节，推广应用工业电锅炉。

（3）对石油钻探、矿山采选、油气传输等工矿企业客户，普及电动挖掘、皮带走廊传输、油气管线电加压等替代技术。

（4）对纯燃煤自备电厂企业，严格落实国家规范自备电厂管理的要求，积极推进燃煤自备电厂实施清洁替代。

（5）在冶炼、金属铸造加工、玻璃及陶瓷烧制等客户聚集区，规模化推广电弧炉、电窑炉，推动形成京津冀、长三角、东北老工业基地等先进制造产业集群。

4-2-92 电能替代如何推进农业生产电气化？

（1）对东北、黄淮、长江中下游等大型粮食生产和菌菇养殖等企业客户，大力推广农田机井电排灌、农业大棚电动喷淋、电卷帘、水肥一体化机等电气化种植技术和农产品电烘干技术。

（2）对特色农业种植企业，推广电制茶、电烤烟、电烤槟榔等技术。

（3）对农产品加工及存储销售客户，推广电加工、电保温、电装卸等替代技术，形成加工、保鲜、包装、传送等全产业链"一条龙"替代。

（4）对水产、海产养殖企业，推广应用电温控、电制氧等智能养殖技术，提高养殖产量和质量。

4-2-93 电能替代如何助力绿色交通发展？

（1）对各类港口、水运服务区客户，按照《关于印发共同推进靠港船舶使用岸电战略合作框架协议的通知》（交水发〔2017〕159号）要求，大力实施"两纵一横"港口岸电工程，建成189个具备向船舶供应岸电能力的专业化泊位，实现京杭大运河航运段岸电全覆盖。依托公司车联网平台，推动港口岸电互联互通。

（2）对航空枢纽机场、干线机场客户，全面推广桥载电源加速处理器替代，实现区域枢纽及重要城市机场全覆盖。积极支持电动汽车发展，推动充电桩进小区、进单位，为居民客户提供便捷、智能的家用充电桩一站式服务。

（3）对公交、出租、环卫、物流等集团用户，加快推进专用充电设施建设，促进各类电动专用车、特种车普及应用。

4-2-94 深化电能替代创新，如何提高价格竞争力？

加强与产品供应商战略合作，按照"保本微利"原则提供产品销售服务。

（1）对居民客户，积极采取降低电器价格、买电器送电费、用电送积分等措施，并争取对分时电价、阶梯电价等政策优化调整。

（2）对政企客户，争取使政府出台相关电价政策和财政补贴政策，积极代理客户参与直接交易，扩大售电增量，获取边际效益。

4-2-95 深化电能替代创新，如何强化客户产品和用能服务？

（1）发挥公司品牌优势和资源整合能力，为电能替代客户提供全方位服务。联合电器厂商，为客户提供延长保修期、上门维修、以旧换新等产品售后服务。

（2）发挥公司专业优势，为客户提供电动汽车车桩一体化、用能规划设计、能效诊断、优化用电等延伸服务，帮助客户多用电、用好电。

4-2-96 深化电能替代创新，如何加强渠道建设？

（1）丰富网上渠道。整合加强公司掌上电力、国网商城、智慧车网等自有线上渠道，打造"网上国网"产品推广渠道。加强与互联网公司、电商公司等合作，丰富"互联网＋"产品线上销渠道。

（2）强化线下渠道。明确电管家、政企客户经理、台区经理等人的市场拓展责任，大力推销家庭电气化、电能替代、电动汽车各类产品。依托"三型一化"（指智能型、市场型、体验型、线上线下一体化）供电营业厅建设家庭电气化、电能替代、电动汽车等产品线下体验区，增强客户体验。加强与政府部门、家电厂商、电动汽车厂商等各类行业协会及公司代售网点等联系合作，宣传推广公司产品。

4-2-97 深化电能替代创新，如何维护良好客户关系？

（1）建立包括客户信息、分级管理、维护计划等内容的客户数据库，根据客户价值配置相应的服务资源，对高价值客户给予适度倾斜。

（2）建立客户联络机制，通过上门、电话、邮件、线上渠道等形式回访客户，开展客户关怀、信息传递、项目推动、服务提供和情报收集。

（3）根据客户特点，建立市场人员级别、市场部门级别以及公司级别联络关系。争取与战略性重要客户建立结构性联系，为客户提供管理、资金、技术、培训等多方面协助，提高客户忠诚度。

4-2-98 新时期电力行业发展面临一些亟须通过改革解决的问题主要有哪些？

（1）交易机制缺失，资源利用效率不高。

（2）价格关系没有理顺，市场化定价机制尚未完全形成。

（3）政府职能转变不到位，各类规划协调机制不完善。

（4）发展机制不健全，新能源和可再生能源开发利用面临困难。

（5）立法修法工作相对滞后，制约电力市场化和健康发展。

4-2-99 深化电力体制改革的指导思想和总体目标是什么？

坚持社会主义市场经济改革方向，从我国国情出发，坚持清洁、高效、安全、可持续发展，全面实施国家能源战略，加快构建有效竞争的市场结构和市场体系，形成主要由市场决定能源价格的机制，转变政府对能源的监管方式，建立健全能源法制体系，为建立现代能源体系、保障国家能源安全营造良好的制度环境，充分考虑各方面诉求和电力工业发展规律，兼顾"改到位"和"保稳定"。通过改革，建立健全电力行业"有法可依、政企分开、主体规范、交易公平、价格合理、监管有效"的市场体制，努力降低电力成本、理顺价格形成机制，逐步打破垄断、有序放开竞争性业务，实现供应多元化，调整产业结构，提升技术水平、控制能源消费总量，提高能源利用效率、提高安全可靠性，促进公平竞争、促进节能环保。

4-2-100 深化电力体制改革的重点和路径是什么？

在进一步完善政企分开、厂网分开、主辅分开的基础上，按照管住中间、放开两头的体制架构，有序放开输配以外的竞争性环节电价，有序向社会资本开放配售电业务，有序放开公益性和调节性以外的发用电计划；推进交易机构相对独立，规范运行；继续深化对区域电网建设和适合我国国情的输配体制研究；进一步强化政府监管，进一步强化电力统筹规划，进一步强化电力安全高效运行和可靠供应。

4-2-101 深化电力体制改革的基本原则是什么？

（1）坚持安全可靠。

（2）坚持市场化改革。

（3）坚持保障民生。

（4）坚持科学监管。

（5）坚持节能减排。

4-2-102 推进电力体制改革的重点任务是什么？

（1）有序推进电价改革，理顺电价形成机制。

（2）推进电力交易体制改革，完善市场化交易机制。

（3）建立相对独立的电力交易机构，形成公平规范的市场交易平台。

（4）推进发用电计划改革，更好发挥市场机制的作用。

（5）稳步推进售电侧改革，有序向社会资本放开售电业务。

（6）开放电网公平接入，建立分布式电源发展新机制。

（7）加强电力统筹规划和科学监管，提高电力安全可靠水平。

4-2-103 电力交易机构主要职责有哪些？

电力交易机构主要负责市场交易平台的建设、运营和管理，负责市场交易组织，提供结算依据和服务，汇总用户与发电企业自主签订的双边合同，负责市场主体的注册和相应管理，披露和发布市场信息等。

4-2-104 培育电力市场主体的途径有哪些？

（1）允许符合条件的高新产业园区或经济技术开发区组建售电主体直接售电。

（2）鼓励社会资本投资成立售电主体，允许其从发电企业购买电量向用户销售。

（3）允许拥有分布式电源的用户或微网系统参与电力交易。

（4）鼓励供水、供气、供热等公共服务行业和节能服务公司从事售电业务。

（5）允许符合条件的发电企业投资和组建售电主体进入售电市场，从事售电业务。

4-2-105 输配电价改革的总体目标是什么？

（1）建立规则明晰、水平合理、监管有力、科学透明的独立输配电价体系，形成保障电网安全运行、满足电力市场需要的输配电价形成机制。

（2）还原电力商品属性，按照"准许成本加合理收益"原则，核定电网企业准许总收入和分电压等级输配电价，明确政府性基金和交叉补贴，并向社会公布，接受社会监督。

（3）健全对电网企业的约束和激励机制，促进电网企业改进管理，降低成本，提高效率。

4-2-106 输配电价改革的主要措施有哪些？

（1）逐步扩大输配电价改革试点范围。

（2）认真开展输配电价测算工作。

（3）分类推进交叉补贴改革。

（4）明确过渡时期电力直接交易的输配电价政策。

4-2-107 根据《关于推进电力市场建设的实施意见》，电力市场建设的主要任务有哪些？

（1）组建相对独立的电力交易机构。

（2）搭建电力市场交易技术支持系统。

（3）建立优先购电、优先发电制度。

（4）建立相对稳定的中长期交易机制。

（5）完善跨省跨区电力交易机制。

（6）建立有效竞争的现货交易机制。

（7）建立辅助服务交易机制。

（8）形成促进可再生能源利用的市场机制。

（9）建立市场风险防范机制。

4-2-108 简述电力交易机构组建和规范运行的实施意见。

坚持市场化改革方向，适应电力工业发展客观要求，以构建统一开放、竞争有序的电力市场体系为目标，组建相对独立的电力交易机构，搭建公开透明、功能完善的电力交易平台，依法依规提供规范、可靠、高效、优质的电力交易服务，形成公平公正、有效竞争的市场格局，促进市场在能源资源优化配置中发挥决定性作用和更好发挥政府作用。

4-2-109 哪些用户可以参与直接交易？

允许一定电压等级或容量的用户参与直接交易；允许售电公司参与；允许地方电网和趸售县参与；允许产业园区和经济技术开发区等整体参与。但落后产能、违规建设和违法排污项目不得参与。

选择直接交易的用户，原则上应以全部电量参与市场交易，不再按政府定价购电。

4-2-110 售电公司有哪几类？

售电公司可分为三类。

（1）电网企业的售电公司。

（2）社会资本投资增量配电网，拥有配电网运营权的售电公司。

（3）独立的售电公司，不拥有配电网运营权，不承担保底供电服务。

4-2-111 电力市场化交易有哪些方式？

电力市场交易有批发和零售两种方式。

在交易机构注册的发电公司、售电公司、用户等市场主体可以自主双边交易，也可以通过交易中心集中交易。拥有分布式电源或微网的用户可以委托售电公司代理购售电业务。

4-2-112 根据《关于加强和规范燃煤自备电厂监督管理的指导意见》，拥有并网自备电厂的企业要成为合格发电市场主体，需要满足哪些条件？

（1）符合国家产业政策，达到能效、环保要求。

（2）按规定承担国家依法合规设立的政府性基金，以及与产业政策相符合的政策性交叉补贴。

（3）公平承担发电企业社会责任。

（4）进入各级政府公布的交易主体目录并在交易机构注册。

（5）满足自备电厂参与市场交易的其他相关规定。

抄表核算
收费业务知识问答

CHAOBIAO HESUAN
SHOUFEI YEWU ZHISHI WENDA

第五章
用电管理

第一节　用电营业管理

5-1-1 用电营业管理工作的特点有哪些？

营业是经营业务的简称，用电营业管理是电力营销管理的主要部门之一，是电力营销管理工作中的重要管理环节，是电力企业生产经营的重要组成部分，其主要任务就是围绕电能销售而进行的售前、售中和售后的服务工作。其工作特点可归纳如下：政策性、生产和经营的整体性、技术和经营的统一性、电力发展的先行性、营业窗口的服务性。

5-1-2 为什么说用电营业管理工作具有很强的政策性？

用电营业管理工作是一个政策性非常强的工作，无论是电价，还是业务扩充、用电变更等工作，国家都有很多政策、法规、规范来控制、约束、规范工作过程和工作人员的行为。因此，用电营业管理工作人员应认真贯彻国民经济在不同时期所制定的电力分配政策和一系列合理用电的措施，熟悉国家制定的电价政策，具备较高的政策水平，才能更好地贯彻党和国家对电力工业的方针政策。

5-1-3 为什么说用电营业管理工作具有整体性？

用电营业管理工作具有生产和经营的整体性。电力既不是半成品，又不能储存，因而不能通过一般的商业渠道进入市场，任消费者选购。电能销售只能由电力部门与消费客户之间，组成一个庞大的电力网络，作为销售商品与购买商品的流通渠道。这个渠道是一个不可分割的整体，它既是电力生产的销售渠道，又是电力部门生产过程的基本组成部分。基于这个特点，营业管理工作人员在开展业务时，既要贯彻人民电业为人民的服务宗旨，简化手续，方便客户，及时供电，以满足客户的用电需求，同时还要注意电力工业安全生产所需的技术要求。既要考虑客户当前的用电需求，又要注意网络今后发展的需要；既要配合市政建设和乡村建设，又要注意电力网络的技术改造；既要满足客户需要，又要符合电网实际。总之，营业管理工作必须具备全局观点，使电力工业的生产和营销管理有机地结合起来。这样，广大客户才能获得安全可靠的电源，电力系统才能建成安全稳定的电网，从而做到安全、经济、优质、高效地供应电能。

5-1-4 为什么说用电营业管理工作具有统一性？

供电企业和用户的关系，绝不是单纯的买卖关系。在保证电能产品质量方面，发电、供电、用电三方都有责任。因此，供用电双方必须在技术领域上紧密配合，共同保证电网的安全、稳定、经济、合理，实现保质保量的电能销售与购买的正常进行。

5-1-5 为什么说用电营业管理工作具有先行性？

电力工业发电、供电设备的建设有一定的周期，特别是大型工程的建设周期长，占用资金多。然而电力工业又具有生产与需用一致性的特点，因此电力工业的发展应当走在各行各业建设之前，这是客观规律决定的。对于局部地区供电设施的新建和扩建依据，只能来源于当地客户用电发展的需要，因此，新建、扩建单位在开工前，必须向电力企业提供用电负荷资料和发展规划。供电营销部门应主动了解和掌握这些第一手资料，使当前的供电工作与今后的发展结合起来，为电力工业的发展提供可靠的依据。只有这样，电力工业才能争得主动，做好先行。

5-1-6 为什么说用电营业管理工作具有服务性?

电力企业是具有较强服务性和公益性的行业,供电企业应做到以下事项。

(1)优质高效地办理好大量的营业业务工作。

(2)广泛宣传电力法律、法规和规定。

(3)搜集、解决和反映客户的需求。

(4)为客户提供各种业务咨询服务和事故抢修。

用电营销工作人员的服务态度和工作质量直接关系到企业的声誉。因此,这种群众性、服务性很强的业务,就要求工作人员不仅应具备一定的技术、业务知识,更应具备全心全意为客户服务的高度责任心。本着对企业服务和对客户负责相一致的准则,做好本职工作。

5-1-7 用电营业管理在供电企业中的地位和作用是什么?

用电营业管理在供电企业中的地位:电力企业生产的电能不能通过商店陈列出售,也不能进入仓库储存,只能用多少生产多少,即供、用电两者之间在每一瞬间都必须保持平衡。基于电能生产与消费紧密相连的特点,使得供电企业经营管理与其他企业有显著的不同。

(1)用电营业管理工作涉及社会的各个方面,工作的对象是整个社会,不仅具有广泛的社会性,而且有很强的技术性和服务性。

(2)电能销售后,电能的价格和电费收取情况与国民经济状况和国民经济政策也有着密切的关系。

因此,电能经营管理水平的高低不但影响着资金的回收和电力工业自身的发展,还直接影响着国家的财政收入和国民经济的发展速度。可见,用电营业管理工作是供电企业经营管理工作中非常重要的组成部分,具有举足轻重的地位。

用电营业管理的作用如下。

(1)用电营业管理是供电企业的销售环节。

(2)用电营业管理是供电企业经营成果的综合体现。

5-1-8 为什么说用电营业管理是供电企业经营成果的综合体现?

在用电营业管理工作中，能否准确计量用户每月消耗的电量、及时核算和回收用户每月应付的电费并上交电费；能否挖掘和开拓更多的潜在电力用户；能否公平、公正地计量用户的用电量；能否正确地核算供电成本，关系到电价水平和国家的财政收入，关系到国家、用户和电力部门利益，同时也关系到供电企业的经营成果。因此，供电企业的经营成果是通过用电营业管理这个销售环节体现出来的。

5-1-9 什么是日常营业工作?

日常营业是指供电营业部门除报装接电工作之外的其他日常处理的用电业务工作，包括用电过程中办理的业务变更事项和服务以及管理等。它是整个营业管理工作的一个重要组成部分。

5-1-10 属于日常营业管理性质的工作有哪些?

（1）用电单位改变或用户名称变更。

（2）用电容量变动业务处理。

（3）用电性质、行业、用途发生变动业务处理。

（4）电能计量装置的变更。

（5）违约用电行为稽查工作。

（6）对临时供电及转供用电的管理。

5-1-11 属于日常营业服务性质的工作有哪些?

（1）解答用户查询。

（2）排解用电纠纷。

（3）处理和接待用户来电、来信、来访等。

5-1-12 业务扩充工作的主要内容有哪些?

业务扩充工作的主要内容有：用电申请与登记，确定供电方式与审批供电方案，收取有关费用，设计、施工和检验，签订供用电合同，装表接电，建档立户。

5-1-13 供电企业供电的额定电压分哪几个等级？为什么要将其他等级的电压过渡到额定电压？

（1）供电企业供电的额定电压如下。

低压供电：单相为 220V，三相为 380V；

高压供电：为 10 / 35（63）kV、110 / 220kV。

除发电厂直配电压可采用 3kV 或 6kV 外，其他等级的电压应逐步过渡到上列额定电压。

（2）将其他等级的电压过渡到额定电压的主要原因如下。

1）如 3kV 或 6kV 电压供电半径小，供电能力低，与 10kV 基本属于同一等级电压，过渡到额定电压不仅可提高供电能力，而且可降低线损。

2）简化电压等级，减少变电重复容量，节约投资。

3）减少备品、备件的规范和数量。

5-1-14 业务扩充台账的内容有哪些？为什么要建立业务扩充台账？

（1）业务扩充（以下简称业扩）台账的内容一般包括年月日、编号、户名、用电地址、新（增）装容量、勘查日期、发认可供电通知日期、用户交纳工程费用或贴费金额的日期、转施工部门的日期及竣工日期、用电设备检验日期、签订供用电合同日期、装表接电日期等记录。

（2）业扩台账是处理业扩工作的基本资料之一。也是供电企业内部在业扩工作中，考核各有关部门是否按有关时限规定完成任务的记录。它集中记录了每个用户的每一件申请书、每一项工作传票、每一张业务联系单的运转过程，打开台账即可清楚地了解到某个用户申请用电的进展情况或始末的全过程。营业人员可随时依据业扩台账解答用户的查询，一旦某个用户申请用电发生问题或进程受阻，能迅速查明原因，分清责任，便于及时处理或催办。同时，也是监督供电企业向社会承诺业扩报装时限是否不折不扣地兑现的主要依据。

5-1-15 根据用户用电特点，哪些用户应申请双（多）电源供电？采取哪种供电方案供电？

根据用户用电特点，符合以下条件之一者应申请双（多）电源供电。

（1）供电中断会造成人身伤亡事故者。

（2）供电中断造成设备事故，重要设备严重损坏，连续生产过程长期不能恢复或造成重大经济损失者。

（3）供电中断造成对政治、军事和社会治安秩序产生重大影响者。

（4）供电中断造成环境严重污染者。

（5）高层建筑中的重要负荷，如消防水源、水泵、电梯、事故照明等。

（6）成片住宅区集中供热设备。

对符合双（多）路电源供电条件的用户，一定要安全、可靠地供电。因此，一般应采取二路或二路以上的供电方案。对于特殊重要的负荷，还应设三路以上的电源，有条件时由供电企业提供，无供电条件时，应由用户自备电源。

5-1-16 什么叫临时用电？办理临时用电的规定和注意事项有哪些？

对基建工地、农田水利、市政建设、抢险救灾等非永久性用电，由供电企业供给临时电源的叫临时供电。

办理临时用电的规定如下。

（1）临时用电期限除供电企业准许外，一般不得超过六个月，逾期办理延期手续或永久性正式用电手续的，供电企业应终止供电。

（2）使用临时电源的用户不得向外转供电，也不得转让给其他用户，供电企业也不受理其变更用电事宜，如需改为正式用电，应按新装用电办理。

（3）因抢险救灾需要紧急供电时，供电企业应迅速组织力量，架设临时电源供电。架设临时电源所需工程费用和应付电费，由地方人民政府有关部门负责从救灾经费中拨付。

营业部门在办理临时用电手续时，应注意以下事项。

（1）用户申请临时用电时，必须明确提出使用日期。如有特殊情况需延长用电期限者，应在期满前向供电企业提出申请，经同意后方可继续使用。

（2）临时用电应按规定的分类电价，装设电能表计收电费。如因紧急任务或用电时间较短，也可不装设电能表，按用电设备容量，用电时间、规定的电价计收电费。

（3）临时用电用户在供电前，供电企业应按临时供电的有关内容与用户签订临时供用电合同。

5-1-17 供电设施的运行维护管理范围，其责任分界点一般是如何确定？

（1）公用低压线路供电的，以供电接户线用户端最后支持物为分界点，支持物属供电企业。

（2）10kV 及以下公用高压线路供电的，以用户厂界外或配电室前的第一断路器或第一支持物为分界点，第一断路器或第一支持物属供电企业。

（3）35kV 及以上公用高压线路供电的，以用户厂界外或用户变电站外第一基电杆为分界点。第一基电杆属供电企业。

（4）采用电缆供电的，本着便于维护管理的原则，分界点由供电企业与用户协商确定。

（5）产权属于用户且由用户运行维护的线路，以公用线路分支杆或专用线路接引的公用变电站外第一基电杆为分界点，专用线路第一基电杆属用户。

5-1-18 用户依法破产时供电企业如何办理用电手续？

（1）供电企业应予销户，终止供电。

（2）在破产用户原址上用电的，按新装用电办理。

（3）从破产用户分离出去的新用户，必须在偿清原破产用户电费和其他债务后，方可办理变更用电手续。

（4）从破产用户分离出去的新用户，未偿清电费等债务而继续用电，供电企业可按违约用电处理。

5-1-19 如何计算委托转供电的电量电费？

在计算转供用户用电量、最大需用量及功率因数调整电费时，应扣除被转供户、公用线路与变压器消耗的有功、无功电量。

最大需用量按下列规定折算。

（1）照明及一班制：每月用电量 180kWh，折合 1kW。

（2）二班制：每月用电量 360 kWh，折合 1kW。

（3）三班制：每月用电量 540 kWh，折合 1kW。

（4）农业用电：每月用电量 270 kWh，折合 1kW。

5-1-20 什么是供电方案？它包括哪些内容？

供电方案是电力供应的具体实施计划。

供电方案的主要内容有：供电电源位置、出线方式、供电线路敷设、供电回路数、走径、跨越、用户进线方式、受电装置容量、主接线、继电保护方式、计量方式、运行方式、调度通信等。

5-1-21 什么是低压用户的装接容量？如何确定其容量？

装接容量是指接入计费电能表内（低压供电网络内）的全部设备容量之和，其中包括已接线而未用电的设备。

设备的额定容量是按设备铭牌上标定的额定值。如果设备铭牌上标有分档不同的容量时，应按其中最大的容量计算。如果设备上标的只有输入额定电流时，可按下列关系式计算额定容量。

（1）单相设备：额定容量（kW）=额定电压（kV）× 输入额定电流（A）× 功率因数。

（2）三相设备：额定容量（kW）=1.732 倍额定电压（kV）× 输入额定电流（A）× 功率因数。

5-1-22 临时用电的电费业务怎样办理?

（1）临时用电用户应安装用电计量装置。

（2）临时用电用户未安装用电计量装置的，供电企业应根据其用电容量，按双方约定的每日使用时数和使用期限预收全部电费。

（3）临时用电终止时，实际使用时间不足约定期限二分之一的，可退还预收电费的二分之一；超过约定期限二分之一的，预收电费不退；到约定期限时，得终止供电。

5-1-23 试述趸售电的业务处理。

（1）供电企业一般不采用趸售方式供电，以减少中间环节，特殊情况需要开放趸售供电时，应由省级电网经营企业报国务院电力管理部门批准。

（2）趸购转售电单位应服从电网的统一调度，按国家规定的电价向用户售电，不得再向乡、村层层趸售。

（3）电网经营企业与趸购转售电单位应就趸购转售事宜签订供用电合同，明确双方的权利和义务。

（4）趸购转售电单位需新装或增加趸购容量时，应按《供电营业规则》的规定办理新装增容手续。

5-1-24 试述供电企业供到用户受电端的电压允许偏差的规定。

在电力系统正常状况下，供电企业供到用户受电端的供电电压允许偏差为：35kV 及以上电压供电的，电压正、负偏差的绝对值之和不超过额定值的 10%；10kV 及以下三相供电的，为额定值的 ±7%；220V 单相供电的，为额定值的 +7%，−10%。

在电力系统非正常状态下，用户受电端的电压最大允许偏差不应超过额定值的 ±10%。

5-1-25 在发供电系统正常的情况下，须经批准方可对用户中止供电的对象是哪些？

（1）危害供用电安全，扰乱供用电秩序，拒绝检查者。

（2）拖欠电费经通知催交仍不交者。

（3）受电装置经检验不合格，在指定期间未改善者。

（4）用户注入电网的谐波电流超过标准；以及冲击负荷、非对称负荷等对电能质量产生干扰与妨碍，在规定限期内不采取措施者。

（5）拒不在限期内拆除私增用电容量者。

（6）拒不在限期内交付违约用电引起的费用者。

（7）违反安全用电、计划用电有关规定，拒不改正者。

（8）私自向外转供电力者。

（9）不可抗力和紧急避险、确有窃电行为的，不经批准可中止供电，但事后应报告本单位负责人。

5-1-26 什么是供电方式？供电方式确定的原则是什么？

供电方式是指供电企业向用户提供电源的形式。

供电方式应当按照安全、可靠、经济、合理和便于管理的原则，由电力供应与使用双方根据国家有关规定以及电网规划、用电需求和当地供电条件等因素协商确定。

5-1-27 供电方式分哪几种类型？

供电方式可分为：按电压等级可分为高压供电方式和低压供电方式；按电源数量分为单电源与多电源供电方式；按相数可分为单相和三相供电方式；按供电可靠程度可分为单回和多回供电方式；按供电时间长短可分为临时和正式供电方式；按供电计量方式可分为装表和定额供电方式；按供电是否经过委托转供可分为直接和委托转供电方式等。

5-1-28 如何确定客户供电电压？

确定客户的供电电压应从供电的安全、经济角度出发。根据电网规划，以及客户的用电性质、用电容量、供电方式、供电举例以及当地的供电条件等因素，经过经济技术比较后，选择合适的供电电压。

5-1-29 低压照明用户申请用电时，在用电申请书上应填写哪些主要内容？

（1）户名、用电地址、联系人、联络方式、申请日期。

（2）用电总电容量，用电设备明细表。

5-1-30 用户申请用电时，填写的高压用电申请书有哪些主要内容？

高压用户申请用电时，应按申请书上设计的内容逐栏填写，其主要内容如下。

（1）户名、用电地址、联系人、通信联络方式、申请日期。

（2）用电总容量、用电设备明细及用途，使用高压电动机时应和变压器一并注明台数容量。

（3）生产的主要产品及副产品，工艺流程说明。

（4）主要用电设备的用电特性、用电目的、班次或时间、对供电可靠性的要求，允许停电时间等。

（5）近期及远期用电规划、工期情况，用电负荷及以后的用电计划。

（6）特殊要求：如供电质量、生产备用电源、保安电源、专线供电等。

5-1-31 什么叫委托转供电？有哪些规定和要求？

委托转供电是指在公共供电设施尚未达的地区，供电企业征得该地区有供电能力的直供用户同意，可采用委托方式向附近的用户转供电力，但不得委托重要的国防军工用户转供电。用户也不得自行转供电。

委托转供电应遵守下列规定。

（1）供电企业与委托转供户（以下简称转供户）应就转供范围、转供容量、转供期限、转供费用、转供用电指标、计量方式、电费计算、转供电设备建设、产权划分、运行维护、调度通信、违约责任等事项签订协议。

（2）转供区域内的用户（以下简称被转供户），视同供电企业的直供户，与直供户享有同样的用电权利，其一切用电事宜按直供户的规定办理。

（3）向被转供户供电的公用线路与变压器的损耗电量应由供电企业负担，不得摊入被转供户电量中。

（4）在计算转供户用电量、最大需量及功率因数调整电费时，应扣除被转供户、公用线路与变压器消耗的有功、无功电量。其中对最大需量的折算，按《供电营业规则》第十四条的规定办理。

（5）委托的费用，按委托的业务项目多少，由双方协商确定。

其他要求如下。

（1）由于委托转供电在维护管理、电费核算等方面问题较多，不宜提倡。

（2）转供户如因用电条件变化而无法继续转供电时，应事先向供电企业提出书面申请，一般应由供电企业采取措施，以保证转供户和被转供户的正常供用电。

5-1-32 什么是供电方案的有效期？供电方案的有效期是如何确定的？

供电方案的有效期是指从供电方案正式通知书发出之日起至受电工程开工日为止。

供电方案的有效期根据电压等级不同而不同。高压供电方案的有效期为一年，低压供电方案的有效期为三个月，逾期注销。用户遇有特殊情况，需要延长供电方案有效期的，应在有效期到期前十天向供电企业提出申请，供电企业应视情况予以办理延长手续。

5-1-33 不同容量的供电方式如何确定？

（1）用户单相用电设备总容量不足 10kW 的可采用低压 220V 供电。但有单台设备容量超过 1kW 的单相电焊机、换流设备时，用户必须采取有效的技术措施以消除对电能质量的影响，否则应改为其他方式供电。

（2）用户用电设备容量在 100kW 及以下或需用变压器容量在 50kVA 及以下者，可采用低压三相四线制供电，特殊情况也可采用高压供电。

（3）用电负荷密度较高的地区，经过技术经济比较，采用低压供电的技术经济性明显优于高压供电时，低压供电的容量界限可适当提高。具体容量界限由省电网经营企业做出规定。

5-1-34 用户重要负荷的保安电源，可由供电企业提供，也可由用户自备。在什么情况下，保安电源应由用户自备？

用户重要负荷的保安电源，可由供电企业提供，也可由用户自备。遇有下列情况之一者，保安电源应由用户自备。

（1）在电力系统瓦解或不可抗力造成供电中断时，仍需保证供电的。

（2）用户自备电源比从电力系统供给更为经济合理的。

5-1-35 供电频率的允许偏差如何规定的？

在电力系统正常状况下，供电频率的允许偏差如下。

（1）电网装机容量在 300 万 kW 及以上的，为 ± 0.2 Hz。

（2）电网装机容量在 300 万 kW 以下的，为 ± 0.5 Hz。

在电力系统非正常状况下，供电频率允许偏差不应超过 ± 1.0 Hz。

5-1-36 在发供电系统正常情况下，供电企业可不经批准中止供电的对象有哪些？

在发供电系统正常情况下，下列对象可不经批准中止供电，但事后应报告本单位负责人。

（1）不可抗力和紧急避险；

（2）确有窃电行为。

5-1-37 除因故中止供电外，供电企业需对用户停止供电时，应按哪些程序办理停电手续？

除因故中止供电外，供电企业需对用户停止供电时，应按下列程序办理停电手续。

（1）应将停电的用户、原因、时间报本单位负责人批准。批准权限和程序由省电网经营企业制定。

（2）在停电前三至七天内，将停电通知书送达用户，对重要用户的停电，应将停电通知书报送同级电力管理部门。

（3）在停电前 30min，将停电时间再通知用户一次，方可在通知规定时间实施停电。

5-1-38 因故需要中止供电时，供电企业通知用户或进行公告时有哪些要求？

（1）因供电设施计划检修需要停电时，应提前七天通知用户或进行公告；

（2）因供电设施临时检修需要停止供电时，应当提前 24h 通知重要用户或进行公告；

（3）发供电系统发生故障需要停电、限电或者计划限、停电时，供电企业应按确定的限电序位进行停电或限电。但限电序位应事前公告用户。

5-1-39 用电申请书的类别有哪几种？

用电申请书一般分为居民申请书、低压用电申请书、高压用电申请书和双电源用电申请书等。

5-1-40 用电申请书填写有哪些要求及主要内容？

用电申请书是供电企业制订供电方案的重要依据，客户应如实填写，用电申请书中的主要内容有客户的基本信息、用电地点、用电类别、申请容量、申请事由。

5-1-41 制订供电方案应遵循的基本原则有哪些？

（1）应能满足供用电安全、可靠、经济、运行灵活、管理方便的要求，并留有发展余度。

（2）符合电网建设、改造和发展规划的要求；满足客户近期、远期对电力的需求，具有最佳的综合经济效益。

（3）具有满足客户需求的供电可靠性及合格的电能质量。

（4）符合相关国家标准、电力行业技术标准和规程，以及先进技术装备要求，并对多种供电方案进行技术经济比较，确定最佳方案。

5-1-42 制订供电方案的基本要求有哪些？

（1）根据客户的用电容量、用电性质、用电时间，以及用电负荷的重要程度，确定高压供电、低压供电、临时用电等供电方式。

（2）根据用电负荷的重要程度确定多电源供电方式，提出保安电源、自备应急电源、非电性质的应急措施的配置要求。

（3）客户的自备应急电源、非电性质的应急措施、谐波治理措施应与供用电工程同步设计、同步建设、同步投运、同步管理。

5-1-43 业扩工程包括哪几个阶段？

业扩工程包括工程设计、设计审核、设备购置、工程施工、中间检查、竣工检查等几个阶段。

5-1-44 业扩工程的类别有哪两种？

业扩工程有外部工程和内部工程两种类别。

5-1-45 什么叫业扩内部工程？什么叫业扩外部工程？

受电点以内的工程称为内部工程。

受电点以外的工程称为外部工程。

5-1-46 什么叫中间检查？中间检查的目的是什么？

当业扩工程进行到三分之二时，各种电气设备基本安装就绪时，对客户内部工程的电气设备、变压器容量、继电保护、防雷措施、接地装置等方面进行的全面的质量检查称为中间检查。

中间检查的目的是及时发现不符合设计要求与不符合施工工艺等问题并提出改进意见，争取在完工前进行改正，以避免完工后再进行大量返工。

5-1-47 什么叫竣工检验？高压客户受电工程竣工检验的范围和项目是什么？

送电前的验收检验称为竣工检验。

高压客户受电工程竣工检验的范围包括：工程建设参与单位的资质是否符合规范要求；工程建设是否符合设计要求；工程施工工艺、建设用材、设备选型是否符合规范，技术文件是否齐全；安全措施是否符合规范及现行的安全技术规程的规定。

高压客户受电工程竣工验收项目包括：线路架设或电缆敷设检查；高、低压盘（柜）及二次接线检验；配电室建设及接地检验；变压器及开关试验；环网柜、电缆分支箱检验；中间检查记录；交接试验记录；运行规章制度及入网工作人员资质检验；安全措施检验等。

5-1-48 低压非居民新装完整的客户档案应包括哪些资料？

低压非居民新装完整的客户档案应包括的资料：用电申请书及相关证明材料；用户用电设备清单；营业执照复印件；法人代表身份证复印件；供电方案答复单；受电工程竣工验收登记表；受电工程竣工验收单；供用电合同及其附件；业扩报装现场勘查工作单；装拆表工作单；供用电合同等。

5-1-49 高压新装完整的客户档案应包括哪些资料？

高压非居民新装完整的客户档案应包括的资料：用电申请书；用户用电设备清单；营业执照复印件；法人代表身份证复印件；供电方案答复单；审定的客户电气设计资料及图纸（含竣工图纸）；受电工程中间检查登记表（重要用户和重要负荷用户）；受电工程中间检查结果通知单（重要用户和重要负荷用户）；受电工程竣工验收登记表；受电工程缺陷整改通知单；受电工程竣工验收单；供用电合同及其附件；业扩报装现场勘查工作单；装拆表工作单；供用电合同及附件；委托客户的授权委托书；客户提交的其他相关材料等。

5-1-50 营业质量事故与差错的处理原则是"四不放过"原则，请问"四不放过"原则包括哪些内容？

对发生的营业工作责任事故，必须严肃对待，做到"四不放过"，即事故原因查不清不放过；事故责任者未受到处罚不放过；有关人员没有受到教育不放过；没有防范措施不放过。

5-1-51 营业工作责任事故如何认定？

凡有下列情形之一的，认定为营业工作责任事故。

（1）因工作过失（抄表时错抄、估抄、漏抄，时段电量、需量读数错抄，倍率、表码、用电容量等计费参数不对造成计算错误等）造成电量、电费多收或少收在 1 万 kWh 或 5000 元及以上者。

（2）不按规定的电价类别及价格标准执行电价，造成经济损失在 5000 元及以上者。

（3）业务工作单流转过程中未按承诺、规定时限处理，造成追补或退还电量、电费在 1 万 kWh 或 5000 元及以上者。

（4）因工作过失造成电能计量装置接线错误，错装、错换电能计量装置，或电能表参数设置错误（时段时间等），造成追补或退还电量、电费在 1 万 kWh 或 5000 元及以上者。

（5）电能表校验不准，错写试验报告，互感器未经试验即投入运行，未按周期校验或未定期轮换计量装置及故障表未及时处理，造成电量、电费多收或少收在 1 万 kWh 或 5000 元及以上者。

（6）由于保管、使用不当造成价值 2000 元及以上的仪器、仪表、设备等损坏或丢失者。

（7）丢失收费专章、封印钳、封印、启封器、加有供电部门封印的电能表、抄表机者。

（8）违反现金管理制度，致使电费款被盗、丢失者。

（9）在营销部门管理范围内，因工作失职造成"电力营销信息系统"和"负荷控制系统"等大量数据丢失，网络瘫痪影响工作或硬件设备损坏者。

（10）丢失电费、业务费、增值税票等各种发票或收据（含空白票据）、银行结算票据、用户用电资料、供用电合同、整册抄表簿、电费账单。

（11）因工作失职，出现整册的收费单据漏盖收费专章或被他人盗盖收费专章者。

（12）电费账科目不清或记账造成严重错误，致使电费回收受到严重影响者。

（13）电费收入（含违约使用电费、电费违约金）未按规定及时上缴者。

（14）报表数据严重错误及连续三个月迟报或漏报者。

（15）违反《中华人民共和国统计法》，营销报表弄虚作假，致使统计数据严重失真者。

（16）在供电服务过程中，有下列行为之一的认定为服务事故：收受客户礼品礼金或接受客户宴请者；公开或变相索要客户钱物或故意侵占客户利益者；服务态度蛮横，与客户发生争吵，故意刁难客户者；接待客户查询和咨询时，敷衍推诿者。

5-1-52 重大营业责任事故如何认定？

重大营业责任事故的认定方式如下。

（1）造成电量多收或少收超过 10 万 kWh 及以上的；电费多收或少收超过 5 万元及以上的。

（2）情节严重，损失较大或影响较大的，认定为重大营业责任事故。

5-1-53 营业差错如何认定？

营业差错分为报省差错和一般差错两种。凡造成电量 2000kWh 或电费 1000 元及以上损失的，认定为报省差错；凡造成电量 2000kWh 或电费 1000 元以下损失的，认定为一般差错。

5-1-54 高压客户供电方案应包括哪些主要内容?

高压客户供电方案应包括:批准客户用电的变压器容量;客户的供电电源、供电电压等级及每个电源的供电容量;客户的供电线路、一次主接线和有关电气设备选型配置安装的要求;客户的计费计量点与采集点的设置,计量方式,计量装置的选择配置;客户的计费方案;供电方案的有效期;其他需说明的事宜等。

5-1-55 低压客户受电工程竣工检验的范围和项目是什么?

低压客户受电工程竣工检验的范围包括架空线路、电缆线路、开关站配电室等专业工程的资料与现场验收,工程中的杆塔基础、设备基础、电缆管沟及线路、接地系统等隐蔽工程及配电站房等土建工程是否作中间验收。

低压客户受电工程竣工检验的项目包括:资质审核;资料验收;安装质量验收;安全设施规范化验收等。

5-1-56 根据《供电营业规则》,业务变更有哪几类?

业务变更有 12 类,分别如下。

(1)减少合同约定的用电容量(简称减容)。

(2)暂时停止全部或部分受电设备的用电(简称暂停)。

(3)临时更换大容量变压器(简称暂换)。

(4)迁移受电装置用电地址(简称迁址)。

(5)移动用电计量装置安装位置(简称移表)。

(6)暂时停止用电并拆表(简称暂拆)。

(7)改变用户的名称(简称更名或过户)。

(8)一户分列为两户及以上的用户(简称分户)。

(9)两户及以上用户合并为一户(简称并户)。

(10)合同到期终止用电(简称销户)。

(11)改变供电电压等级(简称改压)。

（12）改变用电类别（简称改类）。

5-1-57 根据《供电营业规则》，如何办理减容？

用户减容，须在五天前向供电企业提出申请。供电企业应按下列规定办理。

（1）减容必须是整台或整组变压器停止或更换小容量变压器用电。供电企业在受理之日后，根据用户申请减容的日期对设备进行加封。从加封之日起，按原计费方式减收其相应容量的基本电费。但用户申明为永久性减容的或从加封之日起期满二年又不办理恢复用电手续的，其减容后的容量已达不到实施两部制电价规定容量标准时，应改为单一制电价计费。

（2）减少用电容量的期限，应根据用户所提出的申请确定，但最短期限不得少于六个月，最长期限不得超过二年。

（3）在减容期限内，供电企业应保留用户减少容量的使用权。用户要求恢复用电，不再交付供电贴费；超过减容期限要求恢复用电时，应按新装或增容手续办理。

（4）在减容期限内要求恢复用电时，应在五天前向供电企业办理恢复用电手续，基本电费从启封之日起计收。

5-1-58 根据《供电营业规则》，如何办理暂停？

用户暂停，须在五天前向供电企业提出申请。供电企业应按下列规定办理。

（1）用户在每一日历年内，可申请全部（含不通过受电变压器的高压电动机）或部分用电容量的暂时停止用电两次，每次不得少于十五天，一年累计暂停时间不得超过六个月。季节性用电或国家另有规定的用户，累计暂停时间可以另议。

（2）按变压器容量计收基本电费的用户，暂停用电必须是整台或整组变压器停止运行。供电企业在受理暂停申请后，根据用户申请暂停的日期对暂停设备加封。从加封之日起，按原计费方式减收其相应容量的基本电费。

（3）暂停期满或每一日历年内累计暂停用电时间超过六个月者，不论用户是否申请恢复用电，供电企业须从期满之日起，按合同约定的容量计收其基本

电费。

（4）在暂停期限内，用户申请恢复暂停用电容量用电时，须在预定恢复日前五天向供电企业提出申请。暂停时间少于十五天者，暂停期间基本电费照收。

（5）按最大需量计收基本电费的用户，申请暂停用电必须是全部容量（含不通过受电变压器的高压电动机）的暂停，并遵守本条（1）至（4）项的有关规定。

5-1-59 根据《供电营业规则》，如何办理暂换？

用户暂换（因变压器故障而无相同容量变压器替代，需要临时更换大容量变压器），须在更换前向供电企业提出申请。供电企业应按下列规定办理。

（1）必须在原受电地点内整台地暂换受电变压器。

（2）暂换变压器的使用时间，10kV及以下的不得超过两个月，35kV及以上的不得超过三个月。逾期不办理手续的，供电企业可中止供电。

（3）暂换的变压器经检验合格后才能投入运行。

（4）暂换变压器增加的容量不收取供电贴费，但对两部制电价用户须在暂换之日起，按替换后的变压器容量计收基本电费。

5-1-60 根据《供电营业规则》，如何办理迁址？

用户迁址，须在五天前向供电企业提出申请。供电企业应按下列规定办理。

（1）原址按终止用电办理，供电企业予以销户。新址用电优先受理。

（2）迁移后的新址不在原供电点供电的，新址用电按新装用电办理。

（3）迁移后的新址在原供电点供电的，且用电容量不超过原址容量，新址用电不再收取供电贴费。新址用电引起的工程费用由用户负担。

（4）迁移后的新址仍在原供电点，但新址用电容量超过原址用电容量的，超过部分按增容办理。

（5）私自迁移用电地址而用电者，除按本规则第一百条第5项处理外，自迁新址不论是否引起供电点变动，一律按新装用电办理。

5-1-61 根据《供电营业规则》，如何办理移表?

用户移表（因修缮房屋或其他原因需要移动用电计量装置安装位置），须向供电企业提出申请。供电企业应按下列规定办理。

（1）在用电地址、用电容量、用电类别、供电点等不变情况下，可办理移表手续。

（2）移表所需的费用由用户负担。

（3）用户不论何种原因，不得自行移动表位，否则，可按本规则第一百条第5项处理。

5-1-62 根据《供电营业规则》，如何办理暂拆?

用户暂拆（因修缮房屋等原因需要暂时停止用电并拆表），应持有关证明向供电企业提出申请。供电企业应按下列规定办理。

（1）用户办理暂拆手续后，供电企业应在五天内执行暂拆。

（2）暂拆时间最长不得超过六个月。暂拆期间，供电企业保留该用户原容量的使用权。

（3）暂拆原因消除，用户要求复装接电时，须向供电企业办理复装接电手续并按规定交付费用。上述手续完成后，供电企业应在五天内为该用户复装接电。

（4）超过暂拆规定时间要求复装接电者，按新装手续办理。

5-1-63 根据《供电营业规则》，如何办理更名或过户?

用户更名或过户（依法变更用户名称或居民用户房屋变更户主），应持有关证明向供电企业提出申请。供电企业应按下列规定办理。

（1）在用电地址、用电容量、用电类别不变条件下，允许办理更名或过户。

（2）原用户应与供电企业结清债务，才能解除原供用电关系。

（3）不申请办理过户手续而私自过户者，新用户应承担原用户所负债务。经供电企业检查发现用户私自过户时，供电企业应通知该户补办手续，必要时可中止供电。

5-1-64 根据《供电营业规则》，如何办理分户？

用户分户，应持有关证明向供电企业提出申请。供电企业应按下列规定办理。

（1）在用电地址、供电点、用电容量不变，且其受电装置具备分装的条件时，允许办理分户。

（2）在原用户与供电企业结清债务的情况下，再办理分户手续。

（3）分立后的新用户应与供电企业重新建立供用电关系。

（4）原用户的用电容量由分户者自行协商分割，需要增容者，分户后另行向供电企业办理增容手续。

（5）分户引起的工程费用由分户者负担。

（6）分户后受电装置应经供电企业检验合格，由供电企业分别装表计费。

5-1-65 根据《供电营业规则》，如何办理并户？

用户并户，应持有关证明向供电企业提出申请，供电企业应按下列规定办理。

（1）在同一供电点，同一用电地址的相邻两个及以上用户允许办理并户。

（2）原用户应在并户前向供电企业结清债务。

（3）新用户用电容量不得超过并户前各户容量之总和。

（4）并户引起的工程费用由并户者负担。

（5）并户的受电装置应经检验合格，由供电企业重新装表计费。

5-1-66 根据《供电营业规则》，如何办理销户？

用户销户，须向供电企业提出申请。供电企业应按下列规定办理。

（1）销户必须停止全部用电容量的使用。

（2）用户已向供电企业结清电费。

（3）查验用电计量装置完好性后，拆除接户线和用电计量装置。

（4）用户持供电企业出具的凭证，领取电能表保证金与电费保证金。

办完上述事宜，即解除供用电关系。

5-1-67 根据《供电营业规则》，如何办理改压？

用户改压（因用户原因需要在原址改变供电电压等级），应向供电企业提出申请。供电企业应按下列规定办理。

（1）改为高一等级电压供电，且容量不变者，免收其供电贴费。超过原容量者，超过部分按增容手续办理。

（2）改为低一等级电压供电时，改压后的容量不大于原容量者，应收取两级电压供电贴费标准差额的供电贴费。超过原容量者，超过部分按增容手续办理。

（3）改压引起的工程费用由用户负担。

由于供电企业的原因引起用户供电电压等级变化的，改压引起的用户外部工程费用由供电企业负担。

5-1-68 根据《供电营业规则》，如何办理改类？

用户改类，须向供电企业提出申请，供电企业应按下列规定办理。

（1）在同一受电装置内，电力用途发生变化而引起用电电价类别改变时，允许办理改类手续。

（2）擅自改变用电类别，应按本规则第一百条第1项处理。即在电价低的供电线路上，擅自接用电价高的用电设备或私自改变用电类别的，应按实际使用日期补交其差额电费，并承担两倍差额电费的违约使用电费。使用起讫日期难以确定的，实际使用时间按三个月计算。

5-1-69 根据《供电营业规则》，如何办理依法破产的用电？

用户依法破产时，供电企业应按下列规定办理。

（1）供电企业应予销户，终止供电。

（2）在破产用户原址上用电的，按新装用电办理。

（3）从破产用户分离出去的新用户，必须在偿清原破产用户电费和其他债务后，方可办理变更用电手续，否则，供电企业可按违约用电处理。

第二节　供用电知识

5-2-1 变压器是怎样分类的？

变压器分为电力变压器和特种变压器。电力变压器又分为油浸式和干式两种。

电力变压器可以按绕组耦合方式、相数、冷却方式、绕组数、绕组导线材质和调压方式等分类。

5-2-2 怎样表达电力变压器的功率大小和电压等级？

电力变压器的功率是用额定容量（额定视在功率）来表达的，单位为 kVA。电力变压器的电压等级是以高压侧标准额定电压来表达的，单位为 kV，如 500 kV、220 kV、110 kV、35 kV、10 kV 等。

5-2-3 怎样区别电力变压器的高、低压侧？

可以从变压器出线套管的形状上来区别：变压器套管长、所接导线细的一侧为高压侧，变压器套管短、所接导线粗的一侧为低压侧。

5-2-4 变压器的基本工作原理是什么？

当交流电源的电压 u_1 加到一次侧绕组，就有交流电流 i_1 流过一次侧绕组，在铁芯中产生交变磁通，并同时穿过一、二次绕组，在一、二次绕组分别产生电动势 e_1 和 e_2，交变磁通在每一匝线圈上感应电动势的大小是相等的，但由于一、二次绕组匝数不同，在一、二次绕组上感应电动势 e_1 和 e_2 的大小就不等，匝数多的绕组电动势大，匝数少的绕组电动势小，从而实现了变压的目的。

5-2-5 电力变压器有几种调压方法？

电力变压器有无励磁调压和有载调压两种调压方式。

（1）无励磁调压是在变压器停电情况下，改变变压器分接开关的位置而进行的调压方式。

（2）有载调压是变压器在带负载运行中改变变压器分接开关的位置而进行

的调压方式。

5-2-6 油浸式电力变压器中的变压器油起什么作用？

变压器油起到绝缘、冷却和保护的作用。

变压器油有远优于空气的绝缘性能，对变压器绕组起到很好的绝缘作用。利用油在箱体和散热器中的循环作用，可以将变压器绕组和铁芯的热量进行散发。利用变压器短路出现的高温对油的气化作用，启动瓦斯继电器或压力释放器对变压器起到保护作用。

5-2-7 为什么变压器的低压绕组在里边而高压绕组在外边？

这主要是从绝缘上考虑的原因，理论上无论绕组如何放置一样起变压作用，因为变压器铁芯是接地的，低压绕组靠近铁芯从绝缘角度容易做到；如将高压绕组靠近铁芯，由于绕组电压高达到绝缘要求就需要加强绝缘材料和较大的绝缘距离，这就增加了绕组的体积和材料的浪费。其次，由于变压器的电压调节是靠改变电压绕组匝数来达到的，因此高压绕组应安置在外边，而且做抽头、引出线也比较容易。

5-2-8 用户配电变压器并列运行应满足哪些条件？

（1）接线组别相同。

（2）变比差值不得超过 ±0.5%。

（3）短路电压差值不得超过 10%。

（4）两台并列变压器容量比不宜超过 3 ∶ 1。

5-2-9 电动机是怎样分类的？

电动机分为直流电动机和交流电动机两大类。交流电动机又分为同步电动机和异步电动机。

异步电动机按转子绕组形式可分为笼型电动机和绕线型电动机两类；按额定电压又可分为高压电动机和低压电动机两种类型。

5-2-10 什么叫用电负荷？

用户的用电设备在某一时刻向电力系统取用的电功率总和，称为用电负荷。

5-2-11 什么是用电负荷的构成？

用电负荷的构成，是指一定范围内（如一个国家、一个地区、一个行业、一个典型客户等）用电负荷的种类（一般分为农业负荷、工业负荷和居民生活负荷）、比重及其相互关系的总体表述。

5-2-12 什么是计算负荷？

计算负荷是按发热条件选择供电系统原件而需要计算的负荷功率或负荷电流时所使用的一个假想负荷。

5-2-13 确定计算负荷的方法有哪些？

确定计算负荷的方法一般有需用系数法、二项式系数法。

5-2-14 什么叫负荷调整？

负荷调整就是根据供电系统的电能供给情况及各类客户不同用电规律，调整客户的用电功率和用电时间，以适应电力系统在不同时间的发电功率。

5-2-15 负荷调整的目标是什么？

负荷调整的目标是通过削峰、填谷、或移峰填谷使负荷曲线尽可能地变平坦，使电力负荷较为均衡地使用，它是缓解电力供需矛盾，做好电力供应工作，保障电力系统安全经济运行的重要举措。

5-2-16 请简述负荷调整有哪些意义。

（1）提高发、供、用电设备的利用率。由于电力的特点是用多少，供多少，发多少。因此发、供、用电设备必须按最大负荷来配置。如采取措施使负荷均衡，就能减少电力企业和客户的投资。

（2）减少线路损耗。线路的损耗与电流的平方成正比，平稳的负荷产生的损耗比波动的负荷产生的损耗小。

（3）减少客户的电费支出。对于执行峰谷分时电价的客户，可通过负荷调整将高峰时段用电改为低谷时段用电，减少电费支出；对于执行两部制电价的客户，可通过负荷调整压低最高负荷，减少基本电费。

（4）降低发电成本。通过负荷调整发电机可按正常负荷运行，减少机炉开停次数，提高热效率，降低发电煤耗，同时也使水电厂不发生弃水现象，充分利用了水力资源。

（5）减轻了公共服务业的压力。通过负荷调整，如各工厂职工轮休、错开上下班高峰时间，可减轻公共交通、供水供气等公共服务业的压力。

5-2-17 请简述负荷调整的原则有哪些？

（1）负荷调整必须与落实国家产业政策、能源政策、环保政策相结合，坚持社会效益与经济效益双赢，强化电力资源的优化配置，提高电力资源的整体利用效率。

（2）负荷调整以"确保电网安全，确保社会经济稳定"为目标，严格遵循"先错峰，后避峰，再限电，最后拉路"的原则，将电力供需矛盾给社会和企业带来的不良影响降至最低限度。

（3）负荷调整要做到错峰、避峰企业，定企业、定设备、定容量、定时间，保证重要负荷和人民生活用电的需要。

（4）负荷调整要按照有序用电方案确保特殊行业安全生产用电需求，严禁对煤矿、化工企业等客户随意拉闸限电。

5-2-18 负荷调整有哪些方法？

（1）直接控制。供电企业与客户协商，在高峰用电时段切除客户一部分可间断的供电负荷，从而降低电网整体负荷的方法。

（2）间接控制。主要采用经济手段，按客户用电最大需量收取基本电费，执行峰谷分时电价、丰枯季节电价等，以此来激励客户在低谷时段、丰水季节多用电，尽可能避开电网高峰负荷，达到移峰填谷的目的。

5-2-19 什么是电力需求侧管理?

电力需求侧管理(demand side management , DSM)指对用电一方实施的管理，又称需求方管理。它是指通过采取有效的激励措施，引导电力客户改变用电方式，提高终端用电效率，优化资源配置，改善和保护环境，实现最小成本电力服务所进行的用电管理活动。

5-2-20 需求侧管理有哪些手段?

需求侧管理的手段有技术手段、经济手段、行政手段、引导手段等。

5-2-21 实施需求侧管理有哪些意义?

（1）改善电网的负荷特性。

（2）节约用电，减少能源需求和污染排放。

（3）少了电力建设投资。

（4）降低了客户的用电成本。

（5）促进能源、经济、环境协调发展。

5-2-22 什么叫电力负荷控制?

电力负荷控制广义上可称为电力负荷管理，它是利用计算机技术、通信技术、远程控制技术，通过用电、计量调度、通信部门配合协作，对客户的用电情况进行管理。

5-2-23 电力负荷控制的目的是什么?

电力负荷控制的目的是改善电力系统负荷曲线形状，使电力负荷较为均衡地使用，以提高电力系统的经济性、安全性、投资效益和电力系统管理的自动化水平。

5-2-24 电力负荷控制装置有哪些类型?

（1）分散型电力负荷控制装置。是将控制装置直接接装于被控对象处，进行就地管理，按合同电量用电。这种装置较少采用。

（2）集中型电力负荷控制装置。它在主控站与客户终端之间有信息传输通道，被控终端可以通过信道被远方的主站控制。

5-2-25 什么是负荷曲线? 如何制作日负荷曲线? 如何表述日负荷曲线的特征?

负荷曲线表示一定时段（期）内电力负荷的变化状况。

日负荷曲线是表示一天的电力负荷变化情况。在坐标纸上，以纵轴表示电力负荷功率，横轴表示小时数，将准点抄录的电力负荷功率标在图上并连接起来，即是日负荷曲线图。

一般用日最大负荷 P_{max} 和日负荷率 P_t 两个指标表述日负荷曲线的特征。

5-2-26 什么是冲击负荷? 引起冲击负荷常用设备有哪些?

生产（或运行）过程中周期性或非周期性地从电网中取用快速变动功率的负荷，叫冲击负荷。

引起冲击负荷的常见用电设备有炼钢电弧炉、电力机车、电焊机等。

5-2-27 用户发生哪些电气设备事故要及时通知供电部门?

为了保证供电系统的安全，用户发生下列电气设备事故要立即通知供电部门，以便及时协助处理事故，缩短停电时间，迅速恢复供电。

（1）人身触电死亡。

（2）导致电力系统停电。

（3）专线掉闸或全厂停电。

（4）电气火灾。

（5）重要或大型电气设备损坏。

（6）停电期间向电力系统倒送电。

5-2-28 什么叫电力负荷？电力负荷如何分类？

电力负荷是指发电厂或电力系统在某一时刻所承担的某一范围内耗电设备所消耗电功率的总和，单位用 kW 表示。电力负荷有以下几类。

（1）用电负荷：电能用户的用电设备在某一时刻向电力系统取用的电功率的总和，称为用电负荷。用电负荷是电力总负荷中的主要部分。

（2）线路损失负荷：电能在从发电厂到用户的输配电过程中，不可避免地发生一定量的损失，即线路损失，与这种损失相对应的电功率称为线路损失负荷。

（3）供电负荷：用电负荷加上同一时刻的线路损失负荷，是发电厂对电网供电时所承担的全部负荷称为供电负荷。

（4）厂用电负荷：发电厂在发电过程中自身有许多厂用电设备在运行，这些用电设备所消耗的电功率称为厂用电负荷。

（5）发电负荷：发电厂对电网担负的供电负荷，加上同一时刻发电厂的厂用电负荷，构成电网的全部电能生产负荷，称为发电负荷。

5-2-29 用电负荷按客户在国民经济中所在部门如何分类？

（1）工业用电负荷。

（2）农业用电负荷。

（3）交通运输用电负荷。

（4）照明及市政生活用电负荷。

5-2-30 用电负荷按国际上的通用分类原则如何分类？

（1）农、林、牧、渔、水利业。包括农村排灌、农副业、农业、林业、畜牧、渔业、水利业等各种用电，占总用电负荷的 7% 左右。

（2）工业。包括各种采掘业和制造业用电，占总用电负荷的 80% 左右。

（3）地质普查和勘探业。此类负荷用电较少，仅占用电负荷的 0.07% 左右。

（4）建筑业。此类负荷用电较少，占总用电负荷的 0.76% 左右。

（5）交通运输、邮电通信业。包括公路、铁路车站用电，码头、机场用电，管道运输、电气化铁路用电及邮电通信用电等，占总用电负荷的 1.7% 左右。

（6）商业、公共饮食业、物资供应和仓储业。包括各种商店、饮食业、物资供应单位及仓库用电等，占总用电负荷的 1.2% 左右。

（7）其他事业单位。包括市内公共交通用电，路灯照明用电，文艺、体育单位、国家党政机关、各种社会团体、福利事业、科研机构等单位用电，占总用电负荷的 3.1% 左右。

（8）城乡居民生活用电。包括城市和乡村居民生活用电，占总用电负荷的 6.2% 左右。

5-2-31 用电负荷按国民经济各个时期的政策和不同季节的要求如何分类？

（1）优先保证供电的重点负荷。

（2）一般性供电的非重点负荷。

（3）可以暂时限电或停电的负荷。

5-2-32 用电负荷按发生的时间不同如何分类？

（1）高峰负荷：客户在一天时间内所发生的用电量最大的一个小时负荷值。

（2）低谷负荷：客户在一天时间内所发生的用电量最少的一个小时负荷值。

（3）平均负荷：客户在某一段确定时间阶段的平均小时用电量。

5-2-33 根据用电负荷对电网运行和供电质量的影响如何分类？

（1）冲击负荷：负荷量快速变化，能造成电压波动和闪变。

（2）不平衡负荷：三相负荷不对称或不平衡，会使电压、电流产生负序分量，影响旋转电机振动和发热、继电保护误动等。

（3）非线性负荷：负荷阻抗非线性变化，会向电网注入谐波电流，使电压、电流波形发生畸变等。

5-2-34 根据对供电可靠性的要求及中断供电在政治上、经济上所造成的损失或影响程度分类，一级负荷有哪些？

（1）中断供电将造成人身伤亡者。

（2）中断供电将造成重大政治影响者。

（3）中断供电将造成重大经济损失者。

（4）中断供电将造成公共场所秩序严重混乱者。

5-2-35 根据对供电可靠性的要求及中断供电在政治上、经济上所造成的损失或影响程度分类，二级负荷有哪些？

（1）中断供电将造成较大政治影响者。

（2）中断供电将造成较大经济损失者。

（3）中断供电将造成公共场所秩序混乱者。

5-2-36 工业用电负荷的主要特性有哪些？

（1）年负荷变化。在一年的时间范围内，一般是比较恒定的。但也有一些变化的因素，如北方寒冷，冬季用电比夏季高；南方酷热，夏季用电比冬季高。停产检修和节假日期间用电量必然下降。

（2）季负荷变化。在一个季度内，一般季初较低，季末较高。

（3）月负荷变化。在一个月内，一般上旬较低特别是有节假日的月份，任务不满的企业有时中旬用电最多，月底下降。

（4）日负荷变化。从一天来看，一天内出现三个高峰，（早晨上班后、中午上班后，晚上照明时），两个低谷（午休时、深夜时），深夜时间长，负荷也最低。

5-2-37 农业用电负荷的主要特性有哪些？

农业用电负荷受季节、气候的影响较大。如农业排灌用电在春季和夏季较多，在秋季和冬季较少；在天气大旱时较多，在风调雨顺时较少。农副加工用电季节性影响同样明显，在春节前的一段时间较多。

5-2-38 用电设备按工作制可分为哪几类？

（1）第一类为长时工作制用电设备。如通风机、压缩机、输送带、机床等。

（2）第二类为短时工作制用电设备。如金属切削机床辅助接卸的驱动电动机、启闭水闸的电动机等。

（3）第三类为反复短时工作制用电设备。如吊车用电动机、电焊用变压器等。

5-2-39 某三相四线制低压供电的用户，经测量，客户受电端电压为409.4V，请问该户的供电电压是否达到电能质量标准？

根据我国电能质量标准的有关规定，在电力系统正常状况下，10kV 及以下三相供电的，供电企业供到客户受电端的电压允许偏差为额定值的 ±7%。即额定电压为 380V 的电压范围为：

$$380 \times （1 \pm 7\%）=353.4 \sim 406.6（V）$$

因为 409.4 > 406.6，则在电力系统正常状况下，没有达到电能质量标准。

在电力系统非正常状况下，供电企业供到客户受电端的电压最大允许偏差不应超过额定值的 ±10%。即额定电压为 380V 的电压范围为：

$$380 \times （1 \pm 10\%）=342 \sim 418（V）$$

因为 342 < 409.4 < 418，则在电力系统非正常状况下，达到了电能质量标准。

5-2-40 某装机容量为 300 万 kW 的机组，经测量，供电频率为49.5Hz，请问该机组的供电频率是否达到电能质量标准？

根据我国电能质量标准的有关规定，在电力系统正常状况下，电网装机容量在 300 万 kW 及以上的，供电频率的允许偏差为 ±0.2Hz。即额定频率为 50Hz 的频率范围为：

$$50 \pm 0.2=49.8 \sim 50.2Hz$$

因为 49.5 < 49.8，则在电力系统正常状况下，没有达到电能质量标准。

在电力系统非正常状况下，供电频率的允许偏差为 ±1.0Hz。即额定频率为 50Hz 的频率范围为：

$$50 \pm 1.0 = 49 \sim 51Hz$$

因为 49 < 49.5 < 51，则在电力系统非正常状况下，达到了电能质量标准。

5-2-41 什么是负荷曲线？它的作用是什么？

电力负荷曲线表明了负荷随时间而变化的规律。用横坐标表示时间，纵坐标表示负荷的绝对值，曲线所包含的面积，代表一段时间内，用户对电能需求的总量。亦即要求电厂（电网）应给出的电能供应量。

用户耗电的多少和电能的使用方式，是决定电力系统和各个发电厂运行方式和制订生产计划的主要依据。负荷曲线是表明用电情况的最好方式。编制和正确使用负荷曲线，对电力系统制订长远规划和日常生产安排都起到重要作用。使用负荷曲线还可以帮助或指导用户，加强需求侧管理，调整用电负荷，提高设备利用率、削峰填谷、合理用电，减少电费支出，降低用电成本。

负荷曲线的种类繁多，在用电方面常按两类划分，即按时间分类，如日负荷曲线，日平均负荷曲线等；按用电特性分类，如各个行业的用电负荷曲线等。

5-2-42 电能质量指什么？供电电压允许偏差有哪些规定？为什么这样规定？

电能质量是指电压、频率和波形质量。电能质量指标主要包括电压偏差、电压波动和闪变、频率偏差、谐波和电压不对称。

在电力系统正常状况下，供电企业供到用户受电端的供电电压允许偏差如下。

（1）35kV 及以上电压供电的，电压正负偏差的绝对值之和不超过额定电压的 10%。

（2）10kV 及以下三相供电的，电压允许偏差为额定电压的 ±7%。

（3）220V 单相供电的，电压允许偏差为额定电压的 +7%、–10%。

在电力系统非正常情况下，用户受电端的电压最大允许偏差不应超过额定值

的 ±10%。

因为用电设备设计在额定电压时性能最好、效率最高，发生电压偏差时，其性能和效率都会降低，有的还会减少使用寿命。如白炽灯对电压的变动很敏感，当电压较额定值降低 5% 时，其亮度要降低 15% ～ 20%，反之，电压升高 5% 时，其使用寿命减少 30%。常用的感应电动机其转矩与电压的平方成正比，当电压较额定值下降 10% 时，它的最大转矩和起动转矩将分别降至额定值的 81%，如长期运行，会使电动机过负荷而烧毁，同时也会使电动机启动困难。电压偏高或偏低还会影响家用电器的正常工作。

在《供电营业规则》中，对供电电压允许偏差值作了明确规定。

5-2-43 国家鼓励的节约用电措施有哪些？

（1）推广绿色照明技术、产品和节能型家用电器。

（2）降低发电厂厂用电和线损率，杜绝不明损耗。

（3）鼓励余热、余压和新能源发电，支持清洁、高效的热电联产、热电冷联产和综合利用电厂。

（4）推广用电设备经济运行方式。

（5）加快低效风机、水泵、电动机、变压器的更新改造，提高系统运行效率。

（6）推广高频可控硅调压装置、节能型变压器。

（7）推广交流电动机调速节能技术。

（8）推行热处理、电镀、铸锻、制氧等工艺的专业化生产。

（9）推广热泵、燃气 – 蒸汽联合循环发电技术。

（10）推广远红外线、微波加热技术。

（11）推广用蓄冷、蓄热技术。

5-2-44 节约用电的重要性和意义主要体现在哪几个方面？

（1）节约用电是节约能源的重要内容，是国家能源战略的重要组成部分，是国家发展经济的一项长远方针，是科学发展观的具体体现，是实现我国经济持续、高速发展的保证，对促进能源、经济、环境协调发展具有重要意义。

（2）节约用电可以节约一次能源。节约用电就是合理有效地利用电能，相当于增加了发电量，从而节约了一次能源，既可以节省国家对电源建设的投资，又可以减轻能源和交通运输的紧张程度。

（3）节约用电可以减少污染。我国发电主要靠燃煤，煤的直接燃烧产生 SO_2、NO、NO_2 和 CO_2 等污染物质，造成环境污染严重。

（4）节约用电可以减少酸雨。酸雨是因煤炭燃烧形成的，它能强烈地腐蚀建筑物、使土壤和水质酸化、粮食减产、草木鱼虾死亡。我国每年因酸雨污染造成的经济损耗达 200 亿元左右。

（5）节约用电能够减缓地球变暖。煤炭等燃料燃烧时产生的 CO_2 像玻璃罩一样阻断地面的热量向外散发，使地球表面温度升高，产生温室效应。它会使气候变得异常，发生干旱或洪涝，还会使冰山融化、海平面上升。为促进温室气体排减，企业一是自身减少碳排放量，二是购买减排指标，以达到限定的量化减排指标，这就孕育了炭交易市场，炭交易就是以国际公法作为依据的 CO_2 排放权的交易。

（6）节约用电可以加速工艺、设备的改造，促进技术进步。节约用电必将促进对旧设备、落后工艺的革新、改造和挖潜，从而提高生产能力，降低电能损耗。

总之，节约用电是全社会的共同责任，要进一步增强节电意识，在全社会大力倡导节约型生产方式、消费模式和生活方式，加快建设资源节约型、环境友好型社会，促进经济社会可持续发展。

5-2-45 节约用电的方式有哪些？

节约用电的方式主要有管理节电、结构节电和技术节电。

5-2-46 请根据你的实际工作情况谈谈我们日常生活中照明的节电措施有哪些。

（1）选用高效电光源和灯具。在保证照明质量的前提下，降低照明用电量的根本措施就在于提高照明设备的效率，即提高光源与灯具的效率。

（2）合理地控制照明时间。照明时间应根据需要掌握，随用随开，这是节电的一项有效措施。

（3）充分利用自然光，充分利用太阳光是实现照明节电的重要部分。

5-2-47 请根据实际工作情况谈谈我们日常生活中电冰箱的节电措施有哪些。

（1）电冰箱应摆放在环境温度低、通风良好的位置，应尽可能远离热源，通风背阴的地方最好。冰箱与墙壁之间要留有一定距离，以保证散热通风。

（2）平时使用冰箱时，要尽量减少开门的次数，避免频繁开关门。同时，开门时动作要快，尽量缩短每次开门的时间，以减少冰箱内的冷气散失。

（3）储存食物时冰箱内不宜过满，应适当留有空隙，以利于冰箱内冷气对流，保持冰箱内的温度均衡，减少耗电。存放热的食品时，等待食品凉后再放入冰箱，以减少用电量。有内脏的鱼、鸡、鸭等，最好挖出内脏擦干包好，先放入冷冻室里冻一下，再移到冷藏箱里。

（4）调整电冰箱的调温器旋钮是节电的关键。冰箱内的温度调节挡应适中，室外的温度越高，相应的挡位应越低，同时不宜置强冷，这样可以减少冰箱的启动次数，以避免冰箱内制冷循环系统加大工作量而增加耗电量。

（5）一般冰箱内蒸发器表面上的霜层达到 5mm 以上时就应及时除霜，否则挂霜太厚会产生很大热阻，将增加耗电量，而化霜最好在早晚存放食品时同时进行。

（6）要经常保持冰箱背部的清洁，以防止冷凝器和压缩机表面积下灰尘而影响散热效果。

（7）选择合适的容量。一个三口之家选购 140～180L 容量的冰箱最适合，人口少而冰箱容量太大，不仅占地方而且还费电。

5-2-48 请根据你的实际工作情况谈谈我们日常生活中电视机的节电措施有哪些?

（1）要控制音量的大小，音量越大，耗电越多。每增加 1W 的音频功率要增加 3 ~ 4W 的功耗。

（2）要控制电视机的亮度，彩电在最亮和最暗时耗电功率相差 60W。白天收看电视应拉上窗帘，最好不要开足电视机亮度。此外，要经常用棉球蘸酒精，由电视屏幕中间向四周擦拭，保持荧光屏的洁净，看电视时就可把亮度调小些。

（3）最好给电视机加上防尘罩，因为夏季机器温度更高，机内极易进入灰尘。机内灰尘太多就可能造成漏电，增大了耗电量，还会影响图像和声音质量。

（4）不看电视时最好关闭总电源开关。因为有些电视机的电源开关设在变压器次级，对这种机型只关电视机开关，不拔掉电源插头，会使电视机变压器长期空载带电，也会使电视机温度升高，显像管仍有灯丝预热，在遥控电视机关机后仍处在整机待机用状态，仍然在用电，增加耗电量。

5-2-49 请根据你的实际工作情况谈谈我们日常生活中洗衣机的节电措施有哪些?

（1）可先浸泡后洗涤。洗涤前，先将衣物在流体皂或洗衣粉溶液中浸泡 10 ~ 14min，让洗涤液与衣服上的污垢产生作用，然后再洗涤。这样，可使洗衣粉的运转时间缩短一半左右，电耗也就相应减少了一半。

（2）要掌握洗涤时间，避免无效动作。衣服的洗净程度如何，主要是与衣服的污垢程度、洗涤剂的品种和浓度有关，而同洗涤时间并不成正比。超过规定的洗涤时间，洗净程度也不会有大的提高，而电能则白白耗费了。

（3）先薄后厚，一般质地薄软的化纤、丝绸织物，4 ~ 5min 就可洗干净；而质地较厚的棉、毛织品，要 10min 左右才能洗净。厚薄分别洗，比混在一起洗可有效地缩短洗衣机的运转时间。

（4）选择额定容量。若洗涤量过少，电能会白白消耗；反之，一次洗得太多，不仅会增加洗涤时间，而且会造成电动机超负荷运转，既增加了电耗，又容易使电动机损坏。

（5）洗衣机应尽量在储满衣物后再使用，每次使用后，应及时清理过滤网。

5-2-50 请根据你的实际工作情况谈谈我们日常生活中电脑的节电措施有哪些？

（1）现在电脑都具有绿色节能功能，可设置休眠等待时间（一般设为 $15 \sim 30min$）。当电脑在等待时间内没有接到键盘或鼠标的输入信号时，就会进入休眠状态，自动降低机器的运行速度（CPU 降低运行的频率，能耗降到 30%，硬盘停转），直到被外来信号唤醒。

（2）短时间使用电脑或只用来听音乐时，可将显示器亮度调到最暗或干脆关闭。

（3）打印机在使用时再打开，用完及时关闭。

（4）机器要经常保养，注意防潮、防尘。机器积尘过多，将影响散热，显示器屏幕积尘会影响亮度。保持环境清洁，定期清除机内灰尘，擦拭屏幕，既可节电，又能延长电脑的使用寿命。

5-2-51 请根据你的实际工作情况谈谈我们日常生活中电饭锅的节电措施有哪些？

（1）煮米饭时，当电饭锅内沸腾一段时间后，用手轻轻抬按键使其跳开，利用余热让米将水吸干，再按下按键重新启动，饭熟后就会自动跳开。

（2）电饭锅上盖一条毛巾，可减少热量损耗。

（3）电饭锅用完后要及时拔下插头，不然锅内温度下降到一定温度时会连续自动通电。

（4）尽量选择功率大的电饭锅，因为煮同量的米饭，700W 的电饭锅比 500W 的电饭锅要节省时间。

（5）电饭锅的内锅要与电热盘吻合，中间不能有杂物。煮饭做汤时，只要熟的程度合适即可断开电源，锅盖上可盖一层毛巾，减少热量散失。

（6）应使用热水、温水做饭，因为热水做饭可省 30% 的电。

5-2-52 请根据你的实际工作情况谈谈我们日常生活中空调的节电措施有哪些？

（1）大力推广高效节能空调。我国家用空调能效比（额定工况下的制冷量与制冷消耗功率的比值）一般为 2.6 ～ 3.0，而高效节能空调的能效比一般可达 3.0 ～ 3.5 及以上。采用变频空调等能效比高的节能空调，可有效提高空调的用电效率，节约空调用电。

（2）空调使用过程中温度不能调得过低。因为空调所控制的温度调得越低，所耗的电量就越多，故一般把室内温度降低 6 ～ 7℃为宜。

（3）空调器不宜安装在阳光直接照射的地方，并在室外空调器顶部加遮阳罩。

（4）不让空调处于待机状态，一台家用 1.5 匹空调每月可节能 3 ～ 5kWh。

（5）少开门窗可以减少户外热量进入，利于省电。

（6）使用空调器的房间，最好使用厚质地的窗帘，以减少冷空气散失。

（7）定期清除室外散热片上的灰尘，保持清洁。散热片上的灰尘过多，可大幅度增加耗电量。每年清洗一次空调，就可节电 4% ～ 5%。

5-2-53 什么叫高危用电客户？它分为哪几类？对高危用电客户供电电源的要求有哪些？

高危用电客户是指中断供电将发生中毒、爆炸、透水和火灾等情况，并可能造成重大人身伤亡、重大政治影响和社会影响、严重环境污染事故的电力客户，以及特殊重要用电场所的电力客户。

高危用电客户可分为：

（1）年产量 6 万 t 及以上煤矿。

（2）年产量 6 万 t 以下煤矿。

（3）非煤矿山。

（4）冶金。

（5）化工。

（6）电气化铁路。

（7）其他高危客户。

高危用电客户供用电安全关系社会公共安全，一旦发生事故将会产生严重的后果。因此要严格按照国家有关政策、法规要求，高危客户用电必须具备双（多）电源供电、客户自备应急电源、非电性质应急措施。

5-2-54 请列举出供电频率偏差的危害？并根据你的实际工作情况谈谈改善供电频率的措施有哪些？

供电频率偏差的危害如下。

（1）低频运行的危害。

1）损害设备。最易使汽轮机叶片发生共振而断裂，同时也会使电动机、电磁开关等用电设备烧毁。

2）降低电厂出力。频率降低使电厂风机、水泵出力下降，导致发电能力下降，严重时可能造成恶性循环，迫使频率不断下降。

3）增加消耗。频率降低时，电厂的汽耗、煤耗、厂用电率均上升。用电产品的电耗上升，废品率升高，原材料的消耗增加，使成本增高。

4）影响产量。频率下降使电动机转速下降，一般频率下降到48Hz时，电动机转速下降4%，因而影响产量。

5）降低产品质量。频率下降使电动机转速下降，因而使一些产品出现废品、次品，如纸的厚薄不均、棉纱的粗细不匀，频率下降0.3Hz，就会使精美的印刷品颜色深浅不匀。

6）易造成电网瓦解事故。低频率运行的电网稳定性差，降低了电网应付事故的能力，稍有波动就可能导致系统的瓦解崩溃。

7）自动化保护设备容易动作。在电源频率降低时，往往会造成误动。如国外曾发生过因电网频率下降，使铁路信号出现"危险"的误指示，而影响铁路交通运输。

8）影响通信、广播、电视的音像质量。如低频运行，会造成电唱机、录音机转速慢，声调失真；电影、电视后期制作中口形配不上；电报传真的字形歪扭。

（2）高频运行的危害。

1）损坏设备。

2）汽轮机有时由于危急保安器动作而使机组突然甩负荷运行。

3）使电厂消耗不必要的燃料，造成燃料浪费和增加成本开支。

4）影响广播、通信、电视等音像质量。

改善供电频率偏差的措施如下。

（1）解决电力供需不平衡问题。

（2）电力管理部门应当遵照国家产业政策，按照统筹兼顾、保证重点、择优供应的原则，做好计划用电工作。用户应严格遵守供用电合同，不擅自改变用电类别，不擅自超过合同约定的容量用电。

（3）努力做好调整负荷工作，移峰填谷，减少峰谷差。

（4）装设低频减负荷自动装置及排定低频停限电序位，使电网频率降低时，能够适时地甩掉一些非重要负荷，以保证重要负荷的安全连续供电。

（5）对一些冲击性负荷采取必要的技术措施等。

5-2-55 请列举出供电电压偏差的因素？并根据你的实际工作情况谈谈改善供电电压的措施有哪些？

（1）影响供电电压偏差的因素如下。

1）供电距离超过合理的供电半径。

2）供电导线截面选择不当，电压损失过大。

3）线路过负荷运行。

4）用电功率因数过低，无功电流大，加大了电压损失。

5）冲击性负荷、非对称性负荷的影响。

6）调压措施缺乏或使用不当，如变压器分接头摆放位置不当等。

7）用电单位装用的电容器补偿功率因数采用了过补偿。

（2）改善电压质量的措施如下。

1）改善用电功率因数，使无功就地平衡。

2）合理选择供电半径，尽量减少线路迂回、线路过长、交叉供电、功率倒送等不合理供电状况。

3）合理选择供电线路的导线界面。

4）合理配置变、配电设备，防止其过负荷运行。

5）适当选用调压措施。

6）正确选择变压器的变压比和电压分接头。

7）根据电力系统潮流分布及时调整运行方式。

5-2-56 安全用电的任务是什么？

安全用电的任务是：督促检查用电单位贯彻执行国家有关供电和用电的方针、政策、法律法规的情况和用电设备的技术管理、安装、运行等各项规章制度的落实，以保证工农业生产和生活用电的安全可靠，使电能不间断地为用电单位的生产和人民生活服务。

5-2-57 心肺复苏法注意事项有哪些？

（1）吹气不能在向下按压心脏的同时进行。数口诀的速度应均衡，避免快慢不一。

（2）操作者应站在触电者侧面便于操作的位置，单人急救时应站立在触电者的肩部位置；双人急救时，吹气人应站在触电者的头部位置，按压心脏者应站在触电者胸部、与吹气者相对的一侧。

（3）人工呼吸者与心脏按压者可以互换位置，互换操作，但中断时间不超过5s。

（4）第二抢救者到现场后，应首先检查颈动脉搏动，然后再开始做人工呼吸。如心脏按压有效，则应触及到搏动，如不能触及，应观察按压者的技术操作是否正确，必要时应增加按压深度及重新定位。

（5）可以由第三抢救者及更多的抢救人员轮换操作，以保持精力充沛、姿势正确。

5-2-58 用户发生哪些电气设备事故要及时通知供电部门？

为了保证供电系统的安全，用户发生下列电气设备事故要立即通知供电部门，以便及时协助处理事故，缩短停电时间，迅速恢复供电。

（1）人身触电死亡。

（2）电力系统停电。

（3）专线掉闸或全厂停电。

（4）电气火灾。

（5）重要或大型电气设备损坏。

（6）停电期间向电力系统倒送电的情况。

5-2-59 在电气设备上工作，为什么要填用工作票？

工作票就是准许在电气设备上工作的书面命令，通过工作票可明确安全职责，履行工作许可、工作间断、转移和终结手续，以及将工作票作为完成其他安全措施的书面依据。因此，除特定的工作外，凡在电气设备上进行工作的，均须填用工作票。

5-2-60 进行什么电气工作可不填写工作票？

（1）事故紧急抢修工作。

（2）用绝缘工具做低压测试工作。

（3）线路运行人员在巡视工作中，需登杆检查或捅鸟巢。

（4）从运行中设备取油样的工作。

（5）路灯维修工作（只限于更换路灯灯泡、修理路灯立线、保险、灯光等）。

5-2-61 怎样对伤员进行口对口（鼻）人工呼吸？

当判断伤员确实不存在呼吸时，应立即进行口对口（鼻）的人工呼吸，其具体方法如下。

（1）在保持呼吸通畅的位置下进行。用按于前额一手的拇指与食指，捏住伤员鼻孔（或鼻翼）下端，以防气体从口腔内经鼻孔逸出，施救者深吸一口气屏住并用自己的嘴唇包住（套住）伤员微张的嘴。

（2）每次向伤员口中吹（呵）气持续 1 ~ 1.5s，同时仔细地观察伤员胸部有无起伏，如无起伏，说明气未吹进。

（3）一次吹气完毕后，应即与伤员口部脱离，轻轻抬起头部，面向伤员胸部，吸入新鲜空气，以便做下一次人工呼吸。同时使伤员的口张开，捏鼻的手也可放松，以便伤员从鼻孔通气，观察伤员胸部向下恢复时，则有气流从伤员口腔排出。

抢救一开始，应立即向伤员先吹气两口，吹气时胸廓隆起者，人工呼吸有效；吹气无起伏者，则气道通畅不够，或鼻孔处漏气、或吹气不足、或气道有梗阻，应及时纠正。

5-2-62 怎样使停止呼吸的触电伤员气道畅通？

触电伤员呼吸和心跳停止，重要的是始终确保气道畅通。如发现伤员口内有异物，可将其身体及头部同时侧转，迅速用一手指或两手指交叉从口角处插入，取出异物；操作中要注意防止将异物推到咽喉深部。

畅通气道可采用仰头抬颌法。用一只手放在触电者前额，另一只手的手指将其下颌骨向上抬起，两手协同将头部推向后仰，舌根随之抬起，气道即可通畅。严禁用枕头或其他物品垫在伤员头下，头部抬高前倾，会更加重气道阻塞，且使胸外按压时向脑部的血流减少，甚至消失。

5-2-63 发现有人触电应如何急救？

发现有人触电应立即抢救。抢救的要点是：首先应使触电者脱离电源，再进行急救。

（1）脱离电源的方法。

1）断开与触电者有关的电源开关；

2）用相应的绝缘物使触电者脱离电源，现场可采用短路法使断路器跳闸或用绝缘杆挑开导线等；

3）脱离电源时需防止触电者摔伤。

（2）急救方法。触电者呼吸停止，心脏不跳动，如果没有其他致命的外伤，只能认为是假死，必须立即进行抢救，争取时间是关键，在请医生前来和送医院的过程中不许间断抢救。抢救以人工呼吸法和心脏按摩法为主。

5-2-64 对触电者进行人工呼吸时，应注意哪些事项？

（1）应将触电人身上妨碍呼吸的衣服（包括领子、上衣、裤带等）全部解开，越快越好。

（2）迅速将口中的假牙或食物取出。

（3）如果触电者牙关紧闭，须使其口张开，把下颌骨抬起，将两手四指托在下颌骨后角外，用力慢慢住前移动，使下牙移到上牙前。

（4）不能注射强心剂，必要时可注射可拉明。

5-2-65 触电对人体有哪些危害？

触电时电流通过人体，会对人造成伤害。电流对人体的危害是多方面的，电流通过心脏造成心脏紊乱，即心室纤颤，使人体因大脑缺氧而迅速死亡；电流通过中枢神经系统的呼吸控制中心可使呼吸停止；电流的热效应会造成烧伤；电流的化学效应会造成电烙印和皮肤金属化；电磁场能也会由于辐射作用造成身体的不适。电流对人体危害的程度与通过人体的电流强度、持续时间、电压、频率、通过人体的途径以及人体的健康状况等因素有关。

5-2-66 使用安全用具应注意哪些事项？

（1）每次使用之前，必须认真检查，如检查安全用具表面有无损伤，绝缘手套、绝缘靴有无裂缝，绝缘垫有无破洞，安全用具上的瓷件有无裂纹等。

（2）使用前应将安全用具擦拭干净，验电器使用前要做检查，以免使用中得出错误结论，造成事故。

（3）使用完的安全用具，要擦拭干净，放到固定的位置，不可随意乱扔乱放，也不准另作他用，更不能用其他工具代替安全用具。不能用短路法代替接地，接地线与导线连接必须使用专用的夹钳头，不能用普通绳带代替安全腰带。

（4）安全用具应有专人负责妥善保管，防止受潮，防止脏污和损坏。绝缘操作杆应放在固定的木架上，不得贴墙放置或横放在墙根。绝缘靴、绝缘手套应放在箱、柜内，不应放在阳光下曝晒、或有酸、碱、油的地方。验电器应放在盒内，置于通风干燥处。

5-2-67 在电气设备上工作，保证安全的组织措施的制度是什么？

（1）工作票制度。

（2）工作许可制度。

（3）工作监护制度。

（4）工作间断、转移和终结制度。

5-2-68 一般防护安全用具包括哪些？有什么作用？

一般防护安全用具有：携带型接地线、临时遮栏标识牌、安全牌、近电报警器。

主要用于防止停电检修的设备突然来电、工作人员走错间隔、误登带电设备、电弧灼伤、高空坠落等事故的发生。这种安全用具虽不具备绝缘性能，但对于保证电气工作的安全来说是必不可少的。

5-2-69 使用钳型电流表时应注意哪些事项？

（1）要注意人身安全，防止出现电气短路事故。

（2）要根据被测电流回路的电压等级选择合适的钳型电流表，在操作时要防止构成相间短路。

（3）要选择合适的量程，防止小量程挡测量大电流将表针打坏。

（4）不要在测量过程中切换量程开关的挡位，以免造成钳型电流表电流互感器二次瞬间开路，产生高电压造成匝间击穿，损坏钳型电流表。而且在测量过程中切换量程，容易分散注意力，造成意外的短路事故。

（5）在测量时，应将被测导线置于钳型电流表的钳口中央，以免产生较大的误差，同时要注意钳口应咬合良好。

（6）测量后应将钳型电流表的量程开关放到最大位置。

5-2-70 简述接地线在电气工作中的作用。

为了防止停电检修设备突然来电（如误操作合闸送电）和邻近高压带电设备所产生的感应电压对人体造成危害，需要将停电设备用携带型接地线三相短路接地，这对保证工作人员的人身安全是十分重要的。是生产现场防止人身触电必须采取的安全措施。

5-2-71 绝缘安全用具有哪几种？它们的作用有哪些？

绝缘安全用具是用来防止工作人员直接触电的安全用具。它分为基本安全用具和辅助安全用具两种，它们的作用分别如下。

（1）基本安全用具是指那些绝缘强度能长期承受设备的工作电压，并且在该电压等级产生内部过电压时能保证工作人员安全的工具。如绝缘棒、绝缘夹钳、验电器等。

（2）辅助安全用具是指那些主要用来进一步加强基本安全用具绝缘强度的工具。如绝缘手套、绝缘靴、绝缘垫等。辅助安全用具的绝缘强度比较低，不能承受高电压带电设备或线路的工作电压，只能加强基本安全用具的保护作用。

5-2-72 绝缘棒主要用于哪些电气工作？使用和保管时要注意哪些问题？

绝缘棒又称绝缘杆或操作杆，主要用于接通或断开隔离开关，跌落保险，装卸携带型接地线以及带电测量和试验等工作。

绝缘棒使用注意事项如下。

（1）使用前，必须核对绝缘棒的电压等级与所操作的电气设备的电压等级相同。

（2）使用绝缘棒时，工作人员应戴绝缘手套，穿绝缘靴，以加强绝缘棒的保护作用。

（3）在下雨、下雪或潮湿天气，无伞形罩的绝缘棒不宜使用。

（4）使用绝缘棒时要注意防止碰撞，以免损坏表面的绝缘层。

绝缘棒保管注意事项如下。

（1）绝缘棒应存放在干燥的地方，以防止受潮。

（2）绝缘棒应放在特制的架子上或垂直悬挂在专用挂架上，以防其弯曲。

（3）绝缘棒不得与墙或地面接触，以免碰伤其绝缘表面。

（4）绝缘棒应定期进行绝缘试验和检查。试验一般每年一次，用作测量的绝缘棒每半年试验一次。检查一般每三个月一次，检查有无裂纹、机械损伤、绝缘层破坏等。

5-2-73 试述室内低压线路短路的原因及简单处理。

（1）接线错误而引起相线与中性线直接相碰。

（2）因接线不良而导致接头之间直接短接，或接头处接线松动而引起碰线。

（3）在该用插头处不用插头，直接将线头插入插座孔内造成混线短路。

（4）电器用具内部绝缘损坏，导致导线碰触金属外壳或用具内部短路而引起电源线短接。

（5）房屋失修漏水，造成灯头或开关过潮甚至进水而导致内部相间短路。

（6）绝缘受外力损伤，在破损处发生电源线碰接或者同时接地。

造成短路故障发生后，应迅速拉开总开关，逐段检查，找出故障点并及时处理。同时检查熔断器熔丝是否合适，熔丝切不可选得太粗，更不能用铜线、铝线、铁丝等代替。

5-2-74 如何判定触电伤员的呼吸心跳情况？应立即就地抢救的伤员按什么方法进行抢救？

在触电伤员脱离电源后，如意识丧失，应在 10s 内，用看、听、试的方法，判定伤员呼吸心跳情况。

（1）看——看伤员的胸部、腹部有无起伏动作。

（2）听——用耳贴近伤员的口鼻处，听有无呼气声音。

（3）试——试测口鼻有无呼气的气流。再用两手指轻试一侧（左或右）喉结旁凹陷处的颈动脉有无搏动。

若看、听、试结果，即无呼吸又无颈脉搏动，可判定呼吸心跳停止。

触电伤员呼吸和心跳均停止时，应立即按心肺复苏法支持生命的三项基本措施，正确进行就地抢救。

（1）通畅气道。

（2）口对口（鼻）人工呼吸。

（3）胸外按压（人工循环）。

5-2-75 紧急救护的基本原则有哪些？

紧急救护的基本原则是在现场采取积极措施，保护伤员的生命、减轻伤情、减少痛苦，并根据伤情需要，迅速与医疗急救中心（医疗部门）联系救治。急救成功的关键是动作快，操作正确。任何拖延和操作错误都会导致伤员伤情加重或死亡。

5-2-76 脱离电源有哪些方法？

脱离电源，就是要把触电者接触的那一部分带电设备的所有断路器（开关）、隔离开关或其他断路设备断开；或设法将触电者与带电设备脱离开。在脱离电源过程中，救护人员也要注意保护自身的安全。如触电者处于高处，应采取相应措施，防止该伤员脱离电源后自高处坠落形成复合伤。

5-2-77 脱离电源后救护者应注意的事项是什么?

（1）救护者不可直接用手、金属及潮湿的物体作为救护工具，而应当使用适当的绝缘工具。救护人最好用一只手操作，以防止自己触电。

（2）防范触电者脱离电源后可能发生的摔伤，特别是当触电者在高处的情况下，应考虑采取防止坠落的措施。即使触电者在平地，也要注意触电者倒下的方向，注意摔伤。救护者也应采取救护中自身的防坠落、摔伤措施。

（3）救护者在救护过程中，特别是在杆上或高处抢救伤者时，要注意自身和被救者与附近带电体之间的安全距离，防止再次触及带电设备。电气设备、线路即使电源已断开，对未做安全措施挂上接地线的设备也应视作有电设备。救护人员登高时应随身携带必要的绝缘工具和牢固的绳索等。

（4）如事故发生在夜间，应设置临时照明灯，以便于抢救，避免意外事故，但不能因此延误切除电源和进行急救的时间。

5-2-78 判断伤员有无意识的方法有哪些?

（1）轻轻拍打伤员肩部，高声喊叫，如"喂！你怎么啦？"。

（2）如认识，可直呼喊其姓名。有意识，立即送医院。

（3）眼球固定、瞳孔散大，无反应时，立即用手指甲掐压人中穴、合谷穴约 5s。

5-2-79 电气设备操作的安全技术规定有哪些?

（1）断路器、隔离开关的停送电操作顺序：停电时先拉断路器，后拉负荷侧隔离开关，再拉电源侧隔离开关。送电时先合电源侧隔离开关，再合负荷侧隔离开关，最后合断路器。

（2）配电变压器停送电操作顺序：送电先合两边相跌落式熔断器，后合中相跌落式熔断器。停电先拉中相，后拉两边相。

（3）发生带负荷拉隔离开关时，不论情况如何，均不许将错拉的隔离开关再重新合上。

（4）严禁用隔离开关拉开接地故障和故障电容器、电压互感器及避雷器等。

（5）电气设备停电后，由于随时有未得到通知而突然来电的可能，因此在未做好安全措施前，不得触摸设备或进入遮栏。

（6）严禁约时停送电。

5-2-80 电力生产人身事故是怎样划分的？等级划分和标准是什么？

电力企业发生有下列情形之一的人身伤亡，为电力生产人身事故。

（1）员工从事与电力生产有关的工作过程中，发生人身伤亡的（含生产急性中毒造成的人身伤亡，下同）。

（2）员工从事与电力生产有关的工作过程中，发生该企业负有同等以上责任的交通事故，造成人身伤亡的。

（3）在电力生产区域内，外单位人员从事与电力生产有关的工作过程中，发生该企业负有责任的人身伤亡的。

按国家有关规定，电力生产人身事故的等级划分和标准如下。

（1）特大人身事故。一次事故死亡 10 人及以上者。

（2）重大人身事故。一次事故死亡 3 人及以上，或一次事故死亡和重伤 10 人及以上，未构成特大人身事故者。

（3）一般人身事故。未构成特、重大人身事故的轻伤、重伤及死亡事故。

5-2-81 在低压电气设备上进行带电工作时应采取什么安全措施？

人身触及 220V 电压是有生命危险的，因此在低压带电设备上工作，除至少应有两人外，还应遵守以下安全规定。

（1）应有专人监护，使用有完好绝缘柄的工具。工作时应站在干燥的绝缘物上进行，并戴手套和安全帽，必须穿长袖紧口衣工作服。严禁使用锉刀、金属尺和带电金属物的毛刷、毛掸等工具。

（2）在高低压同杆架设的低压带电线路上工作时应先检查与高压线的距离，采取防止误碰带电高压设备的措施。

（3）在低压带电导线未采取绝缘措施时，工作人员不得穿越。在带电的低压配电装置上工作时应采取防止相间短路和单相接地的隔离措施。

（4）上杆前应分清相线、中性线，选好工作位置，断开导线时，应先断开相线，后断开中性线。搭接导线时，顺序应相反。

（5）人体不得同时接触两根线头。

5-2-82 发生触电事故时，救护伤员应采取哪些措施？

（1）脱离电源。

1）触电急救，首先要使触电者迅速脱离电源，越快越好。因为电流作用的时间越长，伤害越重。

2）脱离电源就是要把触电者接触的那一部分带电设备的开关、隔离开关或其他断路设备断开；或设法将触电者与带电设备脱离。在脱离电源中，救护人员既要救人，也要注意保护自己。

3）触电者未脱离电源前，救护人员不准直接用手触及伤员，因为有触电危险。

4）如触电者处于高处，解脱电源后会从高处坠落，因此，要采取预防措施。

（2）伤员脱离电源后的处理如下。

1）触电伤员如神志清醒者，应使其就地躺平，严密观察，暂时不要站立或走动。

2）触电伤员如神志不清者，应使其就地仰面躺平，且确保气道畅通，并用5s时间呼叫伤员或轻拍其肩，以判定伤员是否意识丧失。禁止摇动伤员头部呼叫伤员。

3）需要抢救的伤员，应立即就地坚持正确抢救，并设法联系医疗部门接替救治。

5-2-83 与触电伤害程度有关的因素有哪些？

与触电伤害程度有关的因素有以下六个方面。

（1）电流的大小。电流越大，伤害越严重。一般来说通过人体的市电超过10mA，直流电超过50mA，触电者就会感到麻痹或剧痛。

（2）触电时间的长短。通电时间越长，能量积累增加，就容量引起心室颤动。可用触电电流与触电时间的乘积（称为电击能量）来反映触电的危害程度。30mAs 是一个临界值，超过 50mAs 人就有生命危险。

（3）电流通过人体的途径。以胸到左手的通路最为危险，从脚到脚是危险性较小的电流途径。因此触摸带电设备，低压带电作业等一定不要用左手。

（4）人体的电阻的大小。人体的电阻因人而异，一般为 800 ～ 1000Ω，流经人体的电流大小与人体电阻成反比。

（5）电流频率。在同样电压下，40 ～ 60Hz 的交流电对人体是最危险的，随着频率的增高，电击伤害程序显著减小。

（6）人体状况。电流对人体的作用，女性较男性更为敏感。由于引起心室颤动电流约与体重成反比，因此小孩遭受电击较成人更危险。另外，患有心脏病、神经系统病、结核病等病症的人因电击引起的伤害程序比正常人来得严重。

第三节　供用电合同

5-3-1 供用电合同应具备哪些条款？

（1）供电方式、供电质量和供电时间。

（2）用电容量、用电地址和用电性质。

（3）计量方式、电价和电费结算方式。

（4）供用电设施维护责任的划分。

（5）合同的有效期限。

（6）违约责任。

（7）双方共同认为应当约定的其他条款。

5-3-2 解决供用电合同纠纷的方式有几种？

供用电合同纠纷的处理方式有四种：协商、调解、仲裁、诉讼。

根据《中华人民共和国仲裁法》第九条规定：仲裁实行一裁终局的制度，仲裁作出后，当事人就同一纠纷再申请仲裁或者向人民法院起诉的，仲裁委员会或者人民法院予以受理。

5-3-3 请简述供用电合同的重要性。

供用电合同是经常发生的合同之一。《中华人民共和国合同法》对此作了基本规定，《电力供应与使用条例》也为此单独设立了一章。供用电合同，是以书面形式签订的供用电双方共同遵守的行为准则，也是明确供用电双方当事人权利义务、保护当事人合法权益、维护正常供用电秩序、提高电能使用效果、促进四个现代化建设的重要法律文书。供电企业和用户应当在供电前根据用户需要和供电企业的供电能力签订供用电合同。

5-3-4 供用电合同管理的基本内容有哪些？

（1）供用电合同签约。

（2）供用电合同续签。

（3）供用电合同变更。

（4）供用电合同解除。

5-3-5 什么情况下允许变更或解除供用电合同？

供用电合同的变更或解除，必须依法进行。有下列情形之一的，允许变更或解除供用电合同。

（1）当事人双方经过协商同意，并且不因此损害国家利益和扰乱供用电秩序。

（2）由于供电能力的变化或国家对电力供应与使用管理的政策调整，使订立供用电合同时的依据被修改或取消。

（3）当事人一方依照法律程序确定确实无法履行合同。

（4）由于不可抗力或一方当事人虽无过失但无法防止的外因，致使合同无法履行。

5-3-6 用户签订供用电合同应准备哪些资料?

（1）用户的用电申请报告或用电申请书。

（2）新建项目立项前双方签订的供电意向性协议。

（3）供电企业批复的供电方案。

（4）用户受电装置施工竣工检验报告。

（5）用电计量装置安装完工报告。

（6）供电设施运行维护管理协议。

（7）其他双方事先约定的有关文件。

对用电量大的用户或对供电有特殊要求的用户，在签订供用电合同时，可单独签订电费结算协议和电力调度协议等。

5-3-7 供用电合同的特点是什么?

（1）合同的订立除双方当事人的意思表示外，必须以国家电力分配计划作为缔约前提。

（2）合同一方当事人供电主体是特定的，另一方当事人是不特定的民事主体。

（3）合同的标的物是电能。

（4）双方当事人违约责任是法定限额赔偿责任，而不能按实际损失进行赔偿。

（5）供用电合同与其他合同比较，是一种连续性的民事合同。

（6）双方当事人都负有保证电能质量的义务。

5-3-8 什么是供用电合同变更?

供用电合同变更是指供用电合同在履行过程中因用电性质变更、调整电价比例、增减用电容量等变更用电时，合同双方当事人对合同条款进行修改的业务。

5-3-9 什么是供用电合同续签业务?

供用电合同续签业务是指供用电合同到期后，供电企业与用电客户继续保持原供用电关系，延长供用电合同有效期并保持其有效合法性。

5-3-10 供用电合同的附件一般有哪些？

供用电合同的附件一般有以下内容。

（1）供用电双方法人签发的授权委托书。

（2）法定代表人（负责人）身份证或签约人身份证复印件。

（3）营业执照或组织机构代码证复印件。

（4）产权分界示意图。

（5）电费结算协议（电力调度协议、并网协议）。

5-3-11 什么是格式合同？

格式合同又称标准合同、定型化合同，是指当事人一方预先拟定合同条款，对方只能表示全部同意或者不同意的合同。

5-3-12 什么是非格式合同？

非格式合同是格式合同以外的其他合同，是指合同条款全部由双方当事人在订立合同时协商确定的合同，是法律未对合同内容作出直接规定的合同。

5-3-13 什么是示范合同文本？

示范合同文本是国家行政主管部门、行业协会、学术团体、国际组织发布的具有规范性、指导性、可以反复使用不具有国家强制执行力的合同文本格式，在合同示范文本中一般都包含了合同的主要条款内容和样式。

5-3-14 什么是委托转供电协议？

是供电企业与委托转供户应就转供范围、转供容量、转供期限、转供费用、转供用电指标、计量方式、电费计算、转供电设备建设、产权划分、运行维护、调度通信、违约责任等事项签订的协议。

5-3-15 办理供用电合同解除业务的注意事项有哪些？

（1）客户提出合同解除请求应及时答复，防止造成经济损失。

（2）当合同需要法定解除时，由市场营销部负责协商、法规部门负责诉讼或仲裁事项。

（3）合同解除供用电双方均可提出，当供电公司权益受到侵害必须解除合同时，应及时向客户提出解除合同。

（4）合同解除意味着供用电关系的消失，有关单位和部门应注意及时终止供电。

5-3-16 如何确认供用电合同的有效性？

一般可按照订立供用电合同的有效条件对照的办法，从以下几个方面进行审查，确认供用电合同是否有效。

（1）订立合同的主题是否合格。

（2）供用电合同的内容是否合法。

（3）订立供用电合同时，当事人的意思表示是否真实。

（4）供用电合同中是否有当事人共谋约定侵犯他人合法权益的事项。

5-3-17 代理签订供用电合同需要注意哪些事项？

（1）代理人必须事先取得委托单位的委托证明。

（2）代理人必须根据授权范围订立供用电合同。

（3）代理人必须以委托人的名义签订供用电合同。

（4）委托代理签订供用电合同时，当事人要认真审查委托证明书的有关内容。

抄表核算
收费业务知识问答

CHAOBIAO HESUAN
SHOUFEI YEWU ZHISHI WENDA

第六章
综合案例

案例 1 某用户申请安装一台 1250kVA 变压器用于工业生产，经现场查勘，拟采用高压 10kV 供电，高供高计计量方式，高压侧为中性点绝缘系统。

请回答下列问题：

（1）确定该用户计量装置接线方式、属于哪类计量装置。

（2）该用户电能表、互感器应如何选配？

（3）该用户电能计量装置投运前现场核查内容和要求有哪些？

答：（1）因高压侧为中性点绝缘系统，因此采用三相三线接线方式；计量采用 10kV 高供高计，属于Ⅲ类计量装置。

（2）计算电流互感器变比为：

实际负荷电流 =1250/（1.732×10）=72.2（A）

因此，电流互感器选用变比为 75A/5A，准确度等级为 0.5S 级 10kV 电流互感器，数量 2 台；电压互感器选用变比为 10kV/100V，准确度等级为 0.5 级 10kV 电压互感器，数量 2 台；电能表选用有功准确度等级为 0.5S 级、无功准确度等级 2 级的三相三线 3×100V、3×1.5（6）A 的智能电能表。

（3）该用户电能计量装置投运前现场核查内容和要求为：

1）电能计量器具的型号、规格、许可标志、出厂编号应与计量检定证书和技术资料的内容相符。

2）产品外观质量应无明显瑕疵和受损。

3）安装工艺及其质量应符合有关技术规范的要求。

4）电能表、互感器及其二次回路接线实况应和竣工图一致。

5）电能信息采集终端的型号、规格、出厂编号，电能表和采集终端的参数设置应与技术资料及其检定证书 / 检测报告的内容相符，接线实况应和竣工图一致。

案例2 某工业用户建有室内变电所一座，供电电压 35kV，中性点不接地，供用电合同约定容量 4500kVA，现要为该用户选配计量装置一套。

请根据《电能计量装置技术管理规程》的要求及电能计量方式的相关规定，回答下列问题：

（1）该用户应配置哪类电能计量装置，采用哪种计量方式？

（2）请问该用户应该配置何种类型的电能表？

（3）该用户应如何正确选择电压互感器？

（4）该用户应如何正确选择电流互感器？

（5）该用户互感器二次连接导线的截面积应如何选择？

答：（1）根据《电能计量装置技术管理规程》规定，该用户应配置Ⅲ类电能计量装置，须采用高供高计计量方式。

（2）采用三相三线电能表 1 块，有功等级不低于 0.5S 级，无功等级不低于 2 级，电压为 3×100V，电流为 3×1.5（6）A。

（3）电压互感器变比为 35 000V/100V，准确度等级不低于 0.5 级，额定二次功率因数与实际二次负荷功率因数接近，数量为 2 台；采用 V/V 接线。

（4）按照申请容量计算额定电流 =4500/（1.732×35）=74.2（A），应选用 75A/5A 电流互感器，额定二次功率因数为 0.8～1.0；准确度等级不低于 0.5S 级；数量 2 台，接线方式采用分相接线四线制。

（5）互感器二次回路的连接导线应采用铜质单芯绝缘线。对电流二次回路，连接导线截面积应按电流互感器的额定二次负荷计算确定，至少应不小于 4mm²。对电压二次回路，连接导线截面积应按允许的电压降计算确定，至少应不小于 2.5mm²。

案例3 ××市供电公司采集监控人员于2018年7月1日发现××专变用户（容量为1630kVA，其中1000kVA变压器1台，315kVA变压器2台），2018年6月电量异常增大，主站侧各项参数配置正常。7月8日派单将异常情况报送外勤人员进行现场核查。外勤人员姜某在接到工作任务单后未办理工作票立即与工作班成员王某一同开车前往现场进行核查。到达用户现场在用户相关负责人的邀请下在外用餐。午休期间，姜某事先醒来，随即自己进入现场工作。到达现场后戴好绝缘手套打开表箱，发现电能表、联合接线盒和专变终端外观、封印均无损坏，随后在关柜门时自己胳膊不慎被柜门螺栓划伤。经现场核查和了解用户情况后，发现用户因经济不景气在2018年2月1日报停1000kVA和315kVA变压器各一台。但在5月份有订单，于是用户在2018年6月3日将已经办理暂停的两台变压器私自启用，1000kVA变压器用作车间生产使用，315kVA变压器用作旁边小区施工使用。姜某在拍照取证后，对用户私自启用的变压器进行了停电处理，并将情况报告给单位相关负责人。（基本电费按26元/kVA每月计算）

请回答下列问题：

（1）工作人员在工作过程中有哪些不妥之处？

（2）用户是否有违约用电情况？如有怎么计算违约电费？

答：（1）不妥之处如下。

1）姜某和王某违反《国家电网公司员工服务"十个不准"》接受用户宴请。

2）姜某和王某违反《国家电网公司电力安全工作规程》未办理工作票工作。

3）姜某违反《国家电网公司电力安全工作规程》，单人操作，无监护人；未穿长袖棉质工作服；工作前未验电。

4）违反《供电营业规则》相关规定，发现违约用电进行停电。

5）姜某现场检查未核对电能表参数、表号地址等是否与工作单一致。

6）采集主站监控人员未及时派发工作单。

（2）用户违约情况如下。

1）违反《供电营业规则》相关规定，擅自将供电企业已封存1000kVA和

315kVA 变压器启封使用；

2）违反《供电营业规则》相关规定，私自将 315kVA 变压器向外转供电。

（3）违约电费的计算如下。

1）擅自启封：1315kVA×26 元 /kVA 每月 ×35/30 月 ×2 倍 =79 776.67 元

2）擅自供出：315kVA×500 元 /kVA=157 500 元

案例 4 A 市供电公司在用电信息采集系统中查询日数据，发现某一台区时常会出现零星的表计某天停走的现象（经核实有负荷），举例某块表计的现象如下：通过主站查询 27 日、28 日底码均为 6332.5 和 6332.5，29 日底码为 6353.8，主站召测集中器中的日冻结与主站查询一致，通过主站透抄发现 27 日的底码为 6332.5，28 日的底码为 6343.4，29 日底码为 6353.8。经过运维人员通过主站排查原因，发现该表计的时钟偏慢 30min，集中器时钟未有偏差，主站查询到集中器在 27 日、28 日及 29 日抄读该表计冻结的时间分别为 00 ： 45、00 ： 15 及 00 ： 38。（说明该表计具备日冻结能力，且冻结有时标）。

请回答下列问题：

（1）试述用电信息采集系统中查询日冻结、召测日冻结和透抄日冻结区别。

（2）试详细分析本案例中采集系统中表计出现 28 日停走的原因。

（3）依据《国家电网公司用电信息采集系统时钟管理办法》，请简述对该表计时钟校时要求。

答：（1）用电信息采集系统中查询日冻结是从报表里查询到的数据，召测是抄终端里存的冻结的数据，两者查到的结果一样，渠道不同；透抄是抄电能表里冻结数据。

（2）从案例中可以分析出表计出现 28 日停走的现象，用采系统采集该表 27 日冻结与 28 日冻结值相同，经过透抄表计的冻结底码可以看出 28 日表计有走字，出现采集与表真实存冻结不一致，通过案例材料可以判断该表计不属于计量故障，属于采集故障。对比可以发现，27 日、28 日及 29 日抄读该表计冻结的时间分别为 00 ： 45、00 ： 15 及 00：38，而电能表时钟比集中器时钟慢

30min，正常情况下，集中器在零点时刻开始抄表冻结，一般先抄考核表后抄户表，对于表计来说 27 日、28 日及 29 日抄读该表计冻结的时间分别为 00：15、上一日 23：45 及 00：13，可以发现 28 日集中器抄表的时候，表计时间还在 27 日 23：45，此时未生成 28 日零点冻结，然而集中器存在未判断时标直接抄上一日冻结的问题。

（3）该表计的时钟偏慢 30min。

1）对时钟偏差大于 5min 的电能表，用现场维护终端对其现场校时前，应先用标准时钟源对现场维护终端校时，再对电能表校时。

2）校时时刻应避免在每日零点、整点时刻附近，避免影响电能表数据冻结。

案例 5 A 供电公司按照现场勘查进行了施工组织设计，并按照设计对台区进行载波表配置、安装，安装人员在进行集中器路由模块安装时发现路由模块针脚弯曲，但未及时处理就进行安装，在最后送电环节也未出现异常，因此，安装人员认为已经安装完成，并且此事件未记录也未告知其他人。但在调试时发现大约 1/3 的用户数据无法召测到数据。

请回答下列问题：

（1）安装人员在进行集中器路由模块安装时的行为是否正确？应该如何做？

（2）调试人员针对台区载波表召测失败应从哪些方面分析？

（3）本案例中调试人员进行现场故障排查处理时的直接风险是什么？

答：（1）不正确。安装人员首先应按要求运输、保护产品；其次，安装时发现不合格的产品应及时更换合格的产品，将不合格产品恢复包装，待测试人员完成测试后再使用；最后，现场设备安装完成上电后要观察其状态指示是否正常。

（2）调试人员针对台区载波表召测失败应分析：

1）检查载波表是否安装，是否带电运行。

2）检查载波表表地址设置是否正确。

3）检查集中器每相供电是否都正常（会造成某相全部不通）。

4）检查载波表是否距离集中器过远或距离干扰源较近。

5）检查集中器的抄表参数是否正常。

6）检查集中器载波路由模块是否运行正常。

7）检查集中器路由模块与电能表载波模块方案是否相同（会造成不同方案部分不通）。

（3）本案例中调试人员进行现场故障排查处理时的直接风险是对集中器操作时发生路由模块针脚短路爆炸。

案例6　××供电公司边缘区域位于两省交接地带，当地采集设备使用的SIM卡未开通省际漫游，用电采集系统专变终端、集中器终端虽然信号强度达50%以上，2015年及以前经常发生离线的现象，上线率经常低于60%。

请回答下列问题：

（1）试分析上线率低的原因。

（2）试分析造成终端不在线因素。

答：（1）由于当地采集设备使用的SIM卡未开通省际漫游，边缘区域终端信号无法跨省漫游，当获取到邻省运营商信号时，就会掉线。

（2）首先看终端是否带电，然后从以下方面分析：

1）检查天线是否插好、紧固，天线有无损。

2）检查SIM卡是否安装正确。

3）检查SIM卡是否欠费、是否开通了专网业务。

4）查GPRS模块电源指示灯是否正常，必要时可重新拔插通信模块。

5）检查所在区域GPRS信号是否覆盖，观察屏幕上强度是否达标，移动天线位置，直至信号强度适中。

6）检查主站IP和端口号、APN、终端地址、行政区码等通信参数是否正确。

7）主站建档时模板选择是否正确。

8）验证主站通信服务是否正常。

案例 7 某现场集中器一台，台区总表采用 RS485 通信方式，户表采用载波通信模式。主站系统采集后发现集中器只能采集总表数据，而所有户表数据采集不到。

请说明此现象的原因？到达现场后如何处理？

答：（1）因总表和户表分别采用 RS485 通信以及载波通信方式，故总表数据采集和户表数据采集是两个独立的单元，没有交集。总表能抄读，说明 RS485 端口正常、接线正常以及参数设置正确；户表抄读不到，可能存在以下原因。

1）表计通信参数设置错误。

2）现场电能表虚接或电能表未上电或根本不存在该表。

3）户变关系不对。

4）现场载波通信受到的干扰大。

（2）首先核对安装表计与主站系统内表计信息是否一致，其次检查表计参数是否设置错误，再次确认户变关系，最后使用抄控器直接读取表计，检查是否为线路干扰、表计载波模块损坏或集中器载波模块等原因造成的通信失败等问题。

案例 8 某用户现场安装一台专变采集终端、一台电能表（脉冲常数为 4800imp/kWh），计量电流互感器变比为 400/5，交采电流回路接入的电流互感器变比为 300/5；采集主站召测到该用户某日表计总加组、脉冲总加组、交采总加组的日有功电量分别为 641kWh、482kWh、643kWh。

请判断以上数据是否存在异常？若有异常，请分析可能的原因及解决办法。

答：正常情况下，该用户的表计总加组、脉冲总加组、交采总加组的日有功电量应近似一致。案例所提供的表计总加组与交采总加组的日有功电量一致，而脉冲总加组日有功电量明显偏低，存在异常。

影响脉冲总加组日有功电量偏低的可能原因有：

（1）采集主站脉冲总加组对应的电流互感器倍率设置有误。

K_1=482kWh/641kWh ≈ 3/4，K_2=（300/5）/（400/5）=3/4，$K_1 \approx K_2$，可以推

测 F25 测量点基本参数中，脉冲总加组的电流互感器倍率设置为交采电流互感器倍率，300/5=60，导致日电量数据异常。

解决办法：脉冲总加组的电流互感器倍率设置为 400/5=80。

（2）采集主站有功脉冲常数设置有误。

电能表常数错误 = 电能表常数正确 $\times K_1$=4800imp/kWh$\times$4/3=6400imp/kWh，可以推测 F11 终端脉冲配置参数设置为 6400，应更改为 4800。

（3）其他原因：表计脉冲输出故障、终端故障等。

案例 9 某供电公司新安装一台 I 型集中器，调试人员进行远程调试时发现该集中器不在线。

请回答下列问题：

（1）根据计量标准化作业指导书要求，集中抄表终端故障处理流程的步骤有哪些？

（2）集中器不在线的排查步骤有哪些？

答：（1）故障处理流程的八个步骤如下。

1）任务接受；

2）工作前准备；

3）现场开工；

4）故障排查；

5）故障处理；

6）现场调试；

7）收工；

8）资料归档。

（2）排查步骤。首先看终端现场是否带电，然后检查以下几个方面。

1）检查天线是否插好、紧固，天线有无损坏。

2）检查 SIM 卡是否安装正确。

3）检查 SIM 卡是否欠费、是否开通专网业务。

4）检查通信模块电源指示灯是否正常，必要时可重新插拔模块。

5）检查所在区域通信信号是否覆盖，观察终端屏幕上强度是否达标，移动天线位置，直至信号强度适中。

6）检查主站 IP 地址和端口号、APN、终端地址、行政区码等参数是否正确。

7）主站建档时模板选择是否正确。

8）验证主站通信服务是否正常。

9）检测集中器和通信模块是否故障。

案例 10　某台区采用集中器 + 采集器 +RS485 电能表方式，调试人员发现一采集器下 16 块电能表所有数据全部抄不到，调试人员更换经测试正常的采集器，仍不能解决问题，应从哪些方面进行分析？

答：应从以下几个方面分析。

（1）在主站查看档案和集中器中相应测量点参数，如集中器中测量点端口号（台区居民应为 31）、表类型、表规约、表地址配置是否正常。

（2）检查所有 RS485 电能表是否通电。

（3）核查户变关系。

（4）查看 RS485 接线是否正常，是否有虚接及螺栓拧在 RS485 线绝缘皮上现象，重点检查 RS485 线有无短接现象及采集终端到电能表 RS485 A、B 接线端是否对应正确。

（5）检查电能表或采集器 RS485 接口是否损坏，RS485 A 与 B 之间的电压是否正常。

（6）采集器接线是否正确，电压是否正常。

（7）采集信道是否通畅。

（8）采集器与集中器载波模块是否匹配。

案例 11　×× 供电公司文化路 100 号院 5 号箱变（金属箱体）在进行集中器数据召测时，有时能召测到完整数据，有时会召测到一部分数据，另一部分用户提示"终端无回码"，无法抄到数据，运维人员到现场按要求打开箱变门进行检查：参数设置正确、内置天线已安装、信号基本符合要求，电话联系主站人员进行数据召测，能召测到完整数据，于是按要求关闭箱变门，此工作结束。但是刚离开该小区就接到主站人员电话：问题依旧。经过这样多次反复运维，一直没有解决问题。

请回答下列问题：

（1）用电信息采集系统数据召测时提示"终端无回码"表示什么？

（2）本案例为何运维人员一离开现场故障现象就复现？重点应检查哪些内容？

（3）根据本案例背景你准备如何解决这个问题？

答：（1）用电信息采集系统数据召测时提示"终端无回码"说明此时主站与终端通信信号微弱。

（2）本案例中运维人员在现场时箱变门是打开状态，此时信号基本满足，离开后箱变门是关闭状态，金属箱体屏蔽了 GPRS 信号，所以问题就会复现。重点应检查 SIM 卡运行状况、天线。

（3）根据背景情况处理方式为：更换大增益天线按要求工艺施工，并使天线放置金属箱体外部；按要求关闭箱变门并联系主站进行测试。

案例 12 对于"数据采集失败，但透抄电能表实时数据成功"的故障，应按照哪些步骤进行故障分析及处理？

答：应按以下步骤进行故障分析和处理。

（1）主站侧检查终端任务是否正确下发。

故障分析：检查终端任务是否正确下发，低压采集点通常配置电能表日冻结任务，公、专变采集点还应配置电压、电流、功率曲线等任务。

故障处理：若终端任务设置错误或未下发，则正确设置并重新下发。

（2）主站侧检查终端、电能表时钟是否正确。

故障分析：终端、电能表时钟与主站时钟偏差会造成日冻结数据采集失败，通过主站召测终端、电能表时钟，核对时钟是否正确。

故障处理：通过主站对时钟偏差在 5min 内的电能表进行远程校时，对时钟偏差超过 5min 的电能表可进行现场校时。若校时仍不成功，则更换电能表，终端时钟偏差可通过主站远程校时。

（3）现场检查终端是否故障。

故障分析：检查终端所接入的其他电能表数据是否采集成功，若成功则表明终端正常。反之，则通过升级、更换终端后观察故障是否消除。若故障消除，则表明终端发生故障。

故障处理：若终端故障，则升级或更换终端。

（4）现场检查电能表是否无法冻结数据。

故障分析：通过掌机确认电能表冻结数据是否正常。

故障处理：更换电能表。

案例 13 某载波采集模式台区，集中器下全部电能表日冻结数据采集失败，透抄电能表实时数据失败，主站侧召测终端参数、任务、终端时钟均全部正确，采集终端交流采样回路电压正常。请分析故障原因。

答：电能表数据采集失败可能有如下几种原因。

（1）档案问题，如集中器内无电能表档案；户变关系不一致。

（2）参数设置错误。

（3）集中器载波模块故障；电能表载波模块故障；集中器载波模块与电能表载波模块不是同一个载波方案；集中器载波模块与户表载波模块是同一个载波方案，但是载波模块软件新老不兼容。

（4）现场环境干扰，在集中器或者电能表安装点附近有强干扰源，导致载波信号衰减。

（5）电能表侧停电，导致集中器抄不到电能表。

（6）电能表时钟偏差，或电能表出现电池欠压。

（7）接线问题，集中器用地线当零线用；集中器零线未接。

（8）集中器软件问题。

案例 14 2018 年 5 月 11 日，××市××县××供电所台区用户费控停电操作成功，用户在进行缴费后，系统提示自动复电失败，经核实该用户家中确实没电后，某员工在营销系统多次下发复电指令后指令执行状态仍为执行失败，于是转人工处理，某员工在采集系统查询该用户并进行电能表复电操作，多次下发指令依然是执行失败，核对采集系统用户信息无异常，便转至采集闭环运维管理系统，现场掌机进行复电，到达现场后发现掌机电池电量低，进行复电操作成功后，掌机自动关机。本案例中，该员工有无操作不当的情况？复电失败转至闭环运维管理系统后应如何处理？

答：（1）根据《国家电网公司计量现场手持设备管理办法》第二十条：使用人员在使用前应检查计量现场手持设备（包括操作员卡、业务卡）是否完好无缺，计量现场手持设备的电池电量是否充足、系统时间与标准时间是否一致，并按照本管理办法要求规范使用。

该员工使用前未检查掌机电池电量情况，有可能导致工作时间延长，容易引发用户投诉。

（2）采集系统用户复电控制命令下发失败后，点击转至运维闭环工单按钮，系统提示转至运维闭环工单成功后，登录采集运维闭环管理系统（若系统提示转至运维闭环工单失败，可进入采集运维闭环管理系统手工创建复电工单）；查找到复电工单，选中工单派发至绑定掌机的运维账号，掌机会收到该工单的提醒，下载工单查看明细，至现场核对现场表计与系统信息无误，掌机现场复电操作时掌机红外发射窗口应对准电能表红外接收口。

执行的工单若为直接合闸，点击复电按钮，执行成功后电能表会直接合闸；执行的工单若为允许合闸，点击复电按钮（2009 年版智能电能表需在执行命令的同时按着电能表里面的编程键），如果操作成功掌机会显示执行成功，电能表跳闸灯会不断闪烁，按着电能表上的按键 3s，跳闸熄灭复电成功。执行成功之后点击提交按钮。

案例 15　两个相邻低压台区改造前线损率正常，某日进行线路改造后，两台区线损异常，一台区线损率超大，另一台区线损率为负。咨询现场施工人员，有三处线路调整，但由于夜里紧急施工，具体情况已记不清楚。

请根据已有条件：

（1）试分析台区线损异常的具体原因。

（2）提出解决办法。

答：（1）两台区线损率异常，一正一负，且正线损台区损失电量与负线损台区多出电量基本相同，初步判断为户变关系错误。

（2）处理方法：现场核对台区用户对应关系、设备信息，排查台区是否实现全采集，对设备接线、电能表数据等方面进行检查，并在生产管理系统、电力营销业务应用系统、用电信息采集系统中进行信息调整。

案例 16　A 市供电公司在现场进行专变采集设备安装时，仅进行了打印工作任务单、准备和检查仪器设备就进行现场作业，在现场施工中发生以下事件：

（1）因为突然停电造成用户设备突然停机，使得用户生产线内的原料凝固，造成经济损失 60 万。

（2）由于用户催促送电，采集设备安装人员慌乱中使跌落保险坠落，头部被坠落物砸伤，住院 10 天。

请根据案例背景试述现场专变采集设备安装应有哪些工作前的准备工作？

答：根据《国家电网公司专变采集终端（非 230M）装拆标准化作业指导书》的规定：现场工作开展准备工作包括以下内容。

（1）接受工作任务。根据工作计划接受工作任务。

（2）工作预约。

1）作业人员根据任务内容，提前与客户联系，预约现场作业时间。

2）必要时进行现场查勘，确认施工方案。

（3）现场勘查。根据现场实际情况，确定现场施工方案。

（4）打印工作任务单。根据工作安排打印工作任务单。

（5）填写并签发工作票。

1）工作票签发人或工作负责人填写工作票，由工作票签发人签发。对客户端工作，在公司签发人签发后还应取得客户签发人签发。

2）对于基建项目的新装作业，在不具备工作票开具条件的情况下，可填写施工作业任务单等。

（6）准备和检查仪器设备。根据工作内容准备所需仪器设备，检查是否符合作业要求。

（7）准备和检查工器具。根据工作内容准备所需工器具，并检查是否符合实际要求。

案例 17 在采集系统运维过程中发现某采集台区用户数 352 户，多层房型结构一梯三户、一梯四户，采用半载波方式组网，采集成功率在 85% ～ 99.3% 之间徘徊，采集成功率不稳定。请综合分析该台区可能导致采集不稳定的原因及解决方法。

答：该台区可能导致采集不稳定的原因及解决方法如下。

（1）集中器 GPRS 信号弱，导致采集数据上传不全。

解决方法：加强 GPRS 信号，延长天线等。

（2）部分采集器载波信号不稳定，导致采集不稳定。

解决方法：更换采集设备、同相安装等。

（3）台区关联关系不正确，因载波信号跨台区穿越，穿越部分载波信号不稳定。

解决方法：梳理户变关系，更改档案并下发。

（4）部分采集器元器件老化接收、发送信号能力下降，导致采集数据不稳定。

解决方法：更换采集器。

（5）集中器下接的电能表 RS485 通信不稳定，导致采集数据不稳定。

解决方法：更换采集器，加装匹配电阻，加装采集器、拆分采集器带电能表数量等。

案例 18 小王在现场工作发现，终端能够拨号成功上线，并与主站建立通信连接，但是在十几秒甚至几秒后便会快掉线并重新拨号，并且每次都能拨号成功，自动重复此过程。

请问出现这种情况的原因有哪些？该怎么解决？

答：（1）原因分析：终端上线后与主站建立 TCP 连接后马上被系统关闭 TCP 连接，可能是终端 IP 不在系统路由表中；或者系统对于同一地址只允许一台终端上线，另一台地址相同的终端登录上线后系统自动踢出之前上线的终端；或终端软件异常，造成终端软件自动重启。

（2）解决办法：关闭终端电源，请系统操作人员召测终端数据，若系统仍显示终端通信正常，则表明系统内终端地址被重复使用，需要同步更改终端地址和系统档案中对应的终端地址，并且涉法确认另一台终端地址是否正确；若排除上述情况，则需要现场查看终端获取的 IP 地址，可以请通信公司确认该地址是否属于预先分配的 IP 地址段，预先分配的 IP 地址段、系统路由及防火墙配置是否正确；若无其他异常，测试终端软件，确认软件故障，联系供货厂家现场升级软件。

案例 19 王先生有一家工厂，今年 7 月份查看电费时，发现电费异常多，于是王先生电话至 95598 热线电话询问，接线人员将工单派工至电费核算班。核算人员查看发现王先生的工厂为需量用户，王先生为工厂核定的需量核准值较低，而 7 月份天气较热，导致用电负荷值上升，实际负荷值远超核定值，超过部分翻倍收取基本电费，导致需量基本电费突增。核算人员联系王先生解释清楚情况，并建议他 8 月份申请合适的核定值。

请根据以上情况，回答下列问题：

（1）若王先生不想往返营业厅办理业务，可以建议王先生通过掌上电力办理，王先生需下载哪个版本的掌上电力？

（2）王先生需要通过掌上电力哪个模块办理业务？

（3）王先生 7 月份办理需量调整业务调整的是哪个月的需量核定值？

（4）若王先生无法确定核定值可以建议参考往年电费，则王先生可以通过掌上电力哪个模块查看？

答：（1）掌上电力企业版。

（2）王先生可以在"服务"→"用电申请"→"需量值调整"进行业务办理。

（3）8月份。

（4）王先生可在"电量电费查询"模块中查询"各个月电量电费""近半年电量电费分析图"，也可点击"查看明细"按钮查看电费电量明细等常用信息。

案例20　刘女士最近在×××地区开了一家工厂，她想通过掌上电力办理新装业务。

（1）刘女士需要通过哪个模块可以办理？需要填写哪些申请信息？

（2）在新装办理好后，刘女士的工厂开始进行生产，一开始订单不是很多，工厂效益不是很好，刘女士想尽量节省用电成本。通过哪个模块可以查看电量电费情况？

（3）刘女士发现工厂负荷很低，但基本电费按容量收取非常不划算，于是刘女士打算变更基本电费计收方式为需量计收，通过掌上电力哪个模块申请办理？

（4）在变更为需量用户后两个月，刘女士陆续接到了多笔外贸订单，工厂开始大规模用电，用电负荷超过申请容量的75%，此时再用需量结算，用电成本将超过容量结算,刘女士再次申请变更基本电费结算方式,却被回退不可受理。工作人员退单不可受理的原因是什么？若刘女士想要办理容需变更的话，应该如何正确办理？

答：（1）刘女士可以通过"服务"→"用电申请"→"新装申请"办理业务。

需要填写的申请信息有企业名称、用电地址、申请容量、企业基本信息、申请人信息、发票信息。

（2）刘女士可以在"电量电费查询"模块中查询"各个月电量电费""近半年电量电费分析图",也可点击"查看明细"按钮查看电费电量明细等常用信息。

（3）刘女士可以通过"服务"→"用电申请"→"容量需量变更"办理业务。

（4）因为基本电费计费方式变更周期为按季变更，用户按需量结算只执行了两个月，所以不可办理。

若刘女士想要办理容需变更的话，可在现行基本电费计费方式满3个月后，提前15个工作日申请变更。

案例21 李女士国庆前通过掌上电力申请暂停某工厂400kVA变压器，该工厂为容量结算用户，申请暂停时间为2017.10.1—2017.10.8，该工单在提交后，在预申请环节被工作人员回退不可受理。

请根据以上情况，回答下列问题：

（1）工作人员接到容量用户来自掌上电力的暂停业务申请时，需要查看哪些内容？

（2）在申请暂停期间，工作人员需要验证的信息有哪些？

（3）李女士哪些申请内容不符合规定？

（4）若李女士坚持申请的时间不变该如何处理？

答：（1）需要查看的内容有：客户类型、客户需暂停的变压器名称、申请停用日期及计划恢复日期。

（2）工作人员需要验证的信息有：

1）变压器暂停时间是否小于15天和年度内变压器累计暂停时间是否超过六个月。

2）续停客户暂停日期是否连续。

（3）变压器暂停时间小于15天。

（4）依暂定时间进行处理：

1）若暂停时间已满6个月，客户可以通过掌上电力办理减容业务。

2）若客户申请暂停时间小于15天，则需告知用户暂停期间基本电费照收，若用户仍坚持办理，需上传加盖公章的承诺书，便可办理。

案例 22 李女士由于工作忙碌，电费经常忘了按期支付。供电营业厅人员给李女士介绍了掌上电力 App，掌上电力 App 可以提供便捷的交费服务，支持预付费和后付费客户线上交费，提供电 e 宝、银联、支付宝等多种支付方式。

请回答下列问题：

（1）掌上电力低压版有哪几种方式可以进入支付购电？

（2）用户未绑定户号，能否购电？

（3）李女士还想给远在安徽的父母通过掌上电力 App 交费，是否可行？

答：（1）进入"支付购电"页面的方式有 3 种：

方式一，通过"首页"中"购电"快捷入口进入。

方式二，通过"电费余额"中的"支付购电"进入。

方式三，通过"用电"中的"支付购电"进入。

（2）用户在购电时，无需绑定户号，在"首页"中"购电"快捷入口直接选择（或输入）交费地区、客户编号、支付方式、支付金额并确定订单信息后即可完成购电。

（3）可行，掌上电力可进行跨省市的异地交费。

案例 23 周先生是一名中介公司员工，近期房产市场火爆也带火了中介公司，周先生都要每天带用户奔波房产市场和营业厅，由于营业厅办理房屋过户量出现井喷，周先生经常要等待一个多小时才能办理好过户业务，经工作人员介绍掌上电力低压版可以办理过户业务，周先生非常感兴趣，可以足不出户办理过户业务。

请回答以下问题：

（1）要办理过户业务，首先需用户绑定户号，请问有几种方式可以获取客户编号？

（2）如果前房东未解除绑定关系新房东就无法绑定掌上电力 App，有哪几种方式可以解除客户编号与注册账户的绑定关系？

答：客户编号可通过如下三种途径获取：

（1）从各类单据获取。如电力营业厅购电发票、客户用电登记表等。

（2）拨打 95598 热线电话咨询。

（3）到电力营业厅咨询。

客户编号可通过如下三种途径解绑：

（1）客户通过掌上电力"我的"中"户号绑定"功能删除已绑定户号后，自行解绑。

（2）通过拨打 95598 热线电话由统一账户平台解绑。

（3）通过各省公司客服中心及营业厅进行解绑。

案例 24 微信抢红包是大家都非常喜欢的娱乐活动。最近小王发现手机电 e 宝也有红包，非常积极地参与抢红包，并邀请朋友一起参与。

请回答下列问题：

（1）电费小红包定义是什么？

（2）电 e 宝小红包可通过什么模式获取？

（3）小红包可赠送给谁，是否可以缴纳电费和提现？

答：（1）电费小红包是由电 e 宝发行、具备国家电网公司特色的、以电力消费为特性的互联网支付红包，是电 e 宝提升服务品质及影响力的重要手段。

（2）可以通过购买、预存电费、注册新用户及抽奖等活动获取。

（3）给微信朋友及通讯录朋友，支持交纳电费，但不可提现。

案例 25 小王通过电 e 宝缴纳电费，抽奖等方式获得了 20 多个小红包，他想用全部的红包缴纳电费，却发现根本没法全部使用，让小王非常不愉快，让他更不满意的是在使用红包时网络出现问题导致红包显示使用但实际未成功。

请回答以下问题：

（1）单笔交电费小红包，最多使用多少个？

（2）单笔交电费，小红包最多可抵扣多少元？

（3）电费小红包使用后未成功，是否会永久消失？

答：（1）单笔最多使用 10 个小红包。

（2）每次最多可抵扣电费 200 元。

（3）不会。由于红包全额支付电费操作导致暂时消失的会在 30min 内会自动退回到卡包中；由于红包和银行卡混合支付操作导致暂时消失的会同银行卡退款时间一致退回到卡包中；由于转赠操作导致暂时消失的小红包会在 2h 后自动退回到卡包中。

案例 26　95598 智能互动网站是中心面向社会服务的互联网渠道，社会公众可通过网站了解公司各单位发布的相关信息，在线办理电费查询、充值缴费、业扩报装等业务。

请回答以下问题：

（1）95598 智能互动网站网上缴费可以分为哪些形式？

（2）客户已经安装了智能电能表，为何不能在 95598 智能互动网站缴费？

（3）客户通过 95598 智能互动网站使用支付宝缴费时，错将电费缴纳到其他客户账户中，此时应该如何处理？

答：（1）缴费可分为快速缴费和登录缴费两种形式。

（2）非居民用户无法通过 95598 智能互动网站进行缴费。如果是居民用户且所在省（市）已开通网上缴费业务，建议在 95598 智能互动网站上完成注册并绑定户号进行客户认证后，方可进行缴费操作。

（3）请客户到银行开具缴费证明（加盖公章）后、带上银行缴费证明、申请报告、身份证原件（复印件）、电费单到当地供电营业厅处理。

案例 27　电动汽车发展如日中天，从能源安全的角度、环境污染的角度、汽车业转型升级的角度来看，推动电动汽车的发展将会成为未来趋势，结合实际情况回答以下问题：

（1）如遇到电卡故障或 App 故障（无法扫码，无法账号登录，冻结金额无法使用等），客户无法使用智能模式进行自助充电如何处理？

（2）高速充电卡和市区充电卡是否可以跨区域使用以及各省市充电卡的区别？

答：（1）如遇到电卡故障或 App 故障客户无法使用智能模式进行自助充电时：

1）如果客户有充电卡，有 App 账号，充电桩在线，则客户可以从充电卡、扫二维码、账户三种方式中任选一种充电。

2）如果客户有充电卡，充电桩离线，则客户可以采用支付卡方式充电。

3）如果客户无充电卡，有 App 账号，充电桩在线，则客户可采用二维码或账号方式充电。

4）如果客户无充电卡，有 App 账号，充电桩离线，则提示客户使用其他设备充电。

（2）车联网充电卡可以在全国贴有国家电网公司标识的所有公共充电设施及高速充电设施充电，充电消费不存在地域区别。各省充电卡有各自独立号段，车联网平台系统不支持跨省开卡、换卡和销卡，其他充值、充电、解灰、解锁、挂失、补卡、查询等功能均不受限制。

案例 28　常州高新区创业园的汤姆先生驾驶公司新购置的电动汽车，载着 6 名同事前往苏州园区开会，电动汽车为比亚迪 e6，电池容量 80kWh，理论续驶里程 400km。由于汤姆先生的疏忽大意，出发前未检查车况，途经无锡惠山区时发现续驶里程不足 30km，需立即寻找高速公路快充站点进行临时紧急充电。此时汤姆先生手中有一张公司提供的非实名制卡，但是并不清楚里面有多少余额，为了确保能及时充上电并赶上公司会议，汤姆先生急中生智，让同事利用提前下载并注册好的 e 充电预约了梅村服务区的直流充电桩，并且在 App 上充值了 500 元以防万一。顺利到达梅村服务区后，发现预约的充电桩显示故障代码 20，咨询 95598 客户服务热线后解决了问题，并且通过充电桩查询到充电卡余额为 1200 元，第二次刷卡后成功充满电池，在 App 上退回了提前充值的余额。

请回答下列问题：

（1）e充电上支持的支付方式有哪些？

（2）案例中有哪些不符合实际的情况，正常的情况应该是怎样的？

（3）用充电卡充值为什么需要两次刷卡？

（4）请问"故障代码20"的原因及处理方法？

（5）如果汤姆先生需要在e充电上开具发票，应该如何操作？

答：（1）e充电上支持的支付方式有微信、支付宝、电e宝。

（2）不符合实际情况的有：

1）题中指出"e充电预约"，e充电上暂无预约功能，网站有该功能但仍在建设中。

2）题中指出"汤姆先生的充电卡为非实名制卡，且余额为1200元"，根据《单用途商业预付卡管理办法（试行）》第八条规定，非实名充电卡余额不能超过1000元。

3）题中指出"汤姆先生在App上退回了提前充值的余额"但e充电无法实现退款。

（3）用充电卡两次刷卡的原因：

1）确认充电完整性，完成扣款流程。

2）对电卡卡内金额进行锁定，防止两处交易导致扣费异常，充电完成，解除锁定。

（4）"故障代码20"的原因：充电枪未放回充电枪插座或放回后充电枪头与插座处于半连接状态，未完全连接。

处理方法：把充电枪放回充电插座并检查是否处于完全连接状态。

（5）e充电电子账户实际充电后3个月可申请开具增值税普通发票或增值税专用发票。开具增值税专用发票需提供开票单位营业执照、开户许可证及增值税一般纳税人发票信息。发票由国网电动汽车有限公司统一开具并免费邮寄。

如果是非实名制充电卡上的充值金额，则无法在e充电上开具发票。

案例 29 某供电营业所收费人员当天收费结束清点当日现金 18 056.00 元，并将其解款到工商银行，收费人员统计实收日报，汇总各类票据和报表与电费结算员交接时发现，系统显示的实收报表与资金不相符，且系统解款记录为负数，经将收费人员当日收费明细打印，逐条与发票存根核对，发现当日该收费人员以现金方式退费一笔，退费金额 22 000.00 元，系客户销户后要求的正常退款。

请分析实收报表与资金不相符，且系统解款记录为负数原因并提出解决方案。谈谈营业所收费人员日终业务工作注意事项。

答：（1）原因分析：该收费人员在日终清点时，在未核实报表、票据、资金三账相符时即将手中现金解款，造成营销系统实收报表和解款记录与所收现金不相符。

按照退费"现金收支两条线"的原则，该客户办理退费业务时在营销系统退费申请的"退费方式"应该选择"内部转账"，由财务部门从经费户列支。但该收费人员实际操作时将退费方式选择了"现金"，造成营销系统解款记录为负数。

（2）处理方法：该收费人员先在营销系统中进行解款撤还，再在该客户上对应做实收 22 000.00 元，将原退费记录还原，最后重做退费申请，退费方式选择"内部转账"。

（3）营业所收费人员日终业务工作需要注意以下几点：

1）日终清点。当日收费终止，统计生成当日各类实收电费日报表，将收款笔数、金额与已开具的电费发票、收据及实际资金进行盘点，不相符的查找原因，纠正收费错误，直至报表、票据、资金三账完全相符。最后，清点上缴各类票据、发票存根联、作废发票、未用发票等。

2）解款。根据不同资金类别进行解款，将现金进账到专用电费账户。

3）票据交接。将资金解款的原始凭证以及"日实收电费交接报表"等上交相关人员，票据交接需双方签字确认。

案例 30 某供电营业所农电工张某反映，其负责的 A 台区有一客户李某在农电工上门走收时拒绝缴纳电费，声称其139.00元的电费已经到营业所缴过了，但没有缴费凭证。同时，张某负责的A台区4月20日的销账记录23 000.00元，经电费管理中心核实，在银行到账记录中未查到，要求营业所追踪未达账。

根据李某提供的客户编号和缴费时间，经营业所在营销系统核实，其电费已经缴清，系统显示缴费时间4月15日，缴费方式：台收，缴费金额139.00元，确定李某所述事实，并非欠费拒交。根据电费管理中心要求追踪未达账的要求，营业所清点农电工交接的走收资金进账凭证，发现张某负责的A台区上交的现金进账单金额为23 139.00元，与系统销账记录不符。

试根据本事件进行原因分析并提出处理办法；并阐述上门走收需要注意的事项。

答：（1）原因分析：

1）在营销系统中A台区抄表册客户的缴费方式为走收，走收发票打印后至张某上门收费期间，客户李某到营业所缴纳电费，营业所台收人员未告知客户该笔电费走收在途，可能造成重复缴费。

2）农电工张某到银行解款之前未确认电费资金与所领取的发票合计数一致。

3）4月20日农电工张某到营业所走收销账，营业所收费人员销账前未仔细清点系统该册应收、走收人员上缴的发票存根、未收发票、资金进账凭证，核对该册应收电费与进账单金额，导致系统销账金额与进账单金额进账凭证不一致，形成电费未达。

（2）正确处理办法：

1）对李某的缴费进行系统处理，撤消该笔走收电费。选择"走收打印撤还"自动作废发票，操作结束后该册应收合计里不再包含已撤还的电费。将走收发票原件收回加盖作废章。在营销系统查询李某4月15日营业所台收缴费记录并补打台收发票。

2）由于农电工张某电费进账单金额大于该册应收，多出部分由张某提供客户编号，由收费人员在营销系统在该户上做预收处理。

（3）上门走收需要注意的事项：

1）电费收取应做到日清月结，不得将未收到或预计收到的电费计入电费实收。

2）按收费片区固定上门收费时间，需要调整的应提前通知客户。

3）开展走收的单位，应事先明确每个走收人员负责的客户范围。走收电费的应收清单和发票打印、实收销账等工作应由专人负责，并与走收人员核对确认，保障对走收工作质量的有效监督。

4）收取的电费资金应及时全额存入银行账户，不得存放他处，严禁挪用电费资金。

5）收费人员在预定的返回日期内应及时交接现金解款回单、票据进账单、已费发票存根、未收费发票等凭据，并仔细核对，及时进行销账处理。

案例31 某城南供电营业所抄表催费人员张某月末打印自己负责的抄表段欠费清单时意外发现，排在首位的欠费户某医药公司欠费金额高达83 000.00元，张某与医药公司联系，可该公司财务人员却拿出电费发票，称本月已经缴纳电费。经查该户系特约委托客户，系统登记托收到账时间8月21日，8月24日电费管理中对账后与银行确认，该笔电费未达，并作了退票处理，而使客户目前欠费，请描述如何查明事件并追踪款项，并简述特约委托不成功后的处理办法。

答：（1）原因分析：

1）客户属于特约委托方式缴费，营业所应首先核实客户缴费档案：客户名称、客户编号、托收单位、地址、客户开户行（付款人银行）、账号，收款人银行、账号。

2）营业所将客户提供的发票复印件和托收到账凭证一起交电费管理中心核实到账情况。

3）电费管理中心清点8月21日系统登记的解款记录和8月21日银行的到账明细，如果此笔托收电费属于"供已达银未达"的未达账，立即与银行联系，明确未达事实。

4）确定该笔托收电费属于"供已达银未达"的未达账项，营业所可打印该客户电费分户账明细，与客户沟通核对，要求用户核对托收账户额余额和交易明细，查实托收不成功原因。

（2）处理方法：

1）退票处理：银行退票，应如实登记退票信息。①对客户账户错误导致的扣款不成功，要修改系统托收档案，确保付款人账号正确，必要时修改特约委托协议；②对因资金不足导致扣款不成功的，通过短信或催费人员及时通知客户尽快缴纳电费；③对重托客户，若电费违约金发生变化的，应将原发票作废，重新打印发票后托出。

2）未退未回处理：超过正常日期未返回托收回单的，托收人员应联系收、付银行，尽可能追回票据，重新处理，对于确实无法找回票据的，应登记未退未回信息并通知客户，同时找出相应电费发票存根联，补齐收款凭证后按退票的操作方式重新托出电费，或转入其他收费方式尽快回收电费。

案例 32 某商场是某供电公司的欠费户，从 2010 年 7—11 月，共拖欠电费额高达 35 万元，经由某供电公司对此催要，该商场以种种理由拖延缴纳。为保证电费足额回收上缴，某供电公司派催费人员向该商场送达了"停（限）电通知书"，该商场拒收。某供电公司遂决定对该商场采取公证送达"停（限）电通知书"的方式。2010 年 12 月 20 日，某供电公司的工作人员再次向某商场送达了"停（限）电通知书"，并请公证处的公证员对送达的全过程作了现场公证，并制成了"公证书"。面对严格按照法律程序办事的供电公司工作人员，某商场负责人不得不在"停（限）电通知书"送达回执上签了字，并表示一定尽快筹款缴纳电费。2010 年 12 月 31 日，在"停（限）电通知书"规定的最后期限内，某供电公司收到了某商场的电费转账支票，某商场所欠的 35 万元电费全部回收。

请根据此案例，谈谈你的想法。

答：规范停限电操作程序，完善停限电通知签收手续，是供电企业维护自身利益、合法回收欠费的有效手段。而公证送达"停（限）电通知书"的方式是解决欠费问题的一种有效途径。

案例 33 2010 年 2 月 5 日上午，某居民客户家中无人突然停电，家中回来人后，打电话到供电公司查询才知道是因为欠费停电。某居民客户以供电部门未书面通知客户、停电违反程序并致使冰箱内食品腐烂变质造成损失 70 元为由，将 ×× 供电公司告上法院，索赔 1 元钱及承担诉讼费。

2010 年 3 月 1 日，法院一审判决，供电公司如此停电不符合程序，某居民客户获赔 1 元钱。

请根据此案例，谈谈你的想法。

答：法院审理的依据是《供电营业规则》第六十七条第二、三项，即供电部门在停电前 3 ~ 7 天内，应将停电通知书送达用户；在停电前 30min，将停电时间再通知用户一次，方可在通知规定时间实施停电。同时，《中华人民共和国电力法》第五十九条第二项明确规定：未事先通知用户中断供电，给用户造成损失的。应当依法承担赔偿责任。

1 元钱，客户要的只是一个说法，在公众法律意识普遍提高的外部环境下，供电企业必须严格执行操作程序，实行规范化管理。

案例 34 ×× 制酸厂是某市的用电大户，2010 年下半年市供电企业在了解到该厂因受市场影响，经营状况严重恶化的信息后，快速反应，在电费支付尚未到期时及时与该厂的控股主管部门味精有限公司协商签订保证合同，采取"连带责任保证"且为"最高额保证"。保证人按期支付了电费，从而有效规避了欠费风险。

某食品厂由于受市场影响，产品严重滞销，经营严重恶化，导致欠供电公司电费达 100 余万元（含违约金），若不及时采取措施，如该厂破产倒闭，供电企业将造成巨额损失。某供电公司根据《中华人民共和国合同法》《中华人民共和国担保法》规定，及时要求食品厂提供担保，经与该厂协商，该厂自愿将其厂区内一块面积达 $1900m^2$ 的无地上定着物的土地使用权对所欠电费及将要发生的电费进行抵押担保，双方签订了电费缴纳合同及抵押合同，并在市土地行政管理部门办理了抵押物登记手续，使抵押合同合法生效。

某市供电企业与欠费大户——某铝业集团有限责任公司，订立了债券、股权转让的质押担保合同 2780 余万元，经股东大会确认，直接抵交电费。

请根据此案例，谈谈你的想法。

答：在保证、抵押、质押三种担保方式中，合理选择担保方式对电费回收影响非常大。

如××制酸厂，选择保证担保方式，供电企业要严格考察保证人资格，保证人资格不合法就会导致保证合同无效。

在某食品厂案例中，选用抵押担保方式，供电企业既要合理选择抵押物，又要及时办理抵押物登记手续，还要经常检查抵押物状况。这两种担保方式在实践中，既不方便实行，在客户发生欠费后，又不能迅速抵偿欠费。

在某铝业集团有限责任公司案例中，选用债券、股权转让的权利质押方式，从而杜绝了动产质押担保方式存在的操作复杂，客户欠费后不能迅速补偿欠费的特点。权利质押手续操作简便，客户欠费后可立即兑现存款单或汇票抵偿欠费，因此选用权利质押方式是一种比较理想的选择。

对客户实行担保应优先选用权利质押方式，对不能采取权利质押方式的用户再考虑其他担保方式。在权利质押方式的选择上，应优先选择存款单或汇票作为质物，以利于客户欠费后能够立即兑现抵偿欠费。

案例 35 某机械厂拖欠电费一年共 230 万元，因其亏损严重，催讨困难；而供电公司物资经销公司拖欠该机械厂货款 300 万元，且未到期支付，供电公司将这 230 万元电费债权以 225.4 万元的现金价值转让给物资经销公司，并通知了该机械厂，物资经销公司随后通知机械厂抵销双方各自债务 230 万元。这样，供电公司的电费债权基本上得到了实现。

请根据此案例，谈谈你的想法。

答：此案例就是《中华人民共和国合同法》规定的抵销权制度的应用，案例说明不仅债务的标的物的种类、品质相同的可以抵销，而且客户所负的债务的标的物的种类、品质与电费欠款不同，也可以，使难度较大的电费债权通过抵销方式实现。

案例 36 某玻璃厂欠某市供电公司电费 150 万元，属陈欠电费，某玻璃经销公司拖欠该玻璃厂货款 300 万元，已逾期达 1 年半，玻璃厂多次催讨未果。现供电公司得知玻璃经销公司刚刚收回一笔 200 万元的货款，而催讨玻璃厂仍旧没有结果，就打算转而向玻璃经销公司讨债。是否可行？供电公司应该如何具体操作？

答：根据司法解释，只要债务人不以诉讼方式或仲裁方式向次债务人主张债权而影响其偿还债权人的债权，都视为"怠于行使其债权"。供电公司可以根据代位权的规定，以自己的名义起诉玻璃经销公司行使玻璃厂货款债权，取得债权后再向玻璃厂行使电费债权。

案例 37 2010 年某工贸公司拖欠该市供电公司电费及违约金 25 万元，经多次催缴，以种种理由拖延缴纳，而且拒不在"停（限）电通知书"上签字接收，致使无法按法定程序实施欠费停电。供电公司采取了公证送达方式，对"停（限）电通知书"送达的全过程作了现场公证。面对严格按照法律程序办事的该公司工作人员，工贸公司负责人不得不在"停（限）电通知书"送达回执上签了字，并在"停（限）电通知书"规定的最后期限内，交清了所欠电费及违约金。

请根据此案例，谈谈你的想法。

答：在电费清欠的过程中，经常会遇到一些欠费客户拒收"催缴电费通知书""停（限）电通知书"，而电力法律、法规中无留置送达的规定，影响清欠工作的顺利进行。在这种情况下，供电企业可以采取公证送达的方式。公证送达可以有效保全所要送达文件的内容和过程，是最直接、最有效的证据，将对供电企业维权起到积极的作用。

案例38 某制糖厂，2010年3—5月共拖欠市供电公司电费130万元，经多次催缴，反复做工作，收效甚微。由于双方没有其他债务纠纷，市供电公司于2010年6月向有管辖权的人民法院申请支付令。支付令下达后，制糖厂先交了50万元，尚欠80万元，对剩余部分制定了还款协议，计划到2010年8月底交清。到期后，该厂还清了全部所欠电费。

请根据此案例，谈谈你的想法。

答：本案如果走普通的诉讼程序不仅时间长而且诉讼费按争议的价额或金额的比例交纳，而采取支付令的形式，只需交纳100元，二者的区别是显而易见的。由此可见，通过督促程序催收客户陈欠电费是一个简便易行的办法。

案例39 某市轧钢厂2010年由于经营不善，造成倒闭，所欠电费无力支付。市供电公司为防止欠费资金进一步扩大，设立专门催收小组多次对其上门催缴，该厂一直以种种理由一拖再拖，催收小组为了保障该笔欠费的诉讼实效性，每次催收的同时都留有"痕迹"，为后面成功依法维权提供了宝贵的法律依据。2008年初，市供电公司依法对该厂予以起诉，并采取了财产保全措施（查封了该厂3台变压器），市人民法院受理此案，于2010年3月10日判决市供电公司胜诉。人民法院依法将轧钢厂2010年所欠电费205 649.52元（含违约金），成功进账到市供电公司电费账户。

请根据此案例，谈谈你的想法。

答：本案利用法律手段成功收回陈欠电费，不仅避免了电费资金的流失，还在很大程度上给恶意欠费户形成了威慑。对一些欠费时间较长，诉讼时效期限将满，或态度消极的欠费客户，要求欠费者在通知书的回执上签收。以此作为将来主张诉讼中断的有力证据。如果对方不愿签字确定，也可采用无利害关系的第三人在场的方式给予证明。对恶意或长期拖欠电费户要在第一时间予以起诉，保障电费回收工作良性发展。

案例 40 某化肥厂拖欠电费 600 多万元，濒临破产，供电部门积极支持当地政府，让化肥厂与效益较好的化工厂实现资产重组，并与化工厂签订了化肥厂电费债务托管协议，使化肥厂陈欠多年的电费得到有计划的偿还。

某供电部门收到区人民法院发来参加某水泥厂债权人清算庭审会的通知，接到通知后除了办理正常参会手续外，针对该户拖欠 254 万元电费，对申请破产进行了分析，发现该户不是真破产而是破债，经与决策层接触了解到不是该单位申请破产，而是由其他债权人向区人民法院申请宣告债务人破产还债。根据实际情况向其决策层宣传了有关破产企业未能偿还电费的政策，如若供电部门予以销户，终止供电，将给该单位带来极大的损失。通过双方沟通后，该单位阐明了观点，希望破产后不要破电费，否则会投入更多的人力、物力和财力。由于该客户情况特殊，停 1min 电都不可能，最后双方达成一项协议，今后发生的电费按月交清，拖欠的 254 万元电费，先期支付 100 万元，其余欠费写了书面还款计划。企业法人与债权人达成和解协议，经人民法院认可后终止破产还债程序，和解协议具有法律效力。

某丝绸厂由于受市场经济疲软和企业内部管理等众多不利因素的影响，于 2010 年 7 月上旬申请破产，截止破产时，累计拖欠供电公司 2010 年 6—7 月电费合计 18.5 万元，供电公司营销人员上门催收电费时，企业负责人认为企业已申请破产，不再承担任何债务。对此，供电公司一方面要求相关部门负责人主动上门向企业负责人问询，在企业破产过程中，有何工作需要供电部门协助解决和提供服务的，同时积极思考采取何种方法有利于追讨电费，在得知该企业已成立破产领导小组的情况下，供电公司积极寻求企业破产领导小组的支持，同时密切关注该企业在破产过程中的每一个法定程序，在得知该企业将于 11 月份开始进行固定资产拍卖时，供电公司立即安排相关人员上门与企业破产领导小组进行商谈，最终得到了破产企业的同意，并许诺拍卖款一到账就偿还供电公司的电费，至此，一笔本已流失的电费，在坚持不懈的努力下全部追回。

请根据此案例，谈谈你的想法。

答：上述案例说明，虽然破产企业有《中华人民共和国企业破产法》的保护，但作为供电部门债权人应维护自身的权益和利益。宣告破产后拖欠电费可以做呆、坏账处理，但终归供电部门经济受到损失，力争通过各种渠道采取各种方式，不要使拖欠的电费破掉，这样有利于保护双方的权益。

案例 41 2003 年 5 月，某市医药企业建立了微生物实验室。该实验室需要有稳定的电源。为此，该医药企业与某供电公司签订了供电合同。合同对供电公司供电的频率、电压、间断供电时限等方面都作了特殊规定。到 2004 年，由于与医药企业共用一条电路的某建材公司经常违法用电，供电公司多次警告无效。决定对建材公司进行停电处罚，在停电前 1h 通知医药企业该线路停电。医药企业微生实验室在如此短的时间里无法找到稳定的电源，结果造成微生物大量死亡，医学研究从此中断。于是，医药企业将供电公司诉至当地人民法院。

案件处理如下。

原告认为：供电公司应当赔偿医药企业的全部经济损失。其理由是：①供电合同是供电公司与医药企业签订的，供电不符合约定是供电公司造成的，医药企业只能要求供电公司赔偿；②供电公司虽然提前通知医药企业停电之事，但通知时间不符合法律规定，对其造成的损失应赔偿。

被告认为：供电公司造成该线路供电不正常，是由于建材公司违法用电所导致的，建材公司应承担医药企业的相应损失。但医药企业因停电造成的损失，供电公司已提前通知，尽到了告知义务。因此不应承担赔偿责任。

法院认定：供用电合同是指供电人按照国家规定的标准将电力输送给用户，用户按约定用电并给付电费的协议。《中华人民共和国合同法》第一百七十六条规定："供用电合同是供电人向用电人供电，用电人支付电费的合同。"

建材公司违法用电与医药企业的损失没有法律上的因果关系，如果供电公司不停电，建材公司的违法用电不会给医药企业造成直接经济损失，因此医药企业直接要求建材公司赔偿没有法定理由。建材公司违法用电直接损害了供电公司的经济利益，是导致供电公司停电的原因，供电公司赔偿后，可以追究建材公司的违法用电行为，这是另外的诉讼纠纷。因此判定某供电公司承担某医药公司的全部经济损失。

请根据此案例，谈谈你的想法。

答：法律评析：

（1）供电公司没有履行合同约定送电的义务。《中华人民共和国合同法》第一百七十九条规定："供电人应当按照国家规定的供电质量标准和约定安全供电，造成用电人损失的，应当承担损害赔偿责任。"本案中，供电公司因违约承担损害赔偿责任的条件已经具备：一是供电公司未按照国家规定的供电标准和约定安全供电，同时也违反了与医药企业签订的供电合同，其违约行为存在主观故意；二是供电公司的违约供电给医药企业造成了损失，存在法律上的因果关系。因此供电公司应当承担违约责任。

（2）供电公司的通知时间不符合法律规定。《中华人民共和国合同法》第一百八十条规定："供电人因供电设施计划检修、临时检修、依法限电或者用电人违法用电等原因，需要中断供电时，应当按照国家有关规定事先通知用电人。未事先通知用电人中断供电，造成用电人损失的，应当承担赔偿责任。"关于供电人事先通知用电人义务，《电力供应与使用条例》规定：除另有约定外，在发电、供电系统正常运行的情况下，供电企业应当连续向用户供电。因供电设施计划检修需要停电时，供电企业应当提前7天通知用户或者进行公告；因供电设施临时检修需要停止供电时，供电企业应当提前24h通知重要用户。本案中，供电公司为故意停电，仅仅提前了1h通知医药企业，而医药企业用电有特殊要求，属于供电公司的重要用户，供电公司负有在停电前24h通知的义务。另外《供电营业规则》第六十七条规定：除因故停电外，供电企业需对用户停电时，应按下列程序办理停电手续：即在停电前三至七天内，将停电通知书送达用户，对重要用户的停电应将停电通知书报送同级电力管理部门；在停电前30min，将停电时间再通知用户一次，方可在通知规定时间实施停电。因此，供电公司既没有按照合同约定安全供电，也没有按国家规定停止供电时提前24h通知用户的规定执行，更没有按《供电营业规则》的严格程序执行，直接造成了医药企业的损失，根据《中华人民共和国合同法》第一百七十九条、第一百八十条规定，供电公司应当赔偿医药企业因此所受到的一切损失。

此案法院最终的判决是正确的，这也给供电企业敲响了警钟，以往在处理供电问题上的粗放式的做法已不能适应现在的市场环境，在市场经济环境下，供电企业的任何行为都必须在法律的规范内依法行事，否则，就有可能承担不必要的赔偿责任。

案例 42 某国有企业，生产经营陶瓷制品，2001 年以前企业效益一直很好。但 2001 年后由于市场销路出现问题，企业效益开始下滑，2004 年已达到资不抵债。2002 年至 2004 年共计欠某供电企业电费 36 万元。

案件处理：2004 年底该企业申请破产，法院受理此案后，依法发出公告要求该企业的所有债权人申报债权。供电企业的有关人员当时未注意到此公告，而负责该厂抄表收费的工作人员也未将企业破产的消息及时告知单位，致使错过了申报债权的时间，法院在下发债权确认裁定书时，供电企业的电费债权因此未得到确认，供电企业因此无法向法院主张其债权，破产程序终结后，36 万元的电费未得到分文清偿。

请根据此案例，谈谈你的想法。

答：法律评析如下。

本案供电企业因为错过了债权申报的期限，丧失了最后一个维权的机会。按照传统的供用电及电费结算模式，电力客户往往是先用电后交钱。这就决定了供电企业在经营中必然要面临的经营风险——电力客户拖欠电费。客户拖欠电费是每个供电企业在经营中都要面临的棘手问题，客户经营状况尚可的情况下，供电企业可以依法行使中止供电权或通过司法途径回收电费。然而一旦客户经营状况恶化，进入破产程序，供电企业只有通过向法院申报债权，在破产清算时得到偿还的可能。《中华人民共和国企业破产法（试行）》第九条规定："债权人应当在收到通知后一个月内，未收到通知的债权人应当自公告之日起三个月内，向人民法院申报债权，说明债权的数额和有无财产担保，并且提交有关证明材料。逾期未申报债权的，视为自动放弃债权。"《中华人民共和国企业破产法》第四十五条规定："人民法院受理破产申请后，应当确定债权人申报债权的期限。债权申报期限自人民法院发布受理破产申请公告之日起计算，最短不得少于三十日，最长不得超过三个月"。依据上述法律规定，不在法定期限内申报债权的，将被视为自动放弃债权，企业将无法挽回损失。

此案例提示我们在今后的工作中应注意：

（1）当供电企业被告知或得知电力客户已进入破产程序，应积极准备相关证据材料，在法定期限内及时申报债权，运用法律手段最大限度保护供电企业的利益。

（2）供电员工平时应注意对电力客户经营状况的了解，以便在企业有任何变故时及时掌握相关情况。

（3）提高风险防范意识，抄表收费人员或其他人员在得知企业经营状况恶化或企业涉及重大诉讼案件时，及时将信息告知单位领导及法律部门，以利于供电企业及时采取有效措施防止损失扩大。

案例 43 某食品加工厂由于市场原因，经营业绩不佳，产品滞销，拖欠某供电公司电费达 56 万余元。为避免破产倒闭给供电企业带来经济损失，某供电公司依据《中华人民共和国电力法》《中华人民共和国合同法》的规定，通知该厂于 3 日内缴清电费，同时告知，由于其经营状况严重恶化，符合《中华人民共和国合同法》第六十八条、第六十九条行使不安抗辩权的法律规定。要求必须为下期电费提供担保，否则将中止供电。通知送达后，该厂当即缴清了电费，但拒绝提供担保，某供电公司依法定程序中止了供电。不久，该厂以提供电费担保《中华人民共和国电力法》无明确规定，停电已构成违约为由，向某区人民法院提起诉讼，要求某供电公司恢复供电，并赔偿停电造成的损失 10 万元。

案件处理：接到人民法院的应诉通知后，某供电公司立即组织相关人员开展了调查取证工作。在掌握充分证据的基础上，提出了如下答辩理由。

（1）原、被告债权债务关系明确，原告拖欠电费事实客观存在，用电缴费系法定义务。

（2）原告经营业绩每况愈下，履约能力明显降低，被告不安抗辩权的行使符合法定条件。

（3）要求原告对其债务提供担保，是被告根据法律规定而为并无不妥。

（4）被告对原告终止供电，理由充足、程序合法。请求人民法院依法驳回原告的诉讼请求。

同时，为支持答辩观点，某供电公司还向某区人民法院提交了原被告间所订立的供用电合同、某食品厂缴纳电费票据存根、该厂企业法人营业执照年审资料、财务会计报表等证据材料，以证明原告多次未按期缴纳电费和履约能力明显降低以及经营状况严重恶化诸方面的客观事实。

某区人民法院依法组成了合议庭，并公开开庭审理了此案。审理后法院认为，原告某食品厂与被告某供电公司在本案中系供用电合同关系。应受《中华人民共和国民法通则》《中华人民共和国合同法》等民事法律规范调整。供用电合同为异时履行的双务合同，供电企业先供电、后收费，但当用电方出现《中华人民共和国合同法》第六十八条所列的经营状况严重恶化，转移资产、抽逃资金以逃避债务，丧失商业信誉，有丧失或者可能丧失履行债务能力等项情形且供电方有确切的证据予以证明，供电方在履行了通知义务后，在用电方未恢复履行能力前，可以要求用电方提供电费担保；用电方拒绝提供担保的，可以中止供电。据此，法院判令驳回原告的诉讼请求。一审判决后，原、被告均未提起上诉。

判决生效后，原告某食品厂即与被告某供电公司协商达成协议，自愿将其厂区内一块面积达 $1500m^2$ 的无地上定着物的土地使用权作为电费担保。同时，双方签订了电费缴纳合同和抵押合同，并依法在当地土地行政管理部门办理了抵押物登记手续。

请根据此案例，谈谈你的想法。

答：在这起案例中，供电公司依法行使不安抗辩权，同时在用电方不服起诉时，积极举证应诉，赢得了法院的支持，取得了该厂无地上定着物的土地使用权的优先受偿权，在抵押物所担保的电费债务已到电费缴纳合同约定清偿期而该厂未履行债务时，供电公司可通过行使抵押权，选择使用以土地使用权折价、拍卖和变卖等方式实现未受偿电费债权，有效地降低经营风险。

《中华人民共和国合同法》第六十八条规定："应当先履行债务的当事人，有确切证据证明对方有下列情形之一的，可以中止履行：①经营状况严重恶化；②转移财产、抽逃资金，以逃避债务；③丧失商业信誉；④有丧失或者可能丧失履行债务能力的其他情形。当事人没有确切证据中止履行的，应当承担违约责任。"第六十九条规定："当事人依照本法第六十八条规定中止履行的，应当及时通知对方。对方提供适当担保时，应当恢复履行。"中止履行后，对方在合理期限未恢复履行能力并且未提供适当担保的，中止履行的一方可以解除合同。

不安抗辩权适用于异时履行的双务合同中，双方当事人在同一合同中互负债务，在先后履行债务的问题；后履行债务的一方当事人履行能力明显降低，有不能履行债务的危险。即《中华人民共和国合同法》第六十八条规定的经营状况严重恶化、转移资产、抽逃资金以逃避债务，严重丧失商品信誉或有其他丧失或者可能丧失履行债务能力情形；后履行义务的一方未提供适当担保。如果后履行义务的一方当事人提供了适当的担保，则先履行义务的一方当事人的债权将受到保障，不会受到损害，所以合同将继续得以履行，不能行使不安抗辩权。

法律为追求双务合同双方利益的公平，保障先给付一方免受损害而设立不安抗辩权，同时也为另一方面当事人考虑，使不安抗辩权人承担如下义务。

（1）及时通知对方的义务。不安抗辩权人在行使权利之前，应将中止履行的事实、理由以及恢复履行的条件及时告知双方，应当尽量避免解除合同的情况出现。

（2）对方提供适当担保，应当恢复履行。"适当担保"是指在主合同不能履行的情况下担保人能够承担债务人履行债务的责任，也即担保人有足够的财产履行债务。

（3）不安抗辩权人有举证的义务，应提出对方履行能力明显降低，有不能履行债务危险的确切证据，不安抗辩权人的举证责任可以防止此权利的滥用。

由于电费保证金已被国务院有关部门明令取消，市场竞争及产业结构调整必然导致一些中小型企业的关、停、并、转，使得"先用电后缴费"商业惯例所带来的电费债权风险尤为突出，困扰着供电企业的电费回收工作。及时行使法律赋予的权利"不安抗辩权"，对供用电合同的履行以及电费回收工作尤其重要。本案被告在原告经营业绩恶化的前提下，依法适时行使权利，避免了法律风险、挽回了企业损失，其做法和经验值得肯定和借鉴。

案例 44 某冶炼厂，2009 年 6 月与某供电公司建立了供用电合同关系。2009 年 6 月至 12 月合同履行顺利。2010 年 1 月开始拖欠电费，因双方供用电合同约定："先缴钱，后用电"。故某供电公司多次催交，2010 年 2 月底某冶炼厂欠供电公司电费 45 万余元。供电公司通知某冶炼厂将停止供电，冶炼厂答应用库存 1000t 矿石、180t 成品硌铁担保偿还供电公司电费。双方约好在成品库房门上各锁一把锁。4 月 7 日晚，冶炼厂派人将看管人灌醉后，把库房门整体拆下，用矿渣换走成品硌铁。4 月 9 日供电公司开库查看时才发现，成品硌铁已变成矿渣。情势紧急，某供电公司 2010 年 4 月 10 日依法向当地法院起诉，同时申请财产保全。

案件处理：人民法院在法律规定的期限内，公开开庭对本案进行了审理。被告冶炼厂辩称，依据供电协议，2010 年 3 月份电费在处于履行期情况下，原告供电公司单方中止供电，侵占生产场区导致被告不能生产，是原告违约，故诉请不能成立。被告承认欠原告电费但责任不在被告，是原告未向被告出具增值税发票，所以被告有权拒绝再继续履行义务。由于原告的违法行为，导致被告不能正常生产，造成经济损失 24 万元。

原被告就欠费事实、各自行为的合法性以及给对方造成损失的情况，举证、质证并激烈辩论。

人民法院认为，原告与被告签订的供用电合同、电费结算协议是双方在自愿平等、协商一致的前提下达成的协议，内容合法有效，受法律保护。依据协议，原告向被告供电，被告欠电费45万余元事实清楚，证据确实充分，原告的诉讼请求应予支持。原告在申请财产保全过程中，垫付保全费用，依据有关法律规定，被告应予支付。被告辩称原告未开具增值税发票，被告应支付所欠电费后，由原告负责开具增值税发票。被告还辩称由于原告违法违约，导致经济损失24万元，因无相关证据支持，不予认定。并作出如下判决：

（1）原告、被告签订的供用电合同、电费结算协议合法有效，受法律保护。

（2）被告支付原告电费款45万余元。

（3）案件受理费、诉讼费由被告负担。

请根据此案例，谈谈你的想法。

答：本案是一起普通的债权债务纠纷案，具体表现形式是供用电合同及电费结算协议的依法履行。值得我们关注的是，供用电合同"先缴钱，后用电"的约定，在现行法律法规的规定下，是否合法及如何约定。

《中华人民共和国合同法》第十二条规定，合同的内容由当事人约定，一般包括以下条款：

（1）当事人的名称或者姓名和住址；

（2）标的物；

（3）数量；

（4）质量；

（5）价款或者报酬；

（6）履行期限、地点和方式；

（7）违约责任；

（8）解决争议的方法。

当事人可以参照各类合同的示范文本订立合同。

由上述法律规定可知，"履行期限、地点和方式"是由"当事人约定"。在供用电合同的履行中，是先交钱后用电，还是先用电后交钱？现行相关的法律法规没有做出具体规定时，依据《中华人民共和国合同法》第十二条的规定，由当事人具体约定。这样做，符合自愿、公平、诚实、信用的民法原则，也被《关于安装负控计量装置供用电有关问题的复函》原国家经贸委〔2010〕478号所肯定。该复函明确答复如下：

（1）用电人先付费，供电人后供电是近年出现的一种新型供电方式。采用此种方式供电不违反法律、法规的规定，但须经供用电双方协商一致。

（2）现行相关法律、法规和规章对于用电人先付费、供电人后供电的供用电方式及有关问题没有做出具体规定，此种方式下供用电双方的权利和义务可由双方当事人在供用电合同中具体约定。依据合同约定，负控计量装置电费结零后停电的，不属于违约停电行为。此种方式供用电不存在欠费问题，因此不适用欠费停电的有关规定。

从上述法律及相关复函所规定的内容来看，先交钱后用电是合法的行为，在应用时应切实执行《中华人民共和国合同法》第三条的规定，即"合同当事人的法律地位平等，一方不得将自己的意志强加给另一方。"为此在供用电合同中具体采用先交钱后用电这一方法时应注意：

（1）有选择地对可能出现电费风险的用户应用，如曾有欠费现象或濒临破产的用户等。

（2）供用电双方协商一致，并将充分协商的意思表示在供用电合同中明示。

（3）将"先交钱、后用电"具体细化到供用电合同的条文之中并明确约定。

案例45 在居民抄表例日，抄表人员赵某因雨雪冰冻不便出门，没有按照以往的周期抄表，而是对客户王某的电能表指示数进行估测，超出实际电量350kW时，达到了客户平均月用电量的3倍多。当客户接到电费通知单后，与抄表人员联系要求更正，但抄表人员以工作忙为由，未能进行及时解决，造成客户不满，向报社反映此事，当地报社对此事进行了报道。

事件发生后，当地报社以"抄表人员查电竟靠猜"为题对事件进行了报道，引发了当地客户对供电公司职工的工作态度、责任心和抄表准确性的质疑，严重破坏了供电公司的形象，造成较大负面影响。

请从案例违规条款、暴露问题和应急处理措施三方面进行分析。

答：（1）违规条款。

1）《供电营业规则》第八十三条："供电企业应在规定的日期抄录计费电能表读数。"

2）《国家电网公司供电服务规范》第十九条第一款："供电企业应在规定的日期准确抄录计费电能表读数。因客户的原因不能如期抄录计费电能表读数时，可通知客户待期补抄或暂按前次用电量计收电费，待下一次抄表时一并结清。确需调整抄表时间的，应事先通知客户。"

3）《国家电网公司供电服务规范》第四条第二款："真心实意为客户着想，尽量满足客户的合理要求。对客户的咨询、投诉等不推诿，不拒绝，不搪塞，及时、耐心、准确地给予解答。"

4）《国家电网公司员工服务"十个不准"》第四条："不准对客户投诉、咨询推诿搪塞。"

（2）暴露问题。

1）抄表人员在服务意识、工作态度、责任心等方面有待进一步提升，规章制度执行不严、学习掌握不彻底，未真正使服务规范、工作标准落实到工作人员的思想和行动上。

2）对投诉事件响应处理不及时。抄表人员对事态发展可能带来的影响估计不足，认识不深刻，处理不及时，失去了正确处理的最佳时机，从而扩大了负面影响，形成被动局面。

3）电费核算工作质量不高，未能及时发现电量异常，失去了控制事件发展的机会。

（3）应急处理。

事件发生后，该供电公司立即派人上门核实现场情况，主动道歉，按实际电量重新计算电费，并对负责人进行考核。同时，请宣传部门协调报社，联合推出供电服务热线接听栏目，扭转不利影响。

案例46 2017年4月11日，李女士向某供电公司申请光伏发电项目。次日，供电公司组织多部门进行现场勘查，于4月20日确定了接入系统方案。4月26日，用户委托供电企业完成整个工程的设计、施工、供货过程，并承担了建设工程的接入、通信、计量改造费用。5月13日申请并网验收合格后转入并网运行，在随后的回访中用户表示相当满意。

通过以上案例，请分析：

（1）在报装业务办理过程中，存在哪些问题？

（2）应如何防范风险？

答：（1）存在的问题。根据《国家电网公司关于印发分布式电源并网服务管理规则的通知》（国家电网营销〔2014〕174号）第八条，公司在并网申请受理、项目备案、接入系统方案制订、设计审查、电能表安装、合同和协议签署、并网验收与调试、补助电量计量和补助资金结算服务中，不收取任何服务费用；第二十八条，地市/区县公司负责分布式电源接入引起的公共电网改造工程，包括随公共电网线路架设的通信光缆及相应公共电网变电站通信设备改造等建设。

在本案例中用户不应当承担工程的通信和计量改造费用。

（2）防范措施。业务人员在受理过程应当完整告知整个业务的流程及收费情况，告知产权分界点所在地，使之整个报装流程透明公开。杜绝"三指定"及暗向收费的情况发生。

案例47 某居民用户于2月份办理分布式光伏发电新装项目（自发自用，余电上网），新装容量为3kW，3月份累计发电量为100kWh，上网电量为20kWh。

请回答下列问题：

（1）根据《国家电网公司转发国家能源局关于进一步落实分布式光伏发电有关政策的通知》（国家电网发展〔2014〕1325号），该用户应如何补助？

（2）拟定：电价补贴标准为0.37元/kWh，上网电价为0.4044元/kWh，则 3 月份供电企业与用户的结算电费是多少?

答：（1）《国家电网公司转发国家能源局关于进一步落实分布式光伏发电有关政策的通知》规定，"自发自用余电上网"分布式光伏发电项目，实行全电量补贴政策，通过可再生能源发展基金予以支付，由电网企业转付；分布式光伏发电系统自用有余上网的电量，由电网企业按照当地燃煤机组标杆上网电价（含脱硫脱硝除尘，含税）收购。

（2）全部发电量应结算电费：100 kWh×0.37 元 / kWh =37 元；上网电量应结算电费：20 kWh×0.4044 元 / kWh =8.09 元；合计结算电费：37+8.09=45.09 元。

抄表核算
收费业务知识问答

参 考 文 献

[1] 韩建军.抄表核算收费.北京:中国电力出版社,2011.

[2] 朱进,范晓东.电费抄核收.北京:中国电力出版社,2011.

[3] 李林松,王沁,张克强.抄表核算收费员.北京:中国电力出版社,2011.

[4] 邱向京.电力市场营销知识.北京:中国电力出版社,2010.

[5] 李珞新.用电营业管理.北京:中国电力出版社,2010.

[6] 韩玉.供用电常识.北京:中国电力出版社,2010.

[7] 傅景伟,舒旭辉.智能电力营销探索与实践.北京:科学出版社,2016.